电网谐波
评估与治理

吕志盛　李天友　著

中国电力出版社
CHINA ELECTRIC POWER PRESS

内 容 提 要

本书介绍电网谐波评估与治理相关技术，共分 11 章，首先介绍电网谐波基本概念和监测方法等基础知识，接着分别介绍谐波在线监测网监测数据干扰源评估、数据合理性评估、阈值设定原则、数据矫正、谐波污染程度的评估和治理以及加强谐波技术管理的措施等，最后分别介绍楼宇配电网谐波治理和中低压配电电容器谐振评估治理的案例。本书注重实践性，对已建设有谐波在线监测网的供电企业、大型电力客户，充分发挥在线监测网的作用，充分挖掘其价值，具有很强的指导作用。

本书可作为供电企业和工矿企业等从事相关技术、科研人员及管理人员的业务培训用书和工作指导书，也可作为高等院校相关专业的学习参考书。

图书在版编目（CIP）数据

电网谐波评估与治理／吕志盛等著．—北京：中国电力出版社，2022.3
ISBN 978-7-5198-6162-9

Ⅰ．①电… Ⅱ．①吕… Ⅲ．①电网—谐波污染—污染防治 Ⅳ．① TM732

中国版本图书馆 CIP 数据核字（2021）第 227473 号

出版发行：中国电力出版社
地　　址：北京市东城区北京站西街 19 号（邮政编码 100005）
网　　址：http://www.cepp.sgcc.com.cn
责任编辑：丁　钊（010-63412393）
责任校对：黄　蓓　郝军燕
装帧设计：郝晓燕
责任印制：杨晓东

印　　刷：三河市百盛印装有限公司
版　　次：2022 年 3 月第一版
印　　次：2022 年 3 月第一次印刷
开　　本：710 毫米 ×1000 毫米　16 开本
印　　张：15
字　　数：310 千字
定　　价：48.00 元

前　言

　　谐波是电网运行的一个重要指标,谐波的准确评估和治理直接关系到电网的安全运行。国内供电公司和大客户已普遍建设有大规模的谐波在线监测网,谐波的监测模式由传统的单点或局部监测转变成现在的全局同步监测,由短期监测转变成长期在线监测。传统监测发现的问题多是局部的、也可能是偶然的谐波问题;在线监测可发现长期频繁出现的谐波问题,便于查找规律。传统监测无法建立全局电网谐波间的关联和传递,难以溯源;在线监测可明确发现谐波的传递链,适合精确溯源。谐波在线监测网的大规模应用,既是谐波管理技术手段的飞跃,也给谐波技术管理工作带来了巨大挑战。如在线监测网采集到大量监测数据会受到许多因素的影响而造成准确度降低等问题。为了更好地发挥数据的价值,对数据的挖掘应用应该需要有一个全新的思路。

　　作者在电力科学研究院工作期间从事谐波管理工作,参与组建谐波在线监测网并负责运行维护,承担过多项变电站、风电场、大客户的谐波测试、评估、故障分析和治理措施研究的科研和工程项目。到高校工作后,结合电网运行实际需求,从谐波干扰源评估、数据合理性评估、限值设定原则、数据矫正、污染程度的评估和治理以及加强谐波技术管理的措施等全过程开展研究,发现和解决在线监测过程中的相关问题,并充分发掘谐波在线监测网数据的价值。本书可以说是这些研究的阶段性成果总结。已建设有谐波在线监测网的供电企业、大型电力客户均希望充分发挥在线监测网的作用,充分挖掘其价值,提升电网安全运行水平,本书的出版正适应了这种发展趋势和需求。

　　本书以电网谐波的评估和治理为重点,在简要介绍电网谐波基本概念和监测方法等基本知识的基础上,首先介绍谐波监测数据干扰源评估及矫正(第二章),然后评估谐波监测数据的合理性(第三章),剔除由于监测设备异常或电网偶发性波动产生的数据,再介绍谐波阈值计算及异常评估,评估谐波数据是否超标,这需要一种新的判断思路来评估运行中的异常或故障(第四章)。在数据的准确性有了充分保证及谐波超标是否严重判断之后再进行谐波传递规律分析(第五章)、进而分析评估谐波源及责任(第六章)、评估谐波污染程度(第七章),然后提出了新形势下的谐波治理及管理措施(第八章),最后给出相应的治理案例,包括楼宇配电网谐波治理和中低压配电电容器谐振评估治理案例(第九~十一章)。

　　本书由厦门理工学院吕志盛主要完成,李天友教授参与全书的筹划与审查修改,厦门理工学院学生楼凯华、陈晓芳、刘泽清、李依霖、王江、王宇轩、林圣剑、彭芃、刘贵、刘帅、陈华灿、陈秀琴、夏通、赵连鹏、杨浩文等协助研究和配合搜集整理资料。本书在编写和出版过程中,得到厦门理工学院电气学院徐敏院长等院领导的大力支持,获得厦门理工学院学术专著出版基金资助,在此一并表示衷心感谢。

　　限于作者水平,书中不妥之处在所难免,恳请广大读者批评指正。

目　录

第一章

电网谐波基本概念及监测方法

第一节 谐波的基本概念

理想的交流电力是由发电机发出的基波频率恒定的正弦波电压或电流，而电力系统谐波则为电源频率（或基波频率）的整数倍频率的正弦电压和电流。谐波是构成电源电压和负荷电流波形的主要畸变成分。近些年，随着电力电子设备的大量应用，间谐波成分也在不断增加，间谐波是非整数倍基波频率的畸变成分，比如 1.1 倍或 1.5 倍的基本频率，也成为谐波管理的重要部分。

为保证电力系统的安全运行，大多数国家都制定有谐波标准或推荐规程以适应本国电网运行的要求。但是随着全球贸易的增长和技术交流的不断扩大，各国制造的设备互相流通，需要统一大家在谐波方面的理解和认识，以及谐波和间谐波方面的国际标准。以 IEC 为例，国际标准的理论基础是维持一个全球可接受的电磁环境，以协调发射和抗扰度限值，一般以兼容水平来定义。兼容水平可看作在相关环境中可能存在的骚扰水平。因此用电设备应需要具备该环境骚扰水平的抗扰度，一般兼容水平大于骚扰水平，但小于当地设备的抗干扰水平。抗干扰裕量一般是抗干扰水平和兼容水平之差。

为了确定适当的发射限值，还使用规划水平的概念。规划水平是一个地方性的特定骚扰水平，用来作为大型设备发射限值的参考，以使发射限值和接到电力系统的设备所采用的限值相协调。此外，规划水平通常比兼容水平低一特定的裕量，该裕量取决于地方供电网的结构和电气特性。

谐波研究是用来检查非线性装置的影响和分析特定的谐波情况，目的是找出谐振点或计算畸变率，为谐波的治理提供技术支撑。阻抗扫描也称为频率扫描，得到的是输入端阻抗的模值与谐波次数或谐波频率之间关系，这对于找出谐振点是十分有用的。谐波研究者常需要谐波潮流计算，这是为了得出的是线路电流和母线电压的基波值和谐波值。

电网运行指标监测的主要目的是收集相关数据以帮助运行人员掌握电能的传输和分配等诸多方面运行状况，便于为用电设备的能耗评估及降损提供准确的计量依据。电网发展的早期，运行人员要对调度大屏进行监控以确保电压和频率保持在规定的限制值之内，确保所有线路和变压器的电流不超出额定负载，监测功率因数以确保有功功率和无功功率之间能维持一个适当的平衡，减少配电系统中的损耗。随着调度自动化和智能化水平的提高，运行人员无需紧盯调度大屏。

随着工业、商业和居民设施中电力电子设备的不断增加，电压和电流信号的波形畸变也日趋严重，这给电网开展可靠的测量带来了更大的挑战。尽管电力科研人员尽力改进电力测量方法，但还是跟不上谐波源用户量的快速增长。当谐波中的高频分量达到或超过某些阈值时，不但会使测量设备的精确性变差，同时还会产生通信干扰、设备过热、保护设备误跳闸等问题，甚至会造成同步发电机中的稳压系统不稳定。所以在谐波电流聚集到配电变电站并对电网运行造成干扰之前，必须将谐波电流进行治理，抑制在限制值之内。

单个用户产生的严重谐波畸变也会对邻近电力用户产生，从某种程度上讲，所有的电力用户均可看成是谐波源，只是产生的谐波幅值大小不同而已，所以供电公司很难辨别出主要谐波源的准确位置，尤其是在电网中产生谐振的时候。这就要求运行人员对用户进行谐波普查以便能溯源。

电网的运行监测非常重要，能如实地反映电网的运行状况，如果监测受到干扰将影响运行人员对电网运行状况的判断。

第二节　非正弦波形的分析方法

上一节介绍了谐波的定义，但要从测量波形中分析出具体谐波的次数及幅值，需要用到专门的数学工作，常用的是傅里叶级数分解方法。对于任何一个非正弦周期变化的函数，当满足狄氏条件时，则可展开成傅里叶级数，即

$$y(t) = a_0 + \sum_{n=1}^{\infty} a_n \cos n\omega_0 t + \sum_{n=1}^{\infty} b_n \sin n\omega_0 t = a_0 + \sum_{n=1}^{\infty} A_n \sin(n\omega_0 t + \theta_n) \quad (1\text{-}1)$$

$$A_n = \sqrt{a_n^2 + b_n^2} \quad (1\text{-}2)$$

$$\theta_n = tg^{-1} \frac{a_n}{b_n} \quad (1\text{-}3)$$

式中：t 为时间；ω_0 为基波角频率；n 为谐波次数（$n=1$、2、3、……），a_0、a_n、b_n 为傅里叶系数，分别表示直流及相应的 n 次余弦及正弦项的幅值且可按如下公式计算

$$a_0 = \frac{1}{T} \int_0^T y(t) \mathrm{d}t \approx \frac{1}{T} \sum_{t=0}^{T} y(t) \Delta t \quad (1\text{-}4)$$

$$a_n = \frac{2}{T} \int_0^T y(t) \cos n\omega_0 t \mathrm{d}t \approx \frac{2}{T} \sum_{t=0}^{T} y(t) \cos n\omega_0 t \Delta t \quad (1\text{-}5)$$

$$b_n = \frac{2}{T} \int_0^T y(t) \sin n\omega_0 t \mathrm{d}t \approx \frac{2}{T} \sum_{t=0}^{T} y(t) \sin n\omega_0 t \Delta t \quad (1\text{-}6)$$

式中：Δt 是将被测波形的一个周期 m 等分后的间距。

由电工学基本定义可知，电压（或电流）的有效值为

$$U = \sqrt{\frac{1}{T} \int_0^T u(t)^2 \mathrm{d}t} \approx \sqrt{\frac{1}{T} \sum_{t=0}^{T} u(t)^2 \Delta t} \quad (1\text{-}7)$$

另外，周期信号的有效值还可用信号所含各次谐波有效值的均方和表示，即

$$U = \frac{1}{\sqrt{2}} \sqrt{\sum_{n=0}^{\infty} a_n^2 + b_n^2} = \frac{1}{\sqrt{2}} \sqrt{\sum_{n=0}^{\infty} A_n^2} \tag{1-8}$$

根据上述的数学推理即可用计算机及示波器对非正弦信号谐波进行分析。首先根据示波器上显示的测量波形（比如电流或电压波形），在横坐标上进行适当分割后得到相应的函数值，不同设备采用分割数量不同，比如 512 或 1024 等，并把此值录入到计算机中，计算机根据上列原理编程进行运算，即可得各次谐波的参数及其有效值。一般横坐标分割数为一定值，如 m 等分，这时式（1-4）～式（1-6）式变为

$$a_0 = \frac{1}{m} \sum_{k=1}^{m-1} \frac{f(k) + f(k+1)}{2} \tag{1-9}$$

$$a_n = \frac{2}{m} \sum_{k=0}^{m-1} \frac{f(k) + f(k+1)}{2} \{\cos(nFHk) + \cos[nFH(k+1)]\}/2 \tag{1-10}$$

$$b_n = \frac{2}{m} \sum_{k=0}^{m-1} \frac{f(k) + f(k+1)}{2} \{\sin(nFHk) + \sin[nFH(k+1)]\}/2 \tag{1-11}$$

式中：n 为谐波次数；m 为分割数；$f(k)$ 为获得的各函数值；f 为基波频率；H 为比例系数 $H = 360/fm$。

有效值 I_{RMS} 的计算公式由式（1-8）改为

$$I_{RMS} = \sqrt{\frac{1}{2} \sum_{K=0}^{N} A_k^2} \tag{1-12}$$

而信号真有效值可由式（1-7）改为

$$I_{MS} = \sqrt{\frac{1}{m} \sum_{K=0}^{m-1} \left[\frac{f(k) + f(k+1)}{2} \right]^2} \tag{1-13}$$

经过以上步骤，便可得到电压或电流波形中含有的谐波情况。

第三节　电力网谐波溯源

不同的非线性负载将产生不同的谐波频谱，可根据这一特征来查明谐波畸变的源头一般不难。供电公司运行人员通过谐波监测等手段熟悉不同的谐波源产生的波形特征值及次数，在谐波产生的 PCC 点加装滤波器，限制或消除谐波畸变，这样才能减少谐波对电网中邻近设施的不利影响。在对波形畸变进行评估及加装滤波器的过程中，必须考虑并联谐振频率，否则采用单调谐滤波器来降低一个特征谐波，该滤波器的并联峰值可能恰好与负载的某个低次特征谐波匹配，那么这个滤波作用不但不会消除谐波，反而会引起谐振放大、波形畸变。有源滤波器可克服这个问题但成本较高。另一方面，在评估电力网谐波传播的特征，需要对供电电源进行精确的分析。如果大量的用户共用一个电源，而这个电源又是谐波源，那么，几乎所有的邻近用户将会受到谐波畸变的影响。由于电力网一般呈感性，谐波在电网中的传播会逐渐变弱，所以与谐

波源电气距离较远及存在多级电压变换的用户，基本不受谐波源的影响，以下介绍几种典型的电力网谐波源。

一、变压器

一般来说，正常运行的变压器是不会产生谐波的，但处于铁芯饱和状态的变压器且又发生实际功率超过额定功率或实际电压超过额定电压，将会产生谐波畸变。

当变压器负载很小，特别是电容器组断开后馈线电压超过额定值，如果存在容性无功倒送，则畸变会更加严重。理想的无损铁芯中是不存在磁滞损失的。变压器在饱和区工作时将会产生非线性磁化电流，包含许多奇次谐波，其中最主要的是3、5、7次谐波。实际电压的升高与谐波的大小并不一定是线性关系，电压从额定值升高时，谐波含有率逐渐变大，当电压达到一定程度，畸变达到峰值，之后电压升高，畸变率下降。随着负载的增加，这种谐波效应更加明显。

二、旋转电机

理想旋转情况下，电机一般不是谐波源。如果旋转电机中的定子或转子线槽存在少许不对称或三相绕组的缠绕方式有些不规则就会产生谐波电流。这些谐波会在频率等于速比的定子上产生一个电动势。旋转电机中因此产生的磁通势分布引起的谐波为速度的函数。另外，磁芯饱和也将产生谐波电流。但是，与变频设备驱动的旋转电机所产生的谐波电流相比，这些谐波电流是比较小的。

三、功率变流器

为了适应工商业中的负荷需要，用以调整电压或频率等参数的调节器得到了广泛的应用，因此，功率变流器成为配电系统中主要的谐波源。交流变成直流是通过电子开关实现的，即将交流电变换为直流电。在直流应用中，可通过调整电子开关设备的角度来对电压进行调整。在整流过程中，一般在基频周期的一小部分时间内允许电流通过半导体设备，如果只需要不同频率的交流电，那么可通过电子开关逆变器来将直流电变换为交流电。

在电气铁路的应用中，通常需要实现每个整流器电桥的分级控制。在开始加速的阶段，直流电机中的电流达到最大值，整流器电桥将产生最严重的谐波电流，此时的功率因数较低。

四、电炉

在冶炼行业，大功率的电炉用于加热金属，使其由固态转为液态，在熔炼过程中会产生大量的谐波。电弧的点火过程中的时滞以及电压—电流特性的高度非线性造成了严重谐波。电弧的随机变化引起的电压变化使得频率也在0.1～30kHz之间变化。每个频率都存在与之相关的谐波。电弧之间的电磁力相互作用的过程中，熔炼阶段的谐

波效应更加显著。

电力系统除了以上四种谐波源，还有其他形式的谐波源，如日光灯、计算机等，相比而言，谐波畸变的程度会较低。

第四节　谐波对电网的影响

了解电网的主要谐波源之后，还需要研究它们对电力系统其他一次部分或二次部分的影响。系统中每种元件对谐波的敏感性不一样，需要充分掌握相关信息并在此基础上确定谐波允许水平。

电压和电流谐波对电力系统一次设备的主要影响是：①因串联和并联谐振造成谐波水平放大；②降低发电、输电和用电的电能效率；③电气设备绝缘老化，从而缩短它们的使用寿命；④引起系统或设备误动作。谐波对二次部分的影响包括对通信系统性能恶化、噪声过大以及谐波感应的电压和电流计量等。

一、谐振现象

系统中的电容器主要用于改善系统的功率因数，由于存在电容和电感支路，在特殊次谐波下可能造成系统局部谐振，谐振反过来产生的过电流又使电容器损坏。

并联谐振的结果是在谐振频率下负荷侧成高阻抗，而大部分谐波源都可看成是电流源，所以发生谐振后会使谐波电压升高，同时使各并联阻抗支路的谐波电流增大。

发生并联谐振的途径很多，常见的是接在同一母线上的电容器与谐波源，而系统阻抗和电容器可能发生并联谐振。假设电源是纯电感，则谐振频率为

$$f_{p} = f\sqrt{\frac{S_{s}}{S_{c}}} \qquad (1\text{-}14)$$

式中：f 为基波频率，Hz；f_{p} 为并联谐振频率，Hz；S_{s} 为电源的短路容量，var；S_{c} 为电容器的容量，var。

二、对输电系统的影响

谐波电流会在电路阻抗上产生电压降，电压降虽比较小，但给"弱系统"造成的电压骚扰要比"强系统"严重。这是因为弱系统的阻抗很高但短路容量小，而强系统的短路容量大但阻抗很低。

城市化的建设使得城区的输电通道多用电缆，而不是架空线路。当用电缆传输时，谐波电压使介质的应力增加，而介质应力又与电压峰值成比例。应力增加会缩短电缆的使用寿命，也增多了故障次数，从而增加了维修费用。

三、对变压器的影响

上一节提到变压器在某些情况下会成为谐波源，但其实变压器也会受到其他谐波的影响。电力系统谐波对变压器的主要影响是负荷电流的谐波损耗引起的附加发热，

另外一些影响包括使变压器电感和系统电容之间可能产生谐振、温度变化造成绕组和铁芯叠片的绝缘机械应力以及铁芯发生小振动等。

谐波电压会导致变压器铁芯叠片的磁滞和涡流损耗增加，进而绝缘材料的应力增加。电源电压的谐波引起铁芯损耗的增加，变压器铁芯设计不合理也会导致同样的后果。

谐波电流会导致变压器的铜损增加，这种现象在变流变压器中更为明显，这是因为滤波器一般装在交流侧，并不影响流过这种变压器的谐波电流。

若在设计中未考虑到额外的 3 倍次零序谐波电流，三角形联结的绕组会由于这些循环电流而导致过载，而三柱式变压器可能由于零序谐波产生的磁通而饱和，零序谐波磁通会造成箱体、铁芯夹件等附加发热。

四、对电容器的影响

电力系统中的非线性负荷会产生谐波，会导致电容器中出现谐波电流，从而影响电容器的正常运行。电容器中虽串联有电抗，但一般只是针对典型谐波，若是其他谐波则会有影响。系统中的各次谐波与基波会合成一个发生畸变的非正弦波形电压。这些电压波形会导致电力电容器中的电流发生畸变，使电容器的运行出现过载，产生了大量的热量，使电容器温度升高。电容器还会在某些次数下的谐波发生谐振，导致流入电容器的谐波电流过大，电流过大会导致电容器内部的介质被击穿或发热过大，产生大量气体，导致电容器壳体膨胀。这部分内容在本书的后续内容会有详细介绍，包括如何评价变电站 10kV 电容器发生谐振的可能、如何评价 0.4kV 电容器因谐振发生膨胀的可能。

五、对计量的影响

电费的结算是以电能计量为依据，其精度关系到电力供需双方的经济效益。谐波的存在使得计量失准，这给供用电双方都带来影响，因此分析谐波对计量的影响具有重要意义。

（一）谐波对电磁式电能表的影响

电磁式电能表是利用处在交变磁场金属中的感应电流与有关磁场形成力的原理制成。由于这类电能表是按照工频正弦波设计制造的，只能保证在工频范围很窄的频带内具有最佳的工作性能。当电力系统中的波形发生畸变，感应式电能表不可避免地会产生计量误差。

（1）当用户为线性用户时，谐波来自电网，与基波潮流方向一致，电能表计量的是基波电能和部分谐波电能，计量值大于基波电能。线性用户不但受到谐波损害，而且还要多交电费。

（2）当用户为非线性用户（即谐波源）时，用户向电网输送谐波分量，这部分谐波潮流与基波潮流方向相反，电能表计量的电能是基波电能和扣除这部分谐波电能，计量值小于基波电能值。非线性用户不但污染了电网，反而少交电费。

（二）谐波对电子式电能表的影响

电子式电能表在城市电网中已经得到普遍使用，电子式电能表主要采用模拟式分割乘法器实现测量电功率和电能。随着电力系统谐波含量的不断增加，电子式电能表在谐波下的计量不可避免地出现误差。

第五节 谐 波 监 测 方 法

谐波监测是一项系统性的工程，包括信号的采集、传输、转换、显示等过程，涉及的相关设备包括互感器、数据传输、测量设备，也是一项技术要求高的测量行为。本节将主要讨论这项内容。

一、互感器

电力系统一般运行在高压、特高压及大电流状态下，这种电压远超监测设备的工作电压，电流也远超设备的动、热稳定水平，所以必须要依靠转换设备将电压和电流降到监测设备可承受的范围。电流或电压互感器的作用是在系统电压过高和电流过大导致不可能与测量仪器直接连接时，提供与测量仪器兼容的系统电流或电压的转换。传统的电流和电压互感器一般是在基频下设计，工作的特性比较清楚，精度也符合要求。但是工作在更高频率时，互感器特性受杂散电容的影响准确度失真，不同的厂家、型号的 CVT 幅频特性一般不同。尽管一个 CVT 的频率响应可能较差，造成某些次谐波测量误差较大，但是如果通过试验提前确定频率响应特性，并且在测量仪器时对测量数据进行矫正，那么谐波测量的准确度依然可保证。

（一）电流互感器

常用的电流互感器是带有铁芯的螺旋绕组互感器，这种结构特点决定了互感器一次侧和二次绕组漏电感比较小，而且一次绕组电阻比较小。正常运行条件下，互感器一次的电流比铁芯的饱和电流小得多，因此运行在磁化特性曲线的线性部分。

电流互感器的频率响应主要决定于互感器的电容及其与互感器电感的关系。互感器的电容表现为匝间电容、绕组间电容或杂散电容。互感器试验表明杂散电容对高频响应有较大影响，但对 50 次及以下谐波频率的影响均可忽略。除了谐波之外，一次电流也可能包含直流成分，直流无法通过互感器但是会使互感器的铁芯磁通偏置。在使用电流互感器进行监测时应该注意：

（1）电流互感器如果是多个副绕组类型，应采用最高的变比。越高的变比需要磁化电流越小，因此越精确。

（2）电流互感器的负载应该阻抗很低，以降低所需的电压，达到降低磁化电流的目的。

（3）负载的功率因数应尽量高，避免负载阻抗随频率的增加而增加，进而产生更大的磁化电流误差。

（4）建议将测量电流互感器的副绕组短接，并采用精密的钳形电流互感器来测量二次绕组的电流。

（二）电压互感器

电力系统中应用广泛的电磁式电压互感器是设计在基频下工作的。绕组电感和电容之间的谐波谐振能产生很大的变比和相位误差。电压等级越高，互感器更容易在较低的频率上出现谐振，这是因为互感器内部电容和电感值随着绝缘要求和结构而变化。

电容式电压互感器（CVT）结合了一个电容分压器和一个电磁式电压互感器。这种结合方式降低了电磁单元对绝缘的要求，因此使造价相应降低。电容分压器提供的附加杂散电容会对 CVT 的频率响应产生影响，产生低至 200Hz 的谐振频率，导致这种互感器不适于谐波测量。CVT 频率响应的特性也取决于基频成分的幅值及其与变压器铁芯磁化特性曲线任何转折点的关系。在进行测量前应先了解 CVT 的幅频特性，在谐波测量后进行校正，提高谐波的测量精度。

二、谐波仪器

仪器设备接收到互感器传输的时域信号并把它们转换到频域，从而实现对电压和电流谐波的测量。谐波监测系统的主要目的是：①获得当前谐波畸变的水平，并检验是否符合国标的限值，在某些运行方式下只需要快速采集，获得的数据可能包括几个周期的时域波形；②检测产生或引起谐波的设备，以监测是否符合国标要求；③电气设备工作异常时，进行故障诊断或者维修；④监测现有的背景谐波水平，并且定期跟踪变化趋势，监测背景谐波需要系统长时间连续工作，并且测得的数据需要保存起来，保存的数据包括在预定的间隔内取到的平均值、最大值和最小值，便于全面分析；⑤检验仿真研究，并且调整装置和系统的模型；⑥确定给定区域的输入点阻抗，该阻抗可用来估计系统抗电能质量扰动的能力。

三、数据传输

互感器一般安装在变电站户外或变压器、母线附近，现场测试环境不安全，一般测试地点选在配电房或控制室的测量屏旁边。这样，大多数情况下，在互感器和测量仪器之间需要采用一定方式的通信。通信线路可能会全部或部分通过高压开关站或与其他线路共用电缆沟道，此时特别需要注意静电效应、电磁干扰，配备必要的屏蔽措施。信息可作为模拟信号直接连接到设备中进行传输，也可采用调制或编码的形式通过模拟或数字系统进行传输。

四、测量要求

（一）间谐波

间谐波有别于谐波的地方是非整数倍的基波频率波形，在谐波监测中受到越来越多的关注。IEEE/CIGRE/CIRED 间谐波联合工作组的研究报告指出，间谐波测量是由两个或更多非调和相关频率组成的波形可能不是周期性的，因此，大部分 FFT 的谐波监控设备将会产生误差。这个误差并非不可补偿，常见的方法通过通信广播业务中常用的信号处理技术来弥补，其中信号的采样频率不需要与电源频率保持同步。在应用 FFT 进行数据处理之前选取合适的窗函数和进行零填充可有效提高间谐波测量的频率分辨率。

间谐波测量类型的选择也取决于评估目的。评估目的包括特殊问题的诊断，电磁环境的常规测量，兼容性检测和配套监视。国际电工委员会（IEC）建议对于 50Hz 和 60Hz 系统分别把波形的采样间隔固定在 10 个和 12 个基波周期，结果得到一组具有固定 5Hz 频率分辨率的频谱来评估谐波和间谐波。

（二）谐波的相位移

谐波电压和电流之间的相位角测量与幅值测量主要意义包括：①电网的谐波潮流计算；②谐波源溯源和谐波吸收点评估；③多个谐波负荷连接到同一节点，评估这些谐波负荷产生谐波电流的叠加因数；④建立电网的等效电路，计算新接入谐波负荷的影响或分析滤波器的效果。

为了测量绝对相角，要求多个通道严格同步，在谐波在线监测网建成后，这个要求变得相对容易达到。

（三）谐波的对称分量

理想情况下负荷、输电和配电系统均是三相平衡的，三相电压电流波形呈理想正弦波且严格相差 120°。因此，特征谐波只存在 $n=3m$（$m=1$，2，3…）的零序谐波，$n=3m-2$ 的正序谐波和 $n=3m-1$ 的负序谐波。但是，实际情况相对复杂，理想的三相平衡是不存在的，不对称分量难以避免，也会引起系统的非特征谐波。一般来说，负荷、输电线、电缆和变压器在内的输变电设备正序或负序阻抗均不等于零序阻抗。因此，为了分析注入谐波电流引起的谐波电压，需要对系统各序分量进行分别处理。其次，大部分负荷和网络设备受不同序分量的影响都是不同的。

第六节　谐波在线监测网

谐波是电能质量的其中一个指标，电压偏差、频率偏差、电压三相不平衡等也是电网运行中需要关注的指标。所以、一般电力公司或客户不会安装专门的谐波在线监测网，而是安装电能质量在线监测网，谐波作为其中一个重点监测对象。上一节介绍的谐波监测方法及需要关注的测量要求，在传统的监测活动中适用，对在线监测也一样适用。本节将重点分析在线监测网的构成及测量要求。

一、电能质量在线监测系统

随着社会经济发展，电气化铁路、电弧炉、变频器等冲击性、非线性、不平衡度负载在电力应用中越来越多，谐波、负序、闪变、电压暂态等电能质量问题直接影响着电力系统的供电安全。电能是一种商品，其质量问题是供应商和客户共同关注的问题。用电企业有必要建立电能质量监测系统，实现对整个配电网电能质量的实时监控。

电能质量在线监测系统具有总线传输功能和以太网远程传输功能，可随时随地得知各个监测点的实时数据，并能通过远程控制技术，做到随时对任意一个监测点进行修改设置和做特殊监测，可在任何地方、任何时间查看所记录的数据，并在上位机上进行细致、深入地分析。如有异常谐波事件发生，能以最快的速度进行报警提示，并且通过原始资料，可在电脑进行分析处理越限故障及事件。

二、系统组成及功能

（一）系统组成

电能质量在线监测系统主要由现场监测层、通信传输层和数据管理层组成，系统拓扑结构如图 1-1 所示。

（1）现场监测层。现场安装各类电能质量监测设备，要求具有通信功能。主要功能为：LCD 显示、电参量测量（U、I、P、Q、PF、F、S）、THDu，THDi、2～50 次各次谐波分量；电压波动、电压波形、电压闪变、电压与电流不平衡度计算；电网电压电流正、负、零序分量（含负序电流），通信接口 RJ45 通信接口、支持、部颁 103 规约、Modbus 通信协议。

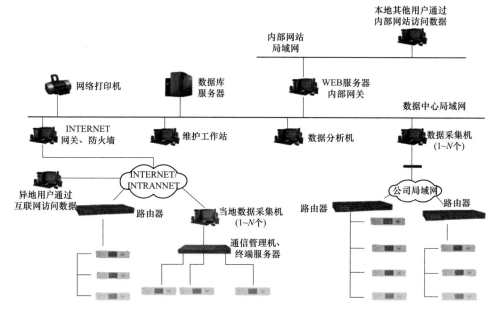

图 1-1　系统拓扑结构图

（2）通信传输层。是为了将监测层设备采集的数据传送到服务器而负责数据通信传输的设备，主要有通信管理机、串口服务器、网络交换机等。数据采集终端通过串口与监测层设备通信，读取其中数据，并进行初步分析、整理，将数据保存在本地终端，再将数据传输给后台服务器。

（3）数据管理层。对采集数据进行存储、解析及应用的过程，包括服务器架设、各种软件的应用。

（二）系统功能

系统具有多画面切换功能，分散的配电系统具有系统主画面，可直接显示各回路的运行状态,并具有实时刷新功能。用户管理可对不同级别的用户赋予不同权限从而保证系统在运行过程中的安全性和可靠性。

数据采集处理:通过电能质量监测设备可实时和定时采集现场设备的电能质量数据〔包括三相电压、电流、功率、功率因数、频率、谐波、不平衡度、电压波动、电压波形、电压闪变、电压与电流不平衡度计算;电网电压电流正、负、零序分量(含负序电流)等〕,将采集到的数据或直接显示,或通过统计计算生成新的直观数据信息再显示,并对重要信息量进行数据库存储。

趋势曲线分析系统提供了实时曲线和历史趋势两种曲线分析界面。通过调用相关回路实时曲线界面分析该回路当前的负荷运行状况,如通过调用某配出回路的实时曲线可分析该回路的电气设备所引起的信号波动情况。系统的历史趋势即系统对所有已存储数据均可查看其历史趋势,方便工程人员对监测的配电网络进行质量分析。

报表管理系统具有标准的电能报表格式,并可根据用户需求设计符合其需要的报表格式。系统可自动设计,可自动生成各种类型的实时运行报表、历史报表、事件故障及告警记录报表、操作记录报表等,可查询和打印系统记录的所有数据值,自动生成电能的日、月、季、年度报表,根据复费率的时段及费率的设定值生成电能的费率报表,查询打印的起点、间隔等参数并可自行设置。系统设计还可根据用户需求量身定制满足不同要求的报表输出功能。

三、电能质量在线监测装置

电能质量监测装置具有高速采样、计算、分析、统计、通信和显示等功能相结合的电能质量监测设备。可实时监测电网的谐波含有率、谐波总畸变率、三相电压不平衡度、闪变、电压偏差、电压波动、频率、各次谐波有功功率、无功功率、功率因数、相移功率因数、有效值、正负序等电能质量指标。

(一)装置功能特点

(1)具有强大的数据处理能力和逻辑、控制能力。

(2)采用嵌入式实时操作系统作为软件平台,保证了系统的高可靠性和高移植性。

(3)大容量的存储空间,满足电能质量监测装置对数据存储的要求,实时数据掉电不丢失。

(二)装置功能

装置除具有常规的电能质量稳态指标监测外,还对电能质量的暂态扰动,主要是电压的骤升、骤降进行监测和记录,具有较强的实用性。装置主要具有以下功能:

1. 基本测量

电网频率;电压、电流有效值;总的有功、无功功率、功率因数。

2. 基本监测指标

(1)三相基波电压、电流有效值,基波功率、功率因数、相位等。

(2)电压偏差。

（3）频率偏差。

（4）三相电压不平衡度、三相电流不平衡度、负序电压、电流。

（5）谐波。包括电压、电流的总谐波畸变率，各次谐波含有率、幅值、相位，各次谐波的有功、无功功率等。

3. 高级监测指标

（1）间谐波。

（2）电压波动、闪变。

（3）电压骤升、骤降、短时中断。

4. 显示功能

装置面板上带有大屏幕 LCD 显示器，以图形方式显示主要电能质量监测指标的实时数据。

5. 设置功能

可对装置硬件时钟进行设置，对监测参数进行设置、修改和查看，并设有密码保护。

6. 记录存储功能

可对基本监测指标和高级监测指标实时保存，按"先进先出"原则更新。

7. 通信功能

装置提供多种通信接口方式，实现监测数据的实时传输或定时提取存储记录，可通过工业以太网接口与远方电能质量管理中心通信。

8. GPS 对时功能

装置具有 GPS 硬对时接口，可接受 IRIG-B 码对时，保持与远方管理中心的时钟一致。

9. 暂态事件触发录波功能

可根据客户要求设定事件触发限值，记录事件触发前后实时数据并保存，并保存有事件日志以供查询。

（三）系统应用方案

1. 机械性能

（1）监测装置抗振性能应符合 GB/T 2423.10 规定的试验要求。

（2）监测装置抗冲击性能应符合 GB/T 2423.5 规定的试验要求。

2. 安全性能

（1）绝缘电阻。在正常条件下，装置电气回路对地之间绝缘电阻应不低于 5MΩ；在湿热试验条件下绝缘电阻应不低于 1MΩ（220V 回路为不低于 2MΩ）。

（2）工频耐压。按标准试验后设备存储的数据应无变化，功能和准确度应不受影响。

（四）电磁兼容性

（1）监测装置电快速瞬变脉冲群抗干扰度应按 GB/T 17626.4—1998 规定。

（2）监测装置辐射电磁场抗干扰度应按 GB/T 17626.3—1998 规定。

（3）监测装置静电放电抗干扰度应按 GB/T 17626.2—1998 规定。

（4）监测装置抗浪涌能力应按 GB/T 17626.5—1998 规定。

第二章

谐波监测数据干扰源评估及矫正

第一节　干扰谐波监测数据的原因及矫正

在理想的干净供电系统中，电流和电压都是正弦波。在只含线性元件（电阻、电感及电容）的简单电路里，电流与施加的电压成正比，两者呈线性关系，电路中流过的电流也是正弦波，电路中没有谐波存在。但是，在实际的供电系统中，绝大多数负荷均为非线性负荷（如整流器、UPS 电源、电子调速装备、荧光灯系统、计算机等设备），它们从电网中吸收的电流与所加的电压不呈线性关系，形成非正弦电流而产生谐波。

随着智能电网的建设，电力系统电能质量在线监测网得到大量推广。电能质量异常告警数据包括受 CVT 测量特性的影响，部分母线的谐波电压也存在超标；10kV TV 加装消谐器后，存在 3 次谐波电压超标。CVT 和消谐器的谐波影响理论上只存在于二次侧，实际上一次侧并无谐波。CVT 和消谐器对异常告警谐波的影响度如何，需要进行理论分析。谐波数据是否能反映电网的真实状态十分关键，但电能质量在线监测网的谐波数据受到以上因素的干扰，可能不一定反映电网实际情况。

电容式电压互感器（CVT）广泛应用于 110kV 及以上高压电力系统中。在没有确切的频率响应误差特性时，CVT 不适用于谐波测量。一方面由于 CVT 主电路谐振于工频，在高频下谐振回路会发生谐振点的偏移；另外杂散电容的影响也是导致 CVT 频率特性发生畸变的重要原因。

10kV 电网通常中性点不接地。母线上 YN 接线的一次绕组将成为该电网对地唯一金属性通道。当单相接地或消失时，电网对地电容通过一次绕组有一个充放电的过渡过程。此时常有最高幅值达数安培的工频半波涌流通过，可能将高压熔丝熔断。消谐器便是安装在电压互感器一次绕组 YN 接线中性点与地之间的高容量非线性电阻器，起阻尼与限流的作用。安装了消谐器后，工频半波涌流即可得到有效抑制。因此，从抑制涌流的角度考虑，消谐器的阻值越大越好。而消谐器作为目前普遍安装的抑制工频半波涌流的设备，在谐波电流流过消谐器时，由于三次谐波电流便会产生叠加，从而使谐波电压增大很多。

本章研究 CVT 因主电路工作在工频谐振造成其频率特性发生畸变而导致谐波测量结果失真问题，仿真分析 CVT 的频率特性曲线。针对 CVT 谐波传变特性定量规律不明、不宜进行谐波电压测量的现状，论证谐波条件下的 CVT 可等效为一线性电路，结合实际参数对每级谐波传变特性进行分析，获得 CVT 电路参数对其谐波传变特性的定量影响规律，即明确利用 CVT 测量谐波电压的影响因素，提出了矫正谐波数据的对策。

本章结合变电站消谐器谐波测试数据，采用理论分析与实际测量相结合的方法，主要针对 10kV 母线电压互感器中安装的消谐器与三次谐波的关系进行分析。仿真分析消谐器在供电系统中产生三次谐波的原因及影响程度，并以此为依据，提出了矫正三次谐波数据的对策。

第二节　CVT 对监测数据的影响分析

CVT 在精度以及设备容量方面有了卓越的进展，不仅用于新的变电站中，原有的电磁式 TV 也都被 CVT 逐步取代。对谐波进行监测，CVT 是主要的测量手段，理论上依靠自身的电容分压原理可较为精准地监测谐波，而实际中却出现误差较大的情况，本节针对这一现象做重点分析。

一、CVT 基础结构

（一）CVT 的基本结构

CVT 的基本结构主要分为高压分压电容、低压分压电容、补偿电抗器、阻尼器、中间变压器与负荷。

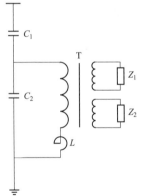

如图 2-1 所示，电压是经过左边两个电容进行分压，再将低压电容 C_2 电压通过中间变压器传递到二次侧。在一次侧看，电容所分压获得的电压等于电抗器与中间变压器漏抗之和。

（二）CVT 的模型转化

CVT 传统物理模型如图 2-2 所示，可看到左边为一次侧，u_1 为一次侧的输入电压，C_1 与 C_2 分别是高压电容和低压电容，L 和 R 表示补偿电容器，C_{T1} 则是一次侧绕组的杂散电容，也是此次仿真的主要研究对象，L_{T1}、R_{T1}、L_{T2}、R_{T2} 则分别是一次侧和二次侧的漏感和漏阻，L_M 与 R_{fe} 是中间变压器的非线性电感和铁耗，L_G 与 R_G 则是二次侧的主要负载。这个电路看

图 2-1　CVT 基本结构

起来虽复杂，但是在稳定运行时，CVT 中的非线性元件可忽略不计，将二次侧元件归算到一次侧，则可将电路简化，如图 2-3 所示。

由电路图 2-3 可得出系统的传递函数为

$$H = \frac{U_2}{U_1} = \frac{Z_{c1}}{Z_{c1} + Z_{c2} + Z_b} \frac{Z_m \parallel Z}{Z_1 + Z_m \parallel Z} \frac{Z_f}{Z_f + Z_2} \tag{2-1}$$

式中：$Z_{c1} = \dfrac{1}{sC_c}$；$Z_{c2} = \dfrac{1}{sC_2}$；$Z_b = sL_b + R_b$；$Z_1 = sL_1 + R_1$；$Z_m = sL_m \parallel R_m$

$Z_2 = sL_2 + R_2$；$Z = sL_3 + R_3 + R_z + (sL_z + r_z) \parallel \dfrac{1}{sC_z}$；$Z = sL_f + R_f$。

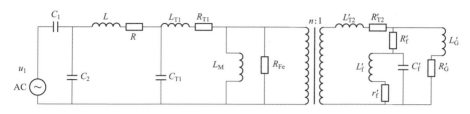

图 2-2 CVT 传统物理模型

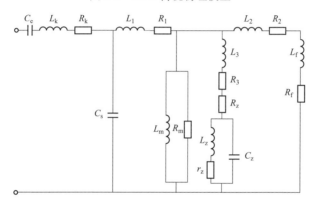

图 2-3 CVT 等效电路

二、CVT 传递特性理论分析

（一）仿真参数

将电路二次侧归算到一次侧之后，CVT 电路得到了化简。在这个电路中，有不同的电压等级需要相互对应，分压电容中的低压电容和中间变压器对应，高压电容与电压相对应。

本文仿真采用某 220kV 的 CVT 经典参数：$C_1 = 12896.2\text{pF}$、$L_b = 11.84\text{H}$、$R_b = 0.11\text{k}\Omega$、$L_m = 40044.59\text{H}$、$R_m = 7141.8\text{k}\Omega$、$L_1 = 4.46\text{H}$、$L_2 = 0.00047\text{H}$、$L_3 = 5.62\text{H}$、$R_1 = 0.474\text{k}\Omega$、$R_2 = 0.766\text{k}\Omega$、$R_3 = 0.527\text{k}\Omega$、$C_z = 99450\text{pF}$、$R_z = 21.025\text{k}\Omega$、$L_z = 101.885\text{H}$、$r_z = 0.95\text{k}\Omega$、$L_f = 1.84\text{H}$、$R_f = 400.9\Omega$、$C_c = 263974\text{pF}$。仿真所涉及的频率范围为 $1 \sim 10000\text{Hz}$，即最高到 200 次谐波。

（二）仿真原理

根据原理，在任意一个线性的时不变系统中，只要求出这个系统的单位脉冲响应，在已知输入的情况下即可求出输出，当然，在已知输出的情况下也可根据一些算法推算出输入，其中的关系式可按照卷积来

$$y[n] = \sum_{i=-\infty}^{+\infty} x[n]h[n-i] = x[n] \times h[n] \tag{2-2}$$

式中：x 是系统输入；y 是系统输出；h 是单位冲激函数的响应。

式（2-2）中等式的右边是系统的输入，左边是输出，所以先要求出系统的单位阶跃响应，在搭建好的模型中加入一个输入信号，随后记录输出信号，定时采样一次，根据公式可展开为

$$\begin{cases} y[1] = x[1]h[1] \\ y[2] = x[2]h[1] + x[1]h[2] \\ y[3] = x[3]h[1] + x[2]h[2] + x[1]h[3] \\ \qquad\qquad\vdots \\ y[n-1] = x[n-1]h[1] + \cdots + x[2]h[n-2] + x[1]h[n-1] \\ y[n] = x[n]h[1] + \cdots + x[2]h[n-1] + x[1]h[n] \end{cases} \tag{2-3}$$

根据卷积的原理展开之后，在仿真过程中，可获得输入信号和输出信号，利用输入信号和输出信号可根据公式变换求出 $h(n)$。采样的个数越多，可更加精准地反映该谐波在这个频率上的单位阶跃响应，但是从式（2-3）中可看出需要从 $t=0$ 开始计算，如果想在系统运行过程中进行推算，则需要将式（2-3）进一步处理

$$\begin{cases} y[m] = x[m]h[1] + x[m-1]h[2] + \cdots + x[m-9]h[10] \\ y[m+1] = x[m+1]h[1] + x[m]h[2] + \cdots + x[m-8]h[10] \\ \qquad\qquad\vdots \\ y[n] = x[n]h[1] + x[n-1]h[2] + \cdots + x[n-9]h[10] \end{cases} \tag{2-4}$$

从这里即可推算出 $h(1) - h(n)$，y 与 x，h 成某种意义上的线性关系，即可将之转换为矩阵来解决

$$\boldsymbol{Y} = \boldsymbol{HX} \tag{2-5}$$

输入、输出是卷积关系，所以在矩阵排列时，需要进行一定的变换，使得式（2-5）能够成立

$$\boldsymbol{Y} = \begin{cases} y[m] \\ y[m+1] \\ \vdots \\ y[n] \end{cases} \qquad \boldsymbol{X} = \begin{cases} x[m-9] \\ x[m-8] \\ \vdots \\ x[n] \end{cases}$$

$$H = \begin{pmatrix} h[n] & \cdots & h[1] & 0 & \cdots & \cdots & 0 \\ 0 & h[n] & \cdots & h[1] & 0 & \cdots & 0 \\ \vdots & & & & & & \vdots \\ 0 & & & h[n] & \cdots & h[1] & 0 \\ 0 & \cdots & \cdots & \cdots & h[n] & \cdots & h[1] \end{pmatrix}$$

在这个矩阵中，可看出 x 的个数比 y 多出 9 个，在对输出求解时，方程数是等于未知数 y 且矩阵 H 为非奇异矩阵时可直接求解，但所获得的数据是含有误差成

分的。根据最小二乘法的求解方式可最大地消除一些误差，通过最小化误差的平方和寻找数据的最佳函数匹配。利用最小二乘法可简便地求得未知的数据，并使得这些求得的数据与实际数据之间误差的平方和为最小

$$X = (H^{\mathrm{T}}H)^{-1}H^{\mathrm{T}}Y \tag{2-6}$$

求解输入时，将数据代入式（2-4）可看出，方程数量共有 $n-m+1$，但是未知数的数量 $n-m+10$，矩阵并非超定方程，所以采用最小二乘法求解时，需要对方程进行调整，输入波形稳定且有周期性，利用输入信号的周期性可缩减未知数的数量，可将非超定方程转化为超定方程，即可使用最小二乘法来求解。

（三）CVT 单位冲激响应

系统在单位冲激函数激励下引起的零状态响应被称为该系统的"冲激响应"。它与系统的传递函数互为傅里叶变换关系。

在连续时间系统中，任一个信号可分解为具有不同时延的冲激信号叠加。进行实际分析时，可通过电路分析法求解微分方程，或采用解卷积的方法计算出系统的冲激响应，如图 2-4 所示。

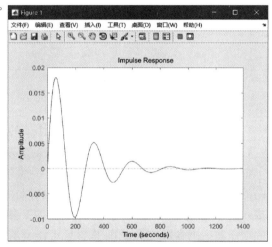

仿真时采用 impulse 函数，可求得系统的单位冲激响应，参数为 s_{ys} 和 t，其中 s_{ys} 为系统对应的微分方程，t 为持续时间。

s_{ys} 变量由 t_{f} 函数生成，其参数为输入部分的方程系数矩阵和响应部分的方程系数矩阵。

图 2-4　单位冲激响应图

求出单位阶跃图 2-4 之后，也可相应地得出每个时间段的 h 值

$h=[0$
0.000123735680525788
0.000247217874886474
0.000370443461391037
0.000493409357681902
0.000616112518388380
0.000738549932993211
0.000860718623893300
0.000982615644637442
0.00110423807832530
$\vdots$
$]$

（四）CVT谐波传递特性

CVT种类有很多种，普遍使用的是以谐振型电容式电压互感器为主。CVT在电网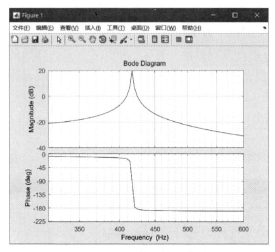中的作用就是能精确地测量电压幅值与相位，图2-3中已经精确化简了电路图，根据简化的电路图及算传递函数，并且在MATLAB中搭建Simulink仿真模型，可观察到该CVT系统的幅频特性曲线与相频特性曲线，如图2-5所示。

从图2-5传递特性曲线中可看出CVT其实是一个滤波系统，对于低次谐波和高次谐波有一定的滤波作用。由于CVT的种类多样，不同的类型有着千变万化的特征，所以基于不同类型的CVT，在元件参数上

图2-5   CVT传递特性曲线

也有许多不同，通频与阻频也会有所不同。

（五）杂散电容对CVT谐波传递特性的影响

1. 一次侧中间变压器杂散电容带来的影响

根据CVT的传递原理，CVT的传递特性与其元件参数息息相关。目前各种CVT产品的阻抗角都十分接近，而分压电容也有与之相对应电压等级，额定负载与分压电容成一定比例的关系。由于各电压等级CVT参数的不同，影响CVT谐波传变特性的中间变压器励磁参数变化范围等参量可能会有所不同，因此有必要掌握各电压等级CVT的典型参数以明确具体范围。在一个完整的CVT系统中，几乎只有杂散电容参数会有一些变化。谐振型电容式电压互感器如图2-6所示，当然还有更多不同类型的CVT，它们的杂散电容不仅数值不同，在系统位置上也有一些差别。

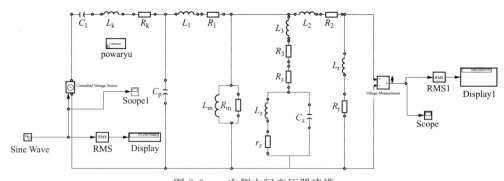

图2-6   一次侧中间变压器建模

不同杂散电容对 CVT 的传递特性曲线如图 2-7 所示。图 2-7 中有五条不同的曲线，表示着不同杂散电容数值时相应的变化，杂散电容 C_p 原参数是 263974pF，C 曲线就是原参数所对应的曲线，之后放大增益最高的 A 曲线为 30000pF 的杂散电容，C、D 与 E 分别对应 100000、500000pF 与 700000pF。经过参数的修改，CVT 的传递特性也相继有所变化，从图 2-7 中可看出随着中间变压器一次侧杂散电容 C_p 的增大，CVT 的系统增益越来越小，通频带

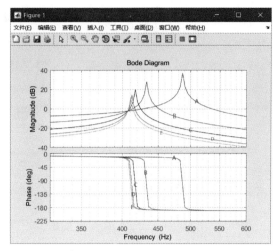

图 2-7　不同杂散电容对 CVT 的传递特性曲线

向着低频方向移动，可反映出杂散电容对 CVT 的传递特性是有一定影响的，很大程度改变了 CVT 的传递特性。

2. 二次侧耦合电容带来的影响

耦合电容 CVT 电路如图 2-8 所示。

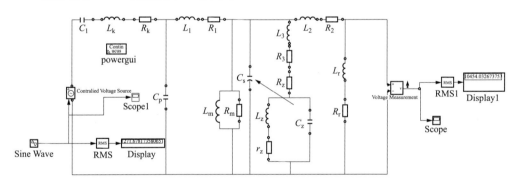

图 2-8　耦合电容 CVT 电路图

这次改变的耦合电容对传递特性影响较小，如图 2-9 所示，几乎只影响了增益，当然对于截止频率也有一些影响，但是对通频带的宽度与位置以及相频特性曲线没有任何区别。这三条曲线的参数当然也不相同，耦合电容 C_s 分别为 0.2、0.4mF 和 0.8mF 对应 W、Y 和 Z 三条曲线。

3. 补偿电抗器杂散电容带来的影响

另一个杂散电容对 CVT 传递特性带来的影响，即补偿电抗器的杂散电容。补偿电抗器位于两个分压电容的右侧，下面将杂散电容 C_c 分为 5、10μF 和 200μF，代入计算获得的传递特性如图 2-10 所示。

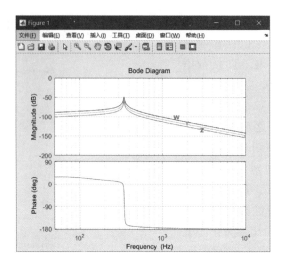

图 2-9　耦合电容对 CVT 的传递特性曲线

在图 2-10 中，仿真中测出的结果为三条曲线近乎重合。多次改变参数的差距，

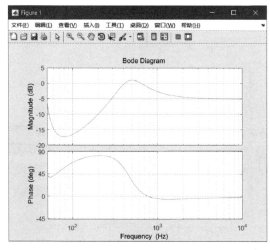

图 2-10　补偿电抗器杂散电容 CVT 传递特性

最终的结果也是如此。谐振型电容式电压互感器其实有三个杂散电容，分别分布于不同的位置，分别为：一次侧中间变压器杂散电容、二次侧耦合电容、补偿电容器杂散电容，它们分别在电路中不同的位置，给 CVT 传递特性带来的影响也不尽相同。

（六）传递特性曲线

通过上述的分析可明确显示出 CVT 在电网中的传递特性，变换不同的情况，通过综合分析，进一步得到的曲线图如图 2-11 所示。

三、CVT 试验仿真

根据图 2-3 在 Matlab 中建立仿真模型，引入杂散电容，分析杂散电容对传递特性的影响，并与理论分析结果进行对比。

（一）验证杂散电容对 CVT 谐波传递特性的影响

1. 一次侧中间变压器杂散电容带来的影响

根据一次侧中间变压器杂散电容带来的影响，模型仿真出的结果曲线如图 2-12 所示。

由此我们可印证理论推导出的结论，随着一次侧中间变压器杂散电容的电容值越小，传递特性的增益就越大。

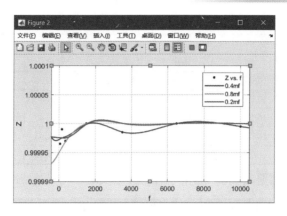

图 2-11　CVT 谐波分析图

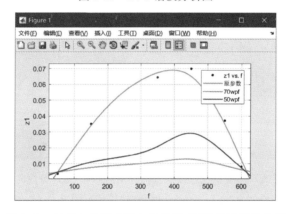

图 2-12　补偿电抗器杂散电容实测 CVT 传递特性曲线

2. 补偿电抗器杂散电容带来的影响

现在分析补偿电抗器杂散电容对 CVT 传递特性带来的影响。补偿电抗器位于两个分压电容的右侧，杂散电容 C_c 分别为 5、$10\mu F$ 和 $200\mu F$。仿真中测出的结果为三条曲线近乎重合，多次改变参数的差距，最终的结果也是如此，得出补偿电抗器杂散电容 C_c 的参数大小对仿真影响不大。利用 Simulink 中搭建的模型进行仿真，测得的数据见表 2-1。

表 2-1　　　　　　　　　　补偿电抗器杂散电容仿真实测数据

电抗器杂散电容 C_c	$5\mu F$		$10\mu F$		$200\mu F$	
频率	输入	输出	输入	输出	输入	输出
50	10598.727	30.333	10606.562	30.384	10606.693	30.427
250	10606.654	72.216	10606.728	721.231	10606.425	722.343
350	10606.296	1737.055	10606.300	1740.613	10606.304	1743.995
500	10606.728	8127.689	10605.715	8166.406	10606.877	8196.886
750	10610.422	6427.012	10605.443	6412.256	10609.251	6403.392

续表

电抗器杂散电容 C_c	$5\mu F$		$10\mu F$		$200\mu F$	
频率	输入	输出	输入	输出	输入	输出
900	10610.626	4440.621	10606.557	4434.765	10609.427	4432.092
1000	10609.438	3897.358	10608.445	3894.530	10606.190	3891.235
3000	10614.172	2605.328	10614.156	2605.188	10606.267	2607.816
5000	10587.707	2531.004	10632.541	2542.395	10632.538	2542.340
10000	10638.919	2512.080	10634.865	2512.449	10610.570	2504.451

根据表 2-1 获得数据,可得补偿电抗器杂散电容实测 CVT 传递特性曲线如图 2-13 所示。

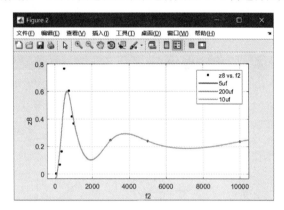

图 2-13　补偿电抗器杂散电容实测 CVT 传递特性曲线

图 2-13 看似只有一条曲线,实际上是三条近乎相同的曲线相互接近而成,正印证了多次改变参数的差距,最终的结果也是如此,补偿电抗器杂散电容 C_c 的参数大小对仿真影响不大。

3. 二次侧耦合电容带来的影响

图 2-14 中展示的是基于 MATLAB 中根据理论分析得出的传递特性,为了印证理论分析的正确性,根据电路的仿真,加入实际的输入电压以及输出的电压,得到的曲线如图 2-15 所示。

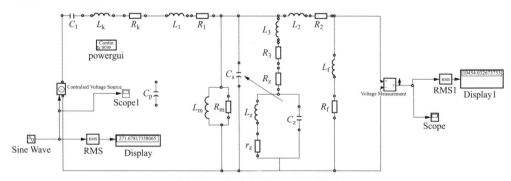

图 2-14　耦合电容 CVT 电路图

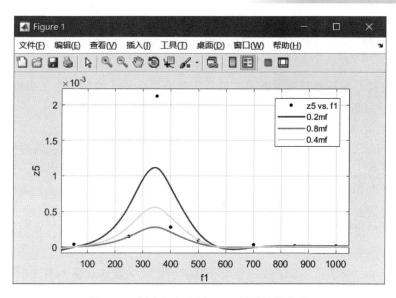

图 2-15　耦合电容实测 CVT 传递特性曲线

如图 2-15 所示，两者的通频带都在 0～1000，并且三种不同的参数带来的影响，两者也显示的一致。这是通过实际仿真电路图所测出的数据见表 2-2。

表 2-2　　　　　　　　　　　　　耦合电容仿真实测数据

耦合电容 C_s	0.2mF		0.4mF		0.8mF	
频率	输入	输出	输入	输出	输入	输出
50	10606.602	0.382	10606.602	0.1904	10606.602	0.09507
250	10606.602	1.563	10606.602	0.782	10606.602	0.391
350	10606.393	22.544	10606.393	11.267	10606.393	5.632
400	10606.602	2.973	10606.602	1.485	10606.602	0.743
500	10606.602	1.004	10606.602	0.502	10606.602	0.251
700	10610.693	0.355	10610.693	0.178	10610.693	0.0889
850	10598.727	0.164	10598.727	0.082	10598.727	0.0411
1000	10606.602	0.165	10606.602	0.083	10606.602	0.0412

（二）谐波传递特性矫正

1. 最小二乘矩阵法

通过以上理论推导和仿真分析可知，杂散电容对谐波的传递特性有较大影响，这将影响谐波监测数据的应用，进而影响谐波的评估。为解决这一难题，需要对测量数据进行矫正。二次侧的数据部分失真，无法反映一次侧的真实情况，利用最小二乘法，以失真二次侧数据为输入，根据 CVT 传递函数，还原真实的一次侧数据。

最小二乘法是一种在数学方面的算法，它的优点就是能最大限度地减小误差，使求出的数据能最接近于实际数据。最小二乘法分为两种形式，一般形式和矩阵形式，本书采用的是最小二乘矩阵法，矩阵法的原理比较简单

$$XB = Y$$
$$\to X^{\mathrm{T}}XB = X^{\mathrm{T}}Y \tag{2-7}$$
$$\to B = (X^{\mathrm{T}}X)^{-1}X^{\mathrm{T}}Y$$

推导过程不难，就是因果调换，但是需要满足条件才能使最小二乘矩阵法成立：矩阵 X 必须为满秩矩阵。

2. 输入比曲线

通过 MATLAB 进行仿真，仿真的内容是根据系统一次输入响应通过最小二乘法来求出系统的一次输入，输入为各个频率不同但幅值都为 15kV 的谐波。为了简化计算，仿真只取 $h(1)\text{-}h(10)$，由于是利用最小二乘法推导出的一次输入，那结果必然和实际输入有误差，其中误差的定义是求取输入与实际输入之比。仿真只取前 10 个点作为采样点，所以在计算时，需要对矩阵 H 进行调整，调整后即可得出所需要的求取输入，再与实际输入相比较。

利用最小二乘法可根据系统的输出相应求出系统的输入且误差不大，根据可变的杂散电容值可看出，杂散电容越小，误差也相对较小。在谐波测量结果中显示，各次谐波复原效果都非常的贴近原数据，所以把杂散电容的参数更改为 100pF 和 200pF，即可更有效地查看到对谐波测量失真程度上的影响，如图 2-16 所示。

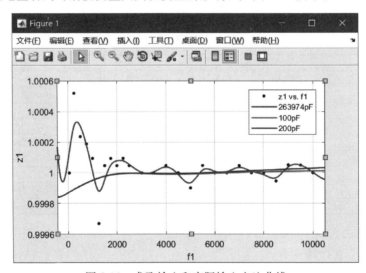

图 2-16　求取输入和实际输入之比曲线

第三节　110kV CVT 理论分析

一、仿真所需参数

仿真所涉及的频率范围为 $1\sim6000\mathrm{Hz}$，某 110kV 的 CVT 经典参数：$C_e=40955.8\mathrm{pF}$、$L_b=253.4\mathrm{H}$、$R_b=7.95\mathrm{k\Omega}$、$L_m=50000\mathrm{H}$、$R_m=10000\mathrm{k\Omega}$、$L_1=1.2\mathrm{H}$、$L_2=0.125\mathrm{H}$、$L_3=$

$0.125\mathrm{H}$、$R_1=1.4\mathrm{k\Omega}$、$R_2=0.125\mathrm{k\Omega}$、$R_3=0.125\mathrm{k\Omega}$、$C_z=99450\mathrm{pF}$、$R_z=21.025\mathrm{k\Omega}$、$L_z=101.885\mathrm{H}$、$r_z=0.95\mathrm{k\Omega}$、$L_f=0.064\mathrm{H}$、$R_f=26.6\Omega$、$C_c=350\mathrm{pF}$、$C_o=1000\mathrm{pF}$、$C_b=1250\mathrm{pF}$。

二、CVT 传递特性曲线

基频环境下，CVT 内部的各个元件比如电感、电容等，它们相互之间的影响是比较小的。高频情况下，C_o 的影响较大。影响测量的因素有杂散电容 C_c，C_b 和变压器间的耦合电容 C_o，所以在针对高频时，就需要考虑这些电容对电路造成的影响。CVT 谐波传递特性曲线如图 2-17 所示，可知 CVT 有着一定的滤波作用，能过滤低次谐波和高次谐波，目前 CVT 种类繁多，不同种类的 CVT 在参数以及通频、阻频上都会有一些差异，接下来进行理论仿真看看 CVT 传递时受到的影响。

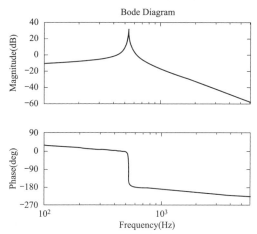

图 2-17　CVT 谐波传递特性曲线

三、杂散电容对传递特性的影响

随着一次侧杂散电容 C_c 值的减小，幅频曲线出现最大值的频率值有所增大，CVT 的传递增益最大值也有所增大。通频带向右发生移动，低频段上的通带变平稳，有利于低频分量的通过。随着补偿电容 C_b 的减小，增益的最大值对应的频率点向着高频方向移动，传递增益最大值变化不大。改变参数对增益的影响不是特别明显。改变耦合电容 C_o 参数对 CVT 传递特性几乎没有影响。

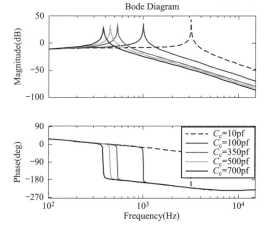

图 2-18　一次侧中间变压器杂散电容变化时的传递特性曲线

（一）一次侧中间变压器杂散电容 C_c 对 CVT 传递特性的影响

由于 CVT 自身的结构较为独特，存在各种杂散电容以至于在测量谐波的过程中会引发一些测量误差。产生误差的部分原因就是由某些杂散电容造成的，所以需要对它们进行分析。

如图 2-18 所示，杂散电容 C_c 变化时做出的传递特性曲线图，图中五条曲线从右到左依次表示的杂散电容值为：10、100、350、500、700pF。从图 2-18 中可看出，改变不同参数时，CVT 的传递特性会有些变化。随着杂散电容值的减小，幅频曲线出现最大值的频率值有所增大，CVT 的传递增益最大值也有所增大，通频带向右发生移动，低频段上的通带变平稳。有利于低频分量的通过。

由此可知，杂散电容 C_c 对传递特性是有影响的，影响表现在两个方面，分别是增益的大小和通频带的宽度。从图 2-18 中可观察到的现象为，杂散电容 C_c 参数减小会导致传递增益增大，并且通频带会变宽。每一种杂散电容带来的影响都是不相同的，所以接下来使用同样的方法对补偿电容 C_b 进行分析。

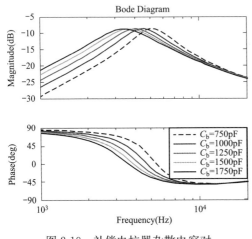

图 2-19　补偿电抗器杂散电容对
CVT 传递特性的影响

（二）补偿电抗器杂散电 C_b 对 CVT 传递特性的影响

如图 2-19 所示，改变 C_b 时，影响 CVT 传递效果的曲线。图 2-19 中五条曲线从右到左杂散电容的参数值依次为：750、1000、1250、1500、1750pF。从图中 2-19 可看出，随着补偿电容 C_b 的减小，传递增益的最大值对应的频率点向着高频的方向移动，传递增益最大值变化幅度不是很大。由此可知，改变参数对增益的影响不太明显。

补偿电容 C_b 对传递特性也有较大的影响，但主要体现在传递增益最大值所对应的频率值上，随着补偿电容 C_b 的增大而增大，传递增益最大值反而没有特别明显的影响。

杂散电容对 CVT 造成的影响不可忽视，参数不同会导致测量结果不同，就会产生误差，所以需要对各个杂散电容分别进行仿真分析，才能通过仿真结果采取正确的措施减小测量失真程度，接下来使用同样的方法对耦合电容 C_o 进行分析。

（三）耦合电容 C_o 对 CVT 传递特性的影响

如图 2-20 所示，改变 C_o 时，影响 CVT 传递效果的曲线。该图中有五条曲线参数分别为：100、500、1000、1500、2000。从图 2-20 中可看出，改变耦合电容参数对 CVT 传递特性是没有明显影响的。

通过理论仿真可知，一次侧电容 C_c、耦合电容 C_o、补偿电容 C_b 都对

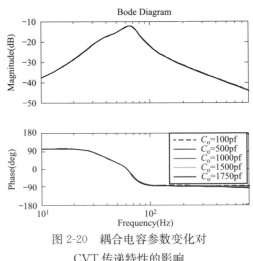

图 2-20　耦合电容参数变化对
CVT 传递特性的影响

CVT 传递效果有着不同程度的影响，这就是导致测量误差的原因。

四、试验仿真

（一）验证杂散电容对 CVT 传递特性的影响

本次试验仿真通过在 MATLAB 中搭建 CVT 仿真电路模型，分别对杂散电容 C_c、耦合电容 C_o、补偿电容 C_b 进行仿真，采集数据来验证理论结果的正确性。

1. 一次侧中间变压器杂散电容 C_c 对 CVT 传递特性的影响仿真结果

一次侧杂散电容仿真模型如图 2-21 所示，为测量参数 C_c 时的仿真模型。仿真时采集到的数据见表 2-3。

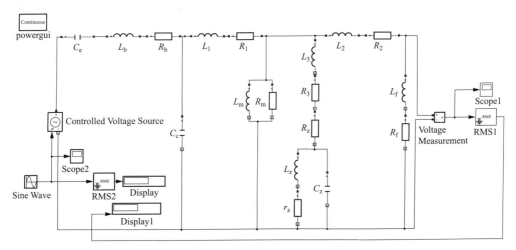

图 2-21　一次侧杂散电容仿真模型

表 2-3　　　　　　　　　　　一次侧杂散电容仿真实测数据

一次侧电容 C_c(pF)	10		100		350	
频率	输入	输出	输入	输出	输入	输出
100	70710	23.65	70710	24.71	70710	28.290
200	70710	24.40	70710	26.43	70710	34.620
250	70710	25.00	70710	27.57	70710	39.860
350	70710	25.41	70710	28.93	70710	47.730
400	70710	26.02	70710	30.58	70710	60.440
450	70710	26.73	70710	32.50	70710	83.450
550	70710	28.40	70710	37.60	70710	231.600
750	70710	35.50	70710	50.98	70710	34.400
900	70710	48.23	70710	101.00	70710	22.110
1000	70710	58.33	70710	263.00	70710	12.640
3000	70710	290.45	70710	9.06	70710	5.400
4000	70710	6.10	70700	5.02	70730	4.907

续表

一次侧电容 C_c(pF)	10		100		350
一次侧电容 C_c(pF)	500		700		
频率	输入	输出	输入	输出	
100	70710	31.100	70710	35.600	
200	70710	42.650	70710	61.830	
250	70710	54.660	70710	107.000	
350	70710	78.530	70710	212.100	
400	70710	140.500	70710	88.640	
450	70710	211.700	70710	49.630	
550	70710	69.160	70710	29.430	
750	70710	19.090	70710	12.370	
900	70710	13.680	70710	9.583	
1000	70710	8.365	70710	6.583	
3000	70700	5.108	70710	4.992	
4000	70730	4.908	70670	4.906	

将表 2-3 的数据通过 MATLAB 编程，仿真得出的曲线图如图 2-22 所示。

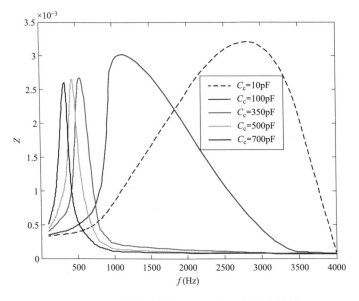

图 2-22　一次侧中间变压器杂散电容仿真结果

如图 2-22 所示，五条曲线从右到左分别对应的杂散电容参数依次为：10、100、350、500、700pF。随着杂散电容参数减小，传递特性增益最大值有所增大。之前的结论也是这样的，得以验证。

2. 补偿电抗器杂散电容 C_b 对 CVT 传递特性的影响仿真结果

验证了一次侧杂散电容的结论，接下来接着对补偿电抗器杂散电容进行试验仿真，如图 2-23 所示。为补偿电抗器杂散电容的仿真模型，仿真得到的数据见表 2-4。

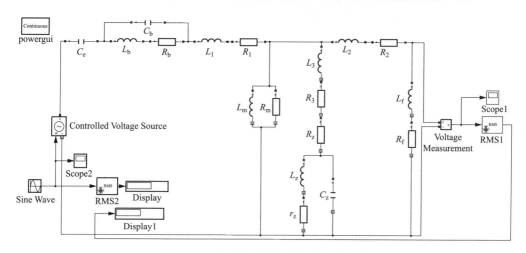

图 2-23　补偿电抗器杂散电容仿真模型

表 2-4　　　　　　　　　　　　补偿电抗器杂散电容仿真实测数据

补偿电抗器 C_b(pF)	750		1000		1250	
频率	输入	输出	输入	输出	输入	输出
100	70710	27.94	70710	27.01	70710	26.09
200	70710	16.96	70710	14.58	70710	12.18
220	70710	15.57	70710	12.70	70710	10.02
250	70710	12.79	70710	9.39	70710	6.34
300	70710	8.30	70710	4.36	70710	4.55
350	70710	3.59	70710	6.00	70710	12.24
400	70710	4.89	70710	13.49	70710	22.31
3000	70710	2371.00	70710	3877.00	70710	6229.00
3200	70710	2950.00	70710	5093.00	70710	8949.00
3500	70710	4142.00	70710	8065.00	70710	18030.00
4000	70710	7866.00	70710	23970.00	70710	43380.00
4200	70710	10720.00	70710	44250.00	70710	24240.00
5000	70710	49020.00	70710	16040.00	70710	10660.00
6000	70710	13760.00	70710	9293.00	70710	7763.00
补偿电抗器 C_b(pF)	1500		1750			
频率	输入	输出	输入	输出		
100	70710	25.19	70710	24.31		

续表

补偿电抗器 C_b(pF)	1500		1750			
频率	输入	输出	输入	输出		
200	70710	10.06	70710	7.87		
220	70710	7.38	71320	4.97		
250	70710	4.17	70710	4.16		
300	70710	8.60	70710	13.34		
350	70640	18.85	70710	25.43		
400	70710	30.99	70710	39.70		
3000	70710	10370.00	70710	19170.00		
3200	70710	17580.00	70710	41690.00		
3500	70710	43820.00	70710	28640.00		
4000	70710	18150.00	70710	12630.00		
4200	70710	14110.00	70710	10770.00		
5000	70710	8685.00	70710	7667.00		
6000	70710	6993.00	70710	6530.00		

将表 2-4 的数据通过 MATLAB 编程，仿真得出的曲线图如图 2-24 所示。

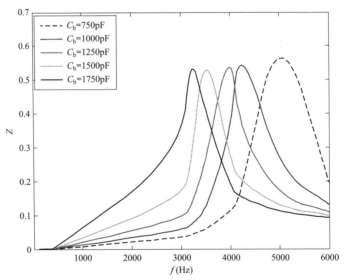

图 2-24　补偿电抗器杂散电容仿真结果

如图 2-24 所示，可看出随着补偿电抗器杂散电容参数增大，CVT 传递增益最大值变化不大。也印证了上诉理论仿真所说结果。图 2-24 中的五条曲线从右到左各自对应的杂散电容参数依次为：750、1000、1250、1500、1750pF。

3. 耦合电容 C_o 对 CVT 传递特性的影响仿真结果

前面仿真验证了 C_c 以及 C_b 对 CVT 的传递特性带来的影响。接下来继续用 MAT-

LAB仿真，验证上述耦合电容的理论结果。二次侧耦合电容仿真模型如图 2-25 所示。

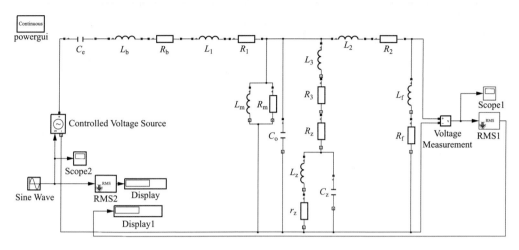

图 2-25　二次侧耦合电容仿真模型

仿真时通过多次改变频率来获得试验数据，采集到的数据见表 2-5。

表 2-5　　　　　　　　　　　二次侧耦合电容仿真实测数据

耦合电容参数 C_o	100		500		1000	
频率	输入	输出	输入	输出	输入	输出
30	66100	23.20	66100	23.21	66100	23.21
50	70710	170.70	70710	170.70	70710	170.70
80	69020	39.45	69020	39.45	69020	39.45
100	70710	30.87	70710	30.88	70710	30.87
130	69670	27.41	69670	27.42	69670	27.42
150	70710	25.77	70710	25.77	70710	25.78
180	69960	25.05	69960	25.05	69960	25.06
200	70710	24.33	70710	24.34	70710	24.34
230	70130	24.14	70130	24.15	70130	24.16
250	70710	23.72	70710	23.73	70710	23.74
300	70710	23.40	70710	23.41	70710	23.42

耦合电容参数 C_o(pF)	1500		2000			
频率	输入	输出	输入	输出		
30	66100	23.21	66100	23.21		
50	70710	170.70	70710	170.70		
80	69020	39.46	69020	39.46		
100	70710	30.87	70710	30.87		

续表

耦合电容参数 $C_o(pF)$	1500		2000			
频率	输入	输出	输入	输出		
130	69670	27.42	69670	27.42		
150	70710	25.78	70710	25.78		
180	69960	25.06	69960	25.08		
200	70710	24.35	70710	24.36		
230	70130	24.16	70130	24.17		
250	70710	23.74	70710	23.75		
300	70710	23.43	70710	23.43		

将表 2-5 的数据通过 MATLAB 编程，仿真得出的曲线图如图 2-26 所示。

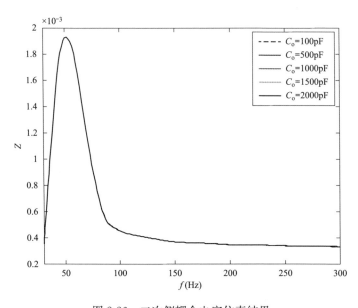

图 2-26　二次侧耦合电容仿真结果

如图 2-26 所示为二次侧耦合电容仿真验证图，当耦合电容参数改变时，对 CVT 传递特性增益几乎没有影响，与前面所述理论结果一致。图 2-26 中五条曲线各自对应的杂散电容参数为：100、500、1000、1500、2000pF。

（二）输入比曲线

本仿真的目的就是将试验测得的数据利用最小二乘法来求取系统的求取输入，一次侧输入信号为幅值都是 110KV 但频率不同的正弦波。仿真过程中只取 h_1-h_{10} 十个点以便简化计算。最小二乘法得出的求取输入与实际还是有微小的误差，其误差指的就是求取输入/实际输入，由于仿真只采集 10 个采样点，所以需要对 **H** 矩阵进行适当调整以便计算，调整后进行计算求得的求取输入和实际输入进行比较。

    如图 2-27 和图 2-28 所示，为杂散电容通过最小二乘法求得的求取输入与实际输入进行比较的输入比曲线。杂散电容值越小，输入比越靠近 1，说明求取输入与实际输入越吻合，误差较小。所以把杂散电容参数适当调小之后即可更有效地看到所测量电压水平的真实状态。

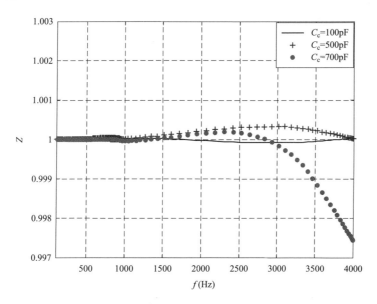

图 2-27　求取输入与实际输入比 C_c

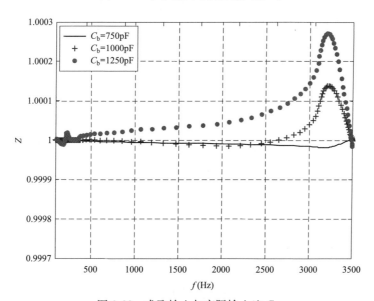

图 2-28　求取输入与实际输入比 C_b

第四节　消谐器对监测数据的影响分析

一、消谐器简介

电压互感器常用于线路电压、功率的监测，同时还肩负着给二次测量设备和继电保护设备供电的责任。目前使用较多的是电磁式电压互感器，因为其铁芯的励磁特性呈现出非线性特点，在中性点不接地系统出现问题或受到操作干扰的时候，励磁电感与系统的对地电容也许会出现参数匹配问题，造成铁磁谐振问题的出现。在出现铁磁谐振时，产生的过电流极易造成高压熔断器熔断，甚至导致线路保护装置爆炸事故。目前抑制铁磁谐振的方法可选用励磁特性好的电压互感器、增加对地电容、串接消谐器等多种方式，优势与不足各不相同。使用经非线性电阻或消谐器接地进行抑制时，因为其体现出的突出特征，在电流通过非线性电阻或消谐器，形成中性点位移电压，造成谐波电压含量提高。

二、铁磁谐振和消谐器

（一）铁磁谐振的危害与抑制措施

根据铁磁谐振的产生机理，在系统出现故障或在外部操作时，在一定条件下也许会出现铁磁谐振，只要谐振条件不被破坏。铁磁谐振就能持续存在，也会直接影响系统的正常运作，主要体现为以下几个方面：

（1）谐振过电压和过电流的持续时间较长会影响设备的绝缘性能，导致电气元件的使用寿命缩短，甚至会直接损坏元件，产生严重的安全隐患。

（2）影响系统中各类设备的正常运行，使其电流电压畸变，产生谐波分量，进而造成谐波污染，可能导致系统出现虚幻接地现象，造成继电保护装置的误动及设备的故障运行，严重威胁系统的安全稳定运行。

（3）长期存在的谐振过电压也许会造成变压器发生铁芯损耗增多的问题，导致设备使用寿命缩短；长时间的过电流会导致变压器线圈温度过高，从而造成电压互感器烧毁、变压器燃烧、避雷器爆炸等安全事故。

当前的消谐措施主要从改变系统参数、破坏谐振条件以及加入阻尼到振荡回路、损耗谐振能量两部分着手。当前更改系统参数、破坏谐振条件一般使用下述方式：

（1）采用励磁特性较为线性的电压互感器。

（2）增大系统对地电容。

（3）使用电容式电压互感器取代传统类型。

（4）电压互感器一次侧中性点经过零序 TV 接地。

把阻尼增加到振荡回路中，消耗谐振能量一般使用下述方式：

（1）TV 一次侧中性点接阻尼电阻或消谐器。

（2）TV 开口三角绕组接阻尼电阻或消谐设备。

（3）系统中性点经消弧线圈接地。

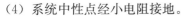

（4）系统中性点经小电阻接地。

（二）消谐器的原理

消谐器原本是容量较高的非线性电阻器，具有限流和阻尼的功能，可很好抑制电磁式电压互感器产生的铁磁谐振。在不接地的系统中，电压互感器设备一般连接到变电站母线上，一次绕组为星形连接，经过消谐器接地。在正常运行时消谐器处于大电阻状态，在出现单相接地问题时，内部中性点电位随之提高，因为电阻表现出非线性特点，阻值会降低，因此具有降低中性点位移电压的功能，起到抑制铁磁谐振的效果。另外，因为 6～35kV 电网中性点不接地，母线上 Y_0 接线的一次绕组就是最重要的对地金属通道，在系统内出现单相接地或接地消失时，借助电压互感器将会有一个充放电过程，在此过程中，电压互感器流过的电流幅值可达数倍工频电流，可能造成电压互感器高压熔断器熔断，可通过在电压互感器中性点安装消谐器来有效抑制这种情况，避免熔丝熔断。

（三）消谐器的特点

（1）消谐器一般由大容量非线性电阻片组成，其具有体积小、熔断量大、散热性能优异的特点，可与各类电磁式电压互感器配合使用。

（2）对于半绝缘的电压互感器可通过加装放电管遏制两边电压，维持最初的伏安特性，从而保证中性点的绝缘。

（3）因为消谐器体积不大，所以可安装在 TV 柜以及手车柜内，由于其通过金属材料连接，没有炸裂危险，便于安全运输。

（4）三相高压绕组需要在中性点内增加消谐器，综合费用不高，使用经济。

（四）消谐器的缺点

（1）因为消谐器串联处于电压互感器一次侧中性点以及大地两者间，因此只能遏制和自身串联设备的铁磁谐振。当系统发生单相接地故障或接地故障消失时，在三相系统中通常同时有多台电压互感器运行，所以需要在所有电压互感器的中性点与地之间进行串接，只有如此才可抑制谐振。

（2）当系统发生单相接地故障，将对二次侧的零序电压测量产生影响，因此对幅值和相位精度要求较高的场合不适合使用消谐器来抑制谐振。

（3）消谐器本身的热容量有限，即使采用热容量相对较大的 LXQ 型消谐器，在持续时间较长的谐振过电压和过电流的情况下，仍会对设备造成损害。

（4）从抑制铁磁谐振的层面着手，假如阻值越高，抑制成果越显著。但是，如果消谐电阻过大，此时需要在系统发生单相接地问题时，保证电压互感器一次侧经过消谐器接地，此时会导致明显的位移电压问题，辅助绕组开口三角形电压不正常，其中零序电压的测试也会发生较大的偏差，甚至会减弱装置的敏锐度以及继电保护设备的正常运行。

三、三次谐波产生机理

（一）空载电流和励磁电流的区别

励磁电流是变压器产生励磁磁势的电流，铁芯在励磁磁势作用下建立主磁通。空载电流是在变压器二次侧开路时，在一次侧绕组加以正弦波电压时流过一次绕组的电流。对于单相变压器来说，变压器带负载运行时，励磁电流为一次电流与二次电流之和；空载运行时，一次绕组中电流也是空载电流，所以单相变压器空载运行时，励磁电流就是空载电流。

当单相变压器一次侧外加正弦波电压时，为了产生也是正弦波的感应电动势，铁芯的主磁通也必须是正弦波。然而由于铁芯的励磁特性具有非线性特性，产生正弦波磁通的励磁电流不再是正弦波而是尖顶波。铁芯的饱和程度越高，励磁电流的波形畸变得越厉害，尖顶波的励磁电流可分解为基波和3、5、7、……高次谐波。如果励磁电流的各次谐波都存在流通回路，则在各次谐波中以3次谐波电流幅值最大，对励磁电流波形畸变程度的影响也最大，其他高次谐波影响较小。

（二）变压器联结方式对励磁电流谐波的影响

对于三相变压器而言，采用星—三角联结的变压器在空载运行时，一次侧绕组没有中性线，因此3次谐波电流无法流通，然而建立正弦波的主磁通，励磁电流中必须包含3次谐波，此时励磁电力的3次谐波就在三角联结的二次绕组中流通，因此采用星—三角联结的变压器在空载运行时，励磁电流中的基波（以及5、7等次谐波）在星形联结的一次绕组中流通，3次谐波以及（3的奇数倍次谐波）在二次绕组中流通。

采用星—星联结的变压器空载运行时，因为一次绕组中没有中性线，因此3次谐波电流无法流通，二次绕组也没有中性线，也没有给3次谐波电流提供流通通路，因此励磁电流中没有3次谐波，其波形近似为正弦波，从而使得主磁通为平顶波，产生的感应电动势发生畸变。

（三）电压互感器3次谐波测量失真原理

电压互感器工作原理与空载变压器工作原理基本相同，根据上述推导可知，因为变压器铁芯体现出非线性励磁特点，为确保磁通是正弦波，励磁电流要包含3次谐波成分，另外三相励磁电流内的3次谐波分量全部同相，所以需要为3次谐波分量带来通路保障，确保二次侧感应电动势是正弦波。

然而在电压互感器一次侧中性点和地进行串联消谐电阻之后，通过中性线的励磁电流会出现压降，造成电压出现位移，其零序电压是

$$u_0 = Z_0(I_{m1,A} + I_{m1,B} + I_{m1,C}) + Z_0(I_{m3,A} + I_{m3,B} + I_{m3,C}) \tag{2-8}$$

根据以上推导可得出以下结论：

（1）当3个单相电压互感器的励磁特性完全相同时，基波电流 $I_{m1} = I_{m1,A} + I_{m1,B} + I_{m1,C} = 0$，然而3次谐波电流 $I_{m3} = I_{m3,A} + I_{m3,B} + I_{m3,C} \neq 0$，所以有3次谐波励磁电流经过消谐电阻，形成3次谐波电压，导致一次侧中性点出现位移，在TV内测试得到3次零序谐波电压。

（2）当3个单相电压互感器的励磁特性差距较为显著的时候，基波电流 $I_{m1} = I_{m1,A} + I_{m1,B} + I_{m1,C} \neq 0$，消谐电阻出现三相基波电流以及3次谐波电流的时候，可形成庞大的基波以及3次谐波的重合电压，这时中性点位移电压就是以上两者电压总和，二次侧

可测量出基波零序电压和 3 次谐波电压。

（3）假如经过的励磁电流相等时，消谐器产生的电阻值更高，此时中性点电压出现较为明显的偏移，二次侧测试的基波零序电压与 3 次谐波电压更高。消谐器得到的电阻值不高，测试的基波以及 3 次谐波电压更低。尤其是在电压互感器一次侧中性点和地直接连接的时候，并未安装消谐器，因此不会产生中性点位移电压，这时的测试结果可相对精准地表现出真实电网的谐波状况。但是从抑制铁磁谐振的角度考虑，消谐电阻越大越好，所以消谐器阻值和谐波的矛盾无法消除。

综上所述，主要有三个因素造成电压互感器测试结果的失真：

（1）电压互感器励磁特性的好坏。

（2）三相电压互感器励磁特性的一致性。

（3）消谐器电阻值的大小。

四、仿真模型的建立

本节通过 MATLAB 平台建立仿真模型，分析三次谐波产生的原因。仿真参数的设定主要包括饱和变压器模型、电源模型、负载模型等不同部分。下文主要阐述仿真模型的关键构成方面和电磁电压互感器模块的建设历程。

（一）电磁式电压互感器模型的建立

电压互感器铁芯的励磁特性是 TV 出现 3 次谐波电压的主要因素，所以得到精准、稳定的励磁参数具有不可忽视的作用。第一要考虑怎样建立成熟的电压互感器模型，在以往的研究中，大多用三个星形联结的非线性电感模型替代电压互感器，以上仿真得到的结果差异较为明显。深入研究 MATLAB 中 SIMPOWER 元件库内的相关内容可知，了解到可使用可饱和变压器模型取代之前使用的互感器。

图 2-29 是可饱和变压器的等值电路图，其中 R_1 是一次侧线圈的直流电阻，L_1 是线圈漏感，L_{sat} 是线圈的励磁电感，R_m 是励磁电阻，当前励磁电感表现出非线性特征，跟随励磁电流而波动，L_2、R_2 为二次绕组的线圈漏感以及直流电阻，L_3、R_3 则是辅助绕组的线圈漏感和直流电阻。

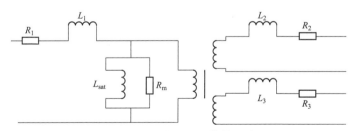

图 2-29　饱和变压器的等值电路图

由图 2-29 可知，该饱和变压器模块主要包括铁芯铁损以及漏感，和真实铁芯电感相类似。在实际仿真的过程中，主要包含三个单相饱和变压器一次侧接星形即可仿真出仿真电压互感器。

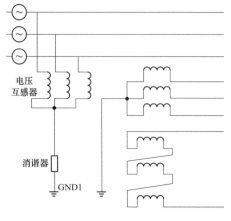

图 2-30　电压互感器接线方式

（二）电磁式电压互感器接线方式

为全面抑制电压互感器的铁磁谐振，在系统 10kV 内一般使用图 2-30 所示的接线形式。

图 2-30 中的三相电压互感器由三台单相可饱和变压器组合而成，其高压侧绕组主要使用星形方式，中性点通过消谐器接地；低压侧一组绕组也使用类似的方式，中性点直接接地，二次绕组（剩余绕组）连接为开口三角形。

（三）系统仿真图

仿真模型中电源采用理想电压源，饱和变压器模型代替的电压互感器一次侧采用星形接法，中性点经电阻接地，二次绕组采用中性点直接接地的星形接法，辅助绕组接成开口三角形。其中电源电压有效值为 10kV，负载功率为 10kW，如图 2-31 所示。

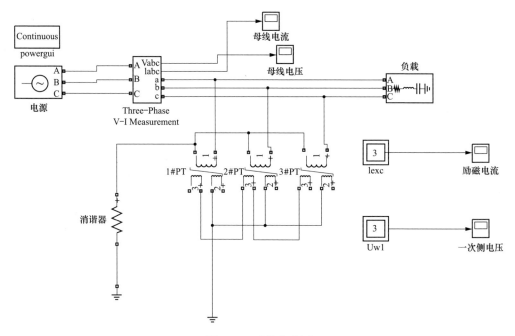

图 2-31　系统仿真图

（四）励磁特性曲线的拟合

电压互感器铁芯励磁特性的额拟合，可从电压互感器的有效值空载励磁伏安特性 $U = f(I)$ 求解磁链与电流的关系 $\psi = f(i)$，在求解磁化曲线时，现有文献资料有两种思路：①分段线性拟合法；②整体近似拟合法。

1. 分段线性拟合法

加在电压互感器两端的电压是正弦波电压，并且不考虑铁芯磁滞和涡流损失以及绕组电阻。如图 2-32 左图所示为励磁曲线转化的原理图，当电压从零升至 b 点时，磁链 ψ 同步上升，电流由于磁链未饱和也正比上升，所以此时的 $\psi = f(i)$ 与 $U_{RMS} = f(I_{RMS})$ 曲线形状一样。对于 $B\text{-}C$ 段，假定在该段内 $\psi = f(i)$ 曲线为线性增加，所以 $B\text{-}C$ 段内的 $\psi = f(i)$ 为

$$i = i_B + \frac{(i_C - i_B)(\psi - \psi_B)}{\psi_C - \psi_B} \tag{2-9}$$

式（2-9）也可通过三角函数关系变换为

$$i(t) = i_b + \frac{(i_c - i_b)[\psi_c \sin(\omega t) - \psi_b]}{\psi_c - \psi_b}, \sin^{-1}\left(\frac{\psi_b}{\psi_c}\right) \leqslant \omega t \leqslant \frac{\pi}{2} \tag{2-10}$$

i_C 的值可根据图 2-32 $U_{RMS} = f(I_{RMS})$ 和式（2-9）求得，此时有

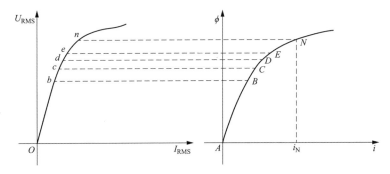

图 2-32　饱和转化曲线

$$I_{RMS\text{-}C}^2 = \frac{2}{\pi}\int_0^{\frac{\pi}{2}} i^2 d(\omega t) \tag{2-11}$$

式（2-11）中的 i 为瞬时值，积分过程要分为两段，从 $A\text{-}B$ 段为正弦上升，而 $B\text{-}C$ 段用式（2-10）代入，式（2-11）中被积函数包含未知数 i，但积分结果 $I_{RMS\text{-}C}$ 却是已知的，编程可求得 i_C，然后可逐段求解 i_D、i_E 等，然后可得出变压器工作任意处的电流表达式为

$$i = \begin{cases} i_A + \dfrac{(i_B - i_A)[\psi_X \sin(\omega t) - \psi_A]}{\psi_B - \psi_A}, 0 \leqslant \omega t \leqslant \sin^{-1}\left(\dfrac{\psi_B}{\psi_X}\right) \\[3mm] i_B + \dfrac{(i_C - i_B)[\psi_X \sin(\omega t) - \psi_B]}{\psi_C - \psi_B}, \sin^{-1}\left(\dfrac{\psi_B}{\psi_X}\right) \leqslant \omega t \leqslant \sin^{-1}\left(\dfrac{\psi_C}{\psi_X}\right) \\[3mm] i_{X-1} + \dfrac{(i_X - i_{X-1})[\psi_X \sin(\omega t) - \psi_{X-1}]}{\psi_X - \psi_{X-1}}, \sin^{-1}\left(\dfrac{\psi_{X-1}}{\psi_X}\right) \leqslant \omega t \leqslant \dfrac{\pi}{2} \end{cases} \tag{2-12}$$

如图 2-32 右图所示，由 $A\text{-}N$ 的过程，每往上移动一点，式（2-12）的积分式分段数

就多一段积分，可逐点求出 I，也可得到 $\psi=f(i)$。采用分段线性法拟合出来的曲线称为拟合曲线 1，如图 2-34 所示。

2. 整体近似拟合法

除了上述的分段拟合，现有文献中也有将磁化曲线近似表示为 $i_\mathrm{m}=\alpha\phi+\beta\phi^3$ 时，令电压互感器的一次侧电压为

$$\begin{cases} U_\mathrm{A}=-U_1\cos\omega t \\ U_\mathrm{B}=-U_1\cos\left(\omega t-\dfrac{2}{3}\pi\right) \\ U_\mathrm{C}=-U_1\cos\left(\omega t+\dfrac{2}{3}\pi\right) \end{cases} \tag{2-13}$$

式中：U_1 为电压互感器一次侧电压幅值；ω 为角频率。

根据楞次定律可得到磁通 ϕ 为

$$\begin{cases} \phi_\mathrm{A}=\dfrac{U_1}{N_1\omega}\sin\omega t=\phi_\mathrm{m}\sin\omega t \\ \phi_\mathrm{B}=\dfrac{U_1}{N_1\omega}\sin\left(\omega t-\dfrac{2}{3}\pi\right)=\phi_\mathrm{m}\sin\left(\omega t-\dfrac{2}{3}\pi\right) \\ \phi_\mathrm{C}=\dfrac{U_1}{N_1\omega}\sin\left(\omega t+\dfrac{2}{3}\pi\right)=\phi_\mathrm{m}\sin\left(\omega t+\dfrac{2}{3}\pi\right) \end{cases} \tag{2-14}$$

式中：N_1 为电压互感器一次绕组匝数；ϕ_m 是最大磁通量。

这时磁通波形是正弦波，相位超前一次侧电压 90°。参考以上曲线得到对应的励磁电流，因为内部铁芯回路呈现出非线性特点，所以磁化曲线主要使用近似方式表示

$$i_\mathrm{m}=\alpha\phi+\beta\phi^3 \tag{2-15}$$

把式（2-14）带入式（2-15）中可得到励磁电流为

$$\begin{cases} i_\mathrm{m,A}=\alpha\phi_\mathrm{m}\sin\omega t+\beta\phi_\mathrm{m}^3\sin^3\omega t \\ i_\mathrm{m,B}=\alpha\phi_\mathrm{m}\sin\left(\omega t-\dfrac{2}{3}\pi\right)+\beta\phi_\mathrm{m}^3\sin^3\left(\omega t-\dfrac{2}{3}\pi\right) \\ i_\mathrm{m,C}=\alpha\phi_\mathrm{m}\sin\left(\omega t+\dfrac{2}{3}\pi\right)+\beta\phi_\mathrm{m}^3\sin^3\left(\omega t+\dfrac{2}{3}\pi\right) \end{cases} \tag{2-16}$$

根据三角函数倍角函数关系知

$$\sin^3\theta=\dfrac{1}{4}(3\sin\theta-\sin3\theta) \tag{2-17}$$

根据式（2-16）和式（2-17）联立得到不同相励磁电流的具体关系为

$$\begin{cases} i_\mathrm{m,A}=I_\mathrm{m1}\sin\omega t+I_\mathrm{m3}\sin3\omega t \\ i_\mathrm{m,B}=I_\mathrm{m1}\sin\left(\omega t-\dfrac{2}{3}\pi\right)+I_\mathrm{m3}\sin3\omega t \\ i_\mathrm{m,C}=I_\mathrm{m1}\sin\left(\omega t+\dfrac{2}{3}\pi\right)+I_\mathrm{m3}\sin3\omega t \end{cases} \tag{2-18}$$

式中：$I_\mathrm{m1}=\alpha\phi_\mathrm{m}+\dfrac{3\beta\phi_\mathrm{m}^3}{4}$；$I_\mathrm{m3}=-\dfrac{\beta\phi_\mathrm{m}^3}{4}$。

根据式（2-18）可知，励磁电流中包含 3 次谐波，波形出现畸变，表现为尖顶波，参考图 2-33，采用近似法拟合出来的励磁特性曲线成为拟合曲线 2，如图 2-33、图 2-34 所示。

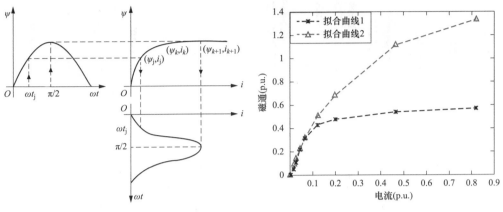

图 2-33 电压互感器励磁电流波形　　图 2-34 励磁特性曲线

五、仿真结果分析

消谐器的核心材料是 SiC 电阻片，属于大容量的非线性电阻。假如一次侧绕组中性点与地之间串联消谐器，相当于在每相的零序回路中串联阻尼，可起到消耗系统中多余能量的作用，从而达到抑制电压互感器一次侧过电压和过电流，也就是消谐的目的。消谐器的电阻值越大，抑制铁磁谐振的效果越好，但是消谐器阻值过大也会导致中性点电压位移严重，从而导致 3 次谐波电压含量测量值异常。

本节分别用拟合曲线 1 和拟合曲线 2 的励磁特性进行仿真，由饱和变压器模型组合而成的三相电压互感器励磁特性一致，分别在电压互感器一次侧中性点直接接地、经 10K、20K、30K、40K、50K 线性电阻接地时进行仿真，仿真结果如图 2-35～图 2-47 所示。

（一）拟合曲线 1 仿真结果

1. 谐波电流含量

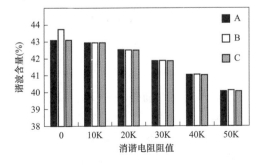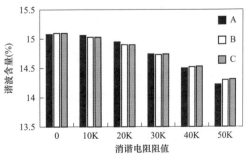

图 2-35 3 次谐波电流含量　　图 2-36 5 次谐波电流含量

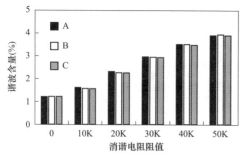

图 2-37　7 次谐波电流含量

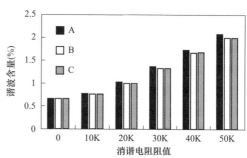

图 2-38　9 次谐波电流含量

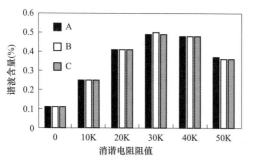

图 2-39　11 次谐波电流含量

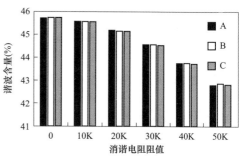

图 2-40　谐波电流总畸变率

2. 谐波电压含量

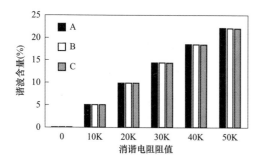

图 2-41　3 次谐波电压含量

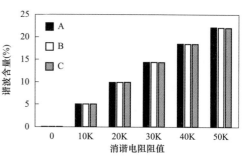

图 2-42　谐波电压总畸变率

2. 谐波电流幅值

由图 2-35～图 2-47 可知，当用拟合曲线 1 进行仿真时，励磁电流呈尖顶波，谐波电流主要以奇次谐波为主，其中 3 次谐波含量最高，5、7、9、11 次谐波电流含量依次减少；当电压互感器中性点直接接地时，励磁电流的 3 次谐波电流含量在 45% 左右，谐波电流总畸变率也在 45% 左右，主要受 3 次谐波电流含量影响。一次侧电压波形为

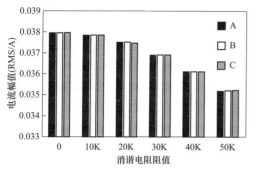

图 2-43 总电流幅值

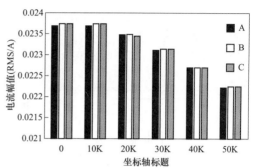

图 2-44 基波电流幅值

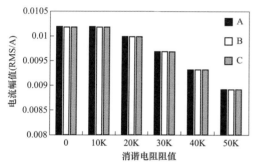

图 2-45 3 次谐波电流幅值

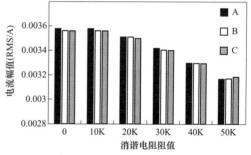

图 2-46 5 次谐波电流幅值

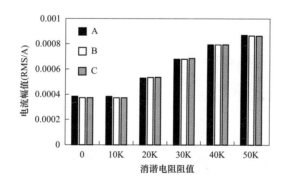

图 2-47 7 次谐波电流幅值

正弦波，各次谐波电压含量和谐波电压总畸变率很低，仿真结果与理论分析一致；当电压互感器中性点经消谐器接地时，其励磁电流波形仍为尖顶波，但是 3 次谐波电流含量随消谐器的阻值变化而变化，消谐器阻值大于 30K 时变化较为明显，其余各次谐波电流含量变化较小。一次侧电压波形发生畸变，串联消谐器后 3 次谐波电压含量增加，消谐器阻值不同，3 次谐波电压含量和谐波电压总畸变率也有所不同，其余各次谐波电压含量基本没有变化，仿真结果基本符合实测数据。

（二）拟合曲线 2 仿真结果

1. 谐波电流含量

拟合曲线 2 仿真结果图 2-48～图 2-60 所示。

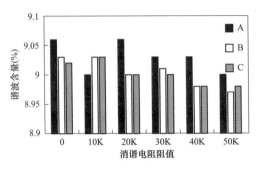

图 2-48   3 次谐波电流含量

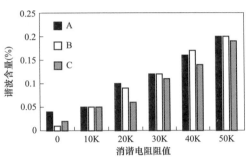

图 2-49   5 次谐波电流含量

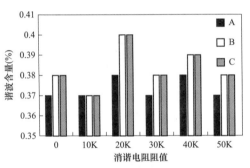

图 2-50   7 次谐波电流含量

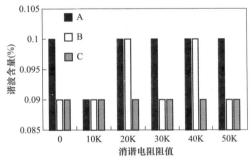

图 2-51   9 次谐波电流含量

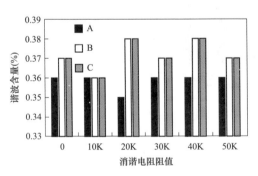

图 2-52   11 次谐波电流含量

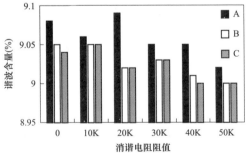

图 2-53   谐波电流总畸变率

2. 谐波电压含量

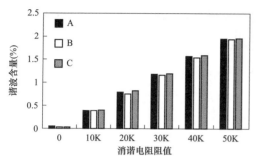

图 2-54　3 次谐波电压含量

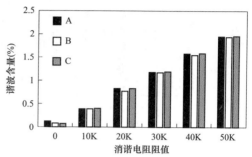

图 2-55　谐波电压总畸变率

3. 谐波电流幅值

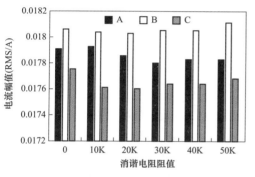

图 2-56　总电流幅值

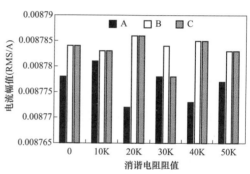

图 2-57　基波电流幅值

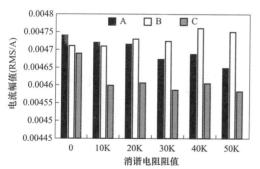

图 2-58　3 次谐波电流幅值

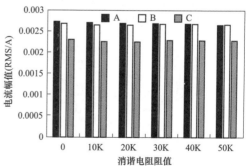

图 2-59　5 次谐波电流幅值

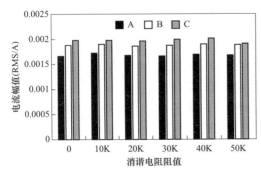

图 2-60　7 次谐波电流幅值

由图 2-48～图 2-60 可知，当用拟合曲线 2 进行仿真时，励磁电流波形发生畸变，但不是尖顶波，谐波电流主要以 3 次谐波为主；当电压互感器中性点直接接地时，励磁电流的谐波主要以 3 次谐波为主，其含量在 9% 左右，其余各次谐波含量很低，谐波电流总畸变率主要受 3 次谐波影响，此时一次侧电压呈正弦波，谐波含量可以忽略不计；当中性点经消谐器接地后，励磁电流的谐波含量基本没有变化。一次侧电压的 3 次谐波含量增加，谐波电压总畸变率也增加。

通过对拟合曲线 1 和拟合曲线 2 的仿真数据分析发现：采用拟合曲线 1 所得到仿真数据与理论分析和实测数据较为接近，采用拟合曲线 2 所得到的仿真数据与理论分析相差较大。通过对比可看出拟合曲线 1 是用分段线性法拟合出来的励磁曲线，拟合曲线 2 是根据电压互感器的非线性特性采用近似方法拟合出来的曲线，因此可看出采用分段线性法拟合的励磁特性曲线仿真结果更符合实际。

六、3 次谐波电压

如图 2-61 所示，3 次谐波电流的相角近乎相等，三相流经消谐器时叠加，5 次等谐波电流的相角接近互成 120°，三相流经消谐器时互相抵消。这也是为什么只会出现 3 次谐波电压超标，5 次等谐波不会出现此现象的原因。3 次谐波电压随阻值的变化成线性递增，加装消谐器后励磁电流的特性及幅值基本保持稳定。这一结论说明了更换不同阻值的消谐器后，3 次谐波电压基本呈线性变化的原因。短接消谐器，即阻值为 0 时，3 次谐波电压降为 0，而实测结果小于 1%（考虑背景谐波的存在，实测值一般不为 0），与实际运行数据基本一致。

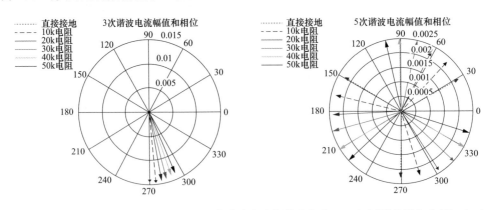

图 2-61　不同阻值下曲线 1 的 3、5、7 次谐波电流幅值和相位（三相用同种颜色表示）（一）

七、3 次谐波电压失真后的校正

加装消谐器产生的 3 次谐波是源于 TV 的励磁特性，不同于客户产生的谐波情况，无法通过客户治理降低谐波含有率。3 次谐波电压的叠加现象只存在流经消谐器时，存在于二次侧，但在线监测网又将其统计到一次侧，而实际上一次侧电网并未出现 3 次谐波超标，测量出现失真，所以需要对谐波监测数据进行校正。现有文献也提出矫正的方法，该方法简单实用，本节也加以说明。该方法简述为：为计算 3 次谐波电流流过消谐器产生的谐波电压大小，根据 TV 的实测空

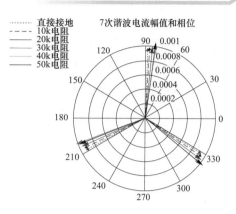

图 2-61　不同阻值下曲线 1 的 3、5、7
次谐波电流幅值和相位
（三相用同种颜色表示）（二）

载电流值和消谐器的电阻参数进行理论计算，用 3 次谐波实测含有率减去 3 次谐波理论含有率。消谐器的电阻参数见表 2-6，该站 TV 空载电流实测结果见表 2-7。

表 2-6　　　　　　　　　某型消谐器本体交流电气参数表

项目	技术指标	
消谐器通过 $AC_{0.5mA}$（峰值）电流时的电压及阻值	型号 1	型号 2
$U_{0.5mA}(V，峰值/\sqrt{2})$	180±30	150±30
$R_{0.5mAp}(k\Omega)$	＞420	＞300

表 2-7　　　　　　　　　TV 空载电流实测结果

名称	TV 二次侧相电压（V）	TV 二次侧相电流（A）	TV 一次侧相电压（V）	TV 一次侧相电流（A）	TV 空载功率（VA）
莲冠 TV	60.6	0.118	6062	0.0012	20.43

根据仿真结论，TV 励磁电流的基波分量和各次谐波含有率基本保持稳定，流经消谐器的主要是 3 次谐波且三相叠加。畸变率大概为 40%。以莲冠 TV 为例，则 3 次谐波电流为

$$I_3 = \frac{I_0}{1/0.4} = 0.00048$$

若消谐器电阻 $R=420000\Omega$，则 3 次谐波电压为

$$U_3 = I_3 R = 0.00048 \times 420000 = 201.6(V)$$

流经消谐器时的畸变率为

$$U_3\% = \frac{3U_3}{6062} = 9.98\%$$

同理计算消谐器电阻 $R=300000\Omega$，3 次谐波电压的畸变率为 7.13%。

　　两种阻值的校正情况见表 2-8，对比可知：①3 次谐波电压理论计算值未超出出厂参数合理技术范围；②3 次谐波理论含有率与实测含有率基本一致，理论计算和实测相符；③校正后的 3 次谐波含有率与消谐器短接后的 3 次谐波实测含有率基本一致，符合实际运行数据。TV 的空载电流不同，对电压谐波畸变率增加的幅度也有影响。消谐器的电阻是可变的，3 次谐波电压的畸变率也随之变动，这会导致电压谐波畸变率变化幅度也不一致。

表 2-8　　　　　　　　　　　　　3 次谐波含有率校正情况

消谐器阻值（Ω）	3 次谐波电压出厂参数（V）	3 次谐波电压理论幅值（V）	实测 3 次谐波含有率（%）	3 次谐波理论含有率（%）	校正后的 3 次谐波含有率（%）	消谐器短接后的 3 次谐波实测含有率（%）
300kΩ	150±30	144	7.969	7.13	0.839	0.261
420kΩ	180±30	201.6	10.7	9.98	0.72	0.26

第三章

谐波监测数据的合理性评估

第一节 谐波数据异常检测技术介绍

电力传输过程中受到雷击等偶发事件可能会影响到电压和电流。在产生的谐波数据中，会出现一些数据与日常监测谐波相差较大且持续时间很短，并且这些异常的谐波数据会影响谐波常态分析的准确度。研究谐波数据异常检测，不仅要掌握电力系统的谐波实际状况，也要防止异常数据影响谐波分析的准确性，对增强电网管理水平具有深远的影响。

电网谐波之所以必须采用有针对性的谐波异常检测方式，再展开谐波研究，是因为谐波会受到各种因素的影响。谐波异常检测的发展，可进行如下概述：20 世纪 40 年代以前，主要是对电网电压电流波形进行傅里叶变换来测量的，然后利用人工的计算方法来检测谐波，但是这种方法存在一定的弊端。首先，计算方式需要大量的时间与精力，其次，检测结果的精度不会高。20 世纪 50 年代左右，计算机技术与微电子技术获得快速的发展，从人工计算转变为计算机运算，检测精度大大提高，直接推动了谐波问题研究与异常检测的发展。计算机技术与集成电路科学技术的发展随之有了巨大的进步。谐波异常检测装置逐步数字化与智能化，丰富的使用功能高度集成于装置中，并且检测方法更加程序化，检测能力相较于以前是几何级数增长，能得到高精度的分析结果。

一、谐波异常检测技术的现状

（一）基于傅里叶变换的谐波异常检测

基于傅里叶变换的谐波异常检测的理论基础就是快速傅里叶变换（FFT）和离散傅里叶变换（DFT），目前应用是最为广泛的。首先将电网中的电压和电流通过设备采样得到模拟信号，然后利用数模转换将模拟信号量化为数字信号，并通过高速处理器对数字信号进行傅里叶变换处理，获得基波与各次谐波的频率和幅值，最后通过计算得到的结果可以获得大量的谐波数据参数。傅里叶变换的数据分析能力较强，可灵活方便操作，但是傅里叶变换存在频谱泄漏效应的缺点导致基于其的谐波检测方法可靠性不佳，而且傅里叶计算工作量非常大，结果的精确度也达不到实际要求。

（二）基于小波变换的谐波异常检测

小波变换的理论基础是傅里叶变换并具备异于傅里叶变换的特点。相比于傅里叶变换，小波变换能时域局部化并具有分析局部信号的能力。在伸缩平移运算下，小波变换细化电压或电流信号，最终细分得到高频时域分量。小波变换分析低频信号，是对信号频率的细分，为了对时频信号进行自适应分析，需要对信号细节上的处理工作。电网中高次谐波在小波变换的作用下进行投影变换，能将高次谐波特性展示出来并且频率上细化高次谐波特性。小波变换存在的缺点是结构模型的搭建较难，可靠性不高。

（三）基于人工神经网络的谐波异常检测

人工神经网络（Artificial Neural Networks）理论属于一门边缘交叉化的学科，其理论基础是仿生学并具备强大的自主学习能力，发展迅猛。当前，谐波异常检测人工神经网络算法的应用发展较快，主要应用于预测电网谐波、识别谐波源以及谐波异常检测。人工神经网络算法首先是辨识准确度高，而且各次谐波测量准确度接近傅里叶变换和小波变换；其次是与傅里叶变换和小波变换相比，它的数据流长度敏感度较低；然后是实时性较好，可实时检测电网谐波；最后是抗干扰性较好，可将信号源的非有效成分当作噪声处理。人工神经网络算法也存在不足，主要是谐波异常检测时它需要大量的训练样本，而且计算方式对训练样本存在严重的依赖性。

二、试验谐波数据监测

（一）谐波数据采集过程

本研究需要采集试验室设备产生的谐波电流数据，如图 3-1 所示。由于试验室设备是电网三相接入，公用电网的 A、B、C 三相要与电能质量分析仪三相测量电流互感器相对应。

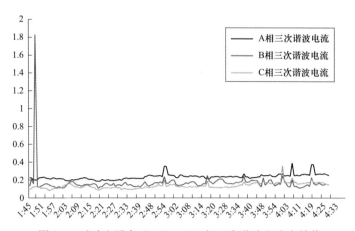

图 3-1　试验室设备 A、B、C 三相三次谐波电流有效值

（二）谐波数据分析

利用 Excel 文件导出设备 A、B、C 三相 3 次谐波电流，如图 3-1 所示，A、B 两相 3 次谐波电流数据较大，而且 C 相三次谐波电流一直保持较小。图 3-1 中横坐标代表采样时的时间，纵坐标代表三相 3 次谐波电流有效值。B 相三次谐波电流在设备启动不久后发生一次突变，然后马上回落到平常的区域值，这表明 B 相三次谐

波数据值 1.8297 是个异常数据。在此之后，A、B、C 三相三次谐波电流波动程度小，情况基本相似，难以直接人工判断，因此必须采用特定的异常检测方法。

第二节 数据挖掘与孤立森林算法

一、数据挖掘

数据挖掘是指从海量数据中，提取出对分析解决问题有价值的信息。数据挖掘的主要形式是：首先保证待解决的问题具有大量数据基础；其次数据挖掘一般处理易于理解和操作的数据；最后数据挖掘只针对特定问题，提取出相关联的数据属性进行目标研究。数据挖掘的过程是根据目标需求求解问题步骤进行的。因此在进行数据挖掘的时候，先确定问题求解目标，然后制订求解计划和求解策略。数据挖掘的过程包括业务理解、数据理解、数据准备、建模、评估与部署是数据挖掘的整个过程。

电能质量在线监测网采集的谐波数据是海量的。在海量的谐波数据中检测异常，传统的谐波异常检测手段已经无法满足实际要求。在谐波异常检测中，数据挖掘这种新思想可以得到应用。

二、孤立森林算法介绍

周志华先生等人在 2012 年发表的《Isolation-based Anomaly Detection》中提出了孤立森林（Isolation Forest）算法。它是一个基于全局的快速数据挖掘方法，具有时间复杂度和高精度的特点，是符合大数据处理要求的先进算法。孤立森林算法借鉴随机森林算法思想，但是在数据采样时只需少量的数据，划分的深度也比较小，因此算法实现会更容易。

异常数据具有两种特性——极少且与众不同。孤立森林算法，可将异常定义为"容易被孤立的离群点"，通俗理解为分布稀疏且密度高的群体较远的点，适用于连续数据的异常检测。在数据大区域里面，分布密集的区域理解为落在此区域的数据概率是非常高，因而落在这些区域的数据是正常的，反之分布稀疏的概率极低。

孤立森林算法采用一种非常高效的策略，既不用定义数学模型也不需要有标记的训练集。假设用一个随机平面来划分数据空间，划分一次可生成两个子区域。每个子区域继续再划分，一直循环下去直到每个子区域里面只存在一个数据点为止。因此孤立森林算法的实现包括构建由 t 棵孤立树（Isolation tree）组成的孤立森林和对数据进行异常检测，是因为密集度高的数据簇是可划分区域很多次才会停止，但是密集度极低的数据点很容易且很早地停止于一个子区域里。

三、孤立森林算法构建

（一）构建由 t 棵孤立树组成的森林

孤立森林的孤立树是二叉树结构。在二叉树中，N 是 T 的节点，若 N 是叶子节点，称其为外部节点；若 N 是具有两个子节点的节点，称其为内部节点。由于是随机划分的，需要采用蒙特卡洛方法得到一个收敛值，重复从节点开始划分，再平均每次划分的结果。孤立树的构造过程为：

（1）从数据集中随机选择 Ψ 个数据作为子数据集。

（2）从子数据集中随机选取一个数据点放入孤立树根节点，根节点随机指定维度再产生划分值 P（即划分值产生于子数据集中指定维度的最大最小值之间）。

（3）用划分值 P 产生一个划分平面，然后将数据空间划分为两个子区域，在指定维度里把小于划分值 P 的数据作为节点的左儿子，把大等于划分值 P 的数据作为节点的右儿子。

（4）在子节点中递归步骤（2）和（3），不断地构造新的子节点，直到子节点中只有一个数据（无法再继续切割）或子节点已经达到限定的高度 $\log_2 \Psi$。

通过上述的构造过程，获得 t 棵孤立树之后，组成孤立森林，然后用孤立森林来评估测试数据。

（二）对被检测数据进行异常检测

路径长度是指在一棵孤立树中，从根节点到外部节点所经历边的数目，记为 $h(x)$。对于一个训练数据 X，令其遍历每一棵孤立树，然后计算训练数据子集 x 最终落在每棵孤立树的第几层（即子集 x 在孤立树的最终高度），再计算子集 x 在孤立树的平均高度值 $h(x)$。测试数据遍历孤立树的原理图如图 3-2 所示。

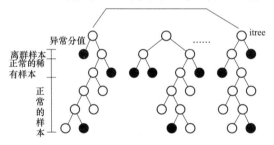

图 3-2　孤立森林算法异常值检测过程

再对每棵孤立树的高度进行归一化处理，在每棵孤立树检索训练数据子集 x，检索结果为 $h(x)$。孤立树异常查询的路径长度为

$$C(n) = \begin{cases} 0 & n < 2 \\ 1 & n = 2 \\ 2H(n-1) - 2(n-1)/n & n > 2 \end{cases} \quad (3\text{-}1)$$

其中 $H(i) = Ln(i) + \gamma$，γ 为欧拉常数（即 $\gamma = 0.5772156649$），n 为叶子节点数，$C(n)$ 为给定 n 时的平均值 $h(x)$，用来标准化 $h(x)$。

最后根据每棵孤立树的路径长度计算训练数据子集 x 的异常分数，从而判断子集 x 是否异常。训练数据子集 x 的异常分数 $S(x, n)$ 为

$$S(x,n) = 2^{\frac{-E(h(x))}{C(n)}} \quad (3\text{-}2)$$

其中 $E(h(x))$ 为孤立树集合中 $h(x)$ 的平均值。当 $E(h(x))$ 的值趋近于 $C(n)$ 时，则 $S(x)$ 的值趋近于 0.5，说明在训练数据子集 x 中没有明显的异常值；当 $E(h(x))$ 的值趋近于 $n-1$ 时，则 $S(x)$ 的值趋近于 0，说明训练数据子集 x 有很大可能是正常值；当 $E(h(x))$ 的值趋近于 0 时，则 $S(x)$ 的值趋近于 1，说明训练数据子集 x 都为异常值。

（三）基于孤立森林算法的谐波数据异常检测

采用孤立森林算法对谐波数据进行处理时，对采集的原始数据先清洗，删除冗余数据，再对数据进行降维处理。孤立树的构造如图 3-3 所示。

实验室负荷运行时产生的谐波数据都是连续变量，则孤立树实现过程如下：

（1）随机选取两个谐波数据指标中的一个指标。

（2）随机选择该谐波指标的一个值 p。

（3）指标中小于 p 的放在树节点的左边，大于 p 的放在树节点的右边。

（4）循环构造树节点的左右分支，当载入的数据记录不变或孤立树的高度达到设定值则停止构造。

采用孤立森林算法构造谐波数据异常检测方法的流程图，如图 3-4 所示。其中每棵孤立树的最大高度是 $h = \log_2 \Psi$。通过孤立森林算法对谐波数据进行分析，根据异常分数 S 的大小，辨识出谐波中的异常数据。

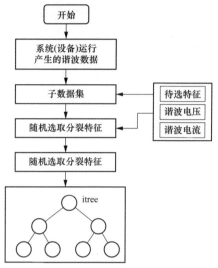

图 3-3 孤立树的构造流程图

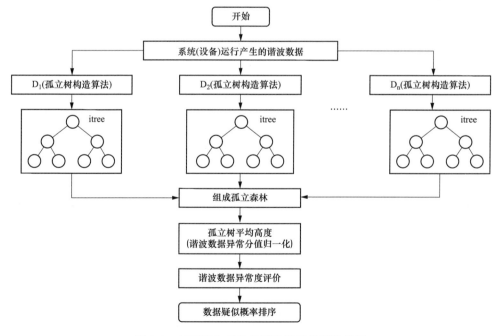

图 3-4 基于孤立森林的谐波异常检测流程图

（四）孤立森林算法程序编程

算法程序设计由四部分程序组成，主程序用来调用子函数程序，三个为子函数程序用来描述孤立森林算法，实现孤立森林算法的运行。三个子函数程序的编程思路如下：

第一个子函数程序是构建由 t 棵孤立树组成的森林，如图 3-5 所示。

第二个子函数程序是构建孤立树，如图 3-6 所示。

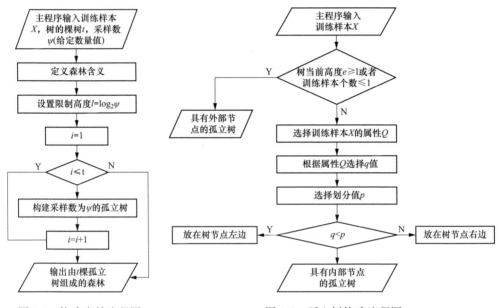

图 3-5　构建森林流程图　　　　　图 3-6　孤立树构建流程图

第三个子函数程序是计算路径长度，如图 3-7 所示。

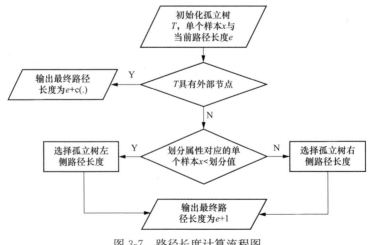

图 3-7　路径长度计算流程图

第三节　基于孤立森林的谐波数据异常评估

一、仿真分析

通过对孤立森林算法的分析，可知随着孤立树数量的增加及采样样本数量的增加，算法运算的时间也会随之增加，当孤立树的数量达到一定值后精度提升有限且孤立树的数量过大，其结果是模型性能明显下降。所以取孤立树的棵数 $t=100$，孤立树的采样样本数 Ψ 为 256 个。程序试验仿真，分成三个阶段进行的。第一阶段是随机数据群异常检测，第二阶段是去年数据异常检测和第三阶段是试验采集数据异常检测。下列图示中未圈点代表数据正常，圈内点代表数据异常。

（一）随机数据群异常检测

设置生成三个随机数据群，其中一个是产生由在（0，1）之间均匀分布随机数组成的十行两列数组，两个是产生由在（0，1）之间标准正态分布随机数组成的三百行两列数组，另外，再对产生的三个数组进行基本四则运算生成新的整体数据群，总共生成 610 个数组。将数据集导入孤立森林算法程序中分析，得到如图 3-8 所示。

（二）已知数据集异常检测

已知采集的谐波电压数据量为 450 个，

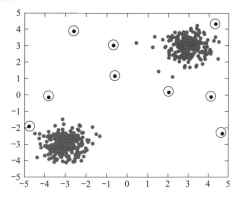

图 3-8　随机数据群异常检测

其中数据集来源于历史采集的谐波电压数据，将谐波电压数据集用折线图如图 3-9 所示。观察谐波电压波动情况，导入孤立森林算法程序中分析，得到如图 3-10 所示，并将图 3-10 中的异常点用表 3-1 罗列。折线图的横坐标代表时间，纵坐标代表谐波电压。

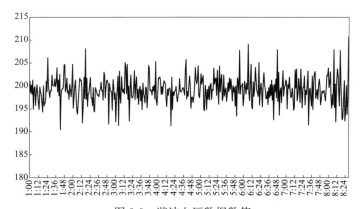

图 3-9　谐波电压数据数值

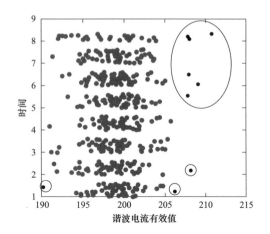

图 3-10　谐波电压异常检测

表 3-1　　　　　　　　　图中显示的谐波电压异常点

北京时间	谐波电压（V）	北京时间	谐波电压（V）	北京时间	谐波电压（V）
1∶25	206.2177	5∶55	207.8867	8∶08	208.0279
1∶43	190.3456	6∶07	209.1579	8∶17	207.8593
2∶18	208.198	6∶48	207.9948	8∶29	210.775

（三）试验采集数据异常检测

以设备产生的谐波电流有效值作为研究对象，采样间隔 1min，共获得 300 个采样点。然后对谐波电流有效值进行预处理之后，得到有效采样点 156 个。将采集到的设备 A、B、C 三相三次谐波电流有效值载入孤立森林算法程序中得到如图 3-11～图 3-13 所示，并将图 3-11～图 3-13 中的异常点见表 3-2。

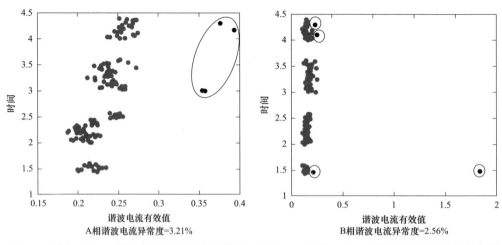

图 3-11　设备 A 相三次谐波电流有效值异常检测　　图 3-12　设备 B 相三次谐波电流有效值异常检测

上述三个谐波异常检测图横坐标分别代表谐波电压与电流有效值，纵坐标代表采样时的时间。异常度是指异常电流数据点占总体规模的百分比。

二、结果分析

观察图 3-8 中可发现，与其他数组相比较，差别较大的随机数组会被标识出来。结合图 3-9、图 3-10 和表 3-1 可看出偏离明显的谐波点被标识出来，说明孤立森林算法可用于谐波异常检测。

图 3-1 中的数据，经过人工判断，B 相 3 次谐波出现在一点四十八分的电

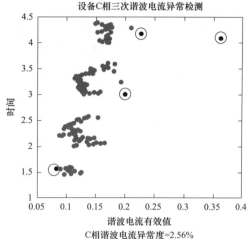

图 3-13　设备 C 相三次谐波电流有效值异常检测

流有效值属于异常值，而图 3-12 中对这个明显异常谐波数据见圈内标识，说明孤立森林算法对谐波异常检测是有效的。

表 3-2　　　　　　　图中显示的 A、B、C 三相三次谐波异常点

北京时间	A 相三次谐波异常电流有效值（A）	北京时间	B 相三次谐波异常电流有效值（A）	北京时间	C 相三次谐波异常电流有效值（A）
3：00	0.3563	1：46	0.2112	1：55	0.0840
3：01	0.3537	1：48	1.8297	3：00	0.1997
4：17	0.3930	4：10	0.2520	4：10	0.3616
4：29	0.3759	4：29	0.2286	4：17	0.2260
4：30	0.3755				

在相同的判断阈值下，A、B、C 三相 3 次谐波电流有效值异常度分别是 3.21％、2.56％和 2.56％，说明 A 相 3 次谐波电流有效值受到波动的影响，导致谐波电流数据异常，A 相 3 次谐波电流有效值出现异常的可能性大于 B 相与 C 相。根据表 3-2 可知在 4：15～4：30，A、B、C 三相 3 次谐波电流有效值同时出现异常数据，说明此段时间里，设备运行异常。

综上所述，孤立森林算法能快速准确辨别出谐波电流异常数据。该方法可推广到谐波电压异常数据监测。采用时间作为纵坐标，可定位出波动发生在某个时间点，还可根据当时环境情况，推断出导致电网谐波出现异常波动的原因。

三、算法准确度分析

为了分析孤立森林算法准确度，因此采用基于神经网络算法谐波异常检测进行结果对比。该方法的主要特点是：直接检测谐波电流数据折线图，根据神经网络算法阈

值设定，高于阈值线的数据都是异常值。基于神经网络算法的试验结果图如图 3-14～图 3-16 所示，并将图 3-14～图 3-16 中的故障点用表 3-3 罗列。图 3-14～图 3-16 中横坐标代表时间，纵坐标代表三相三次谐波电流有效值。

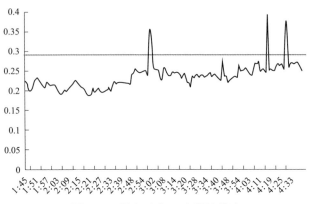

图 3-14　设备 A 相三次谐波故障

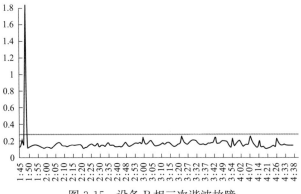

图 3-15　设备 B 相三次谐波故障

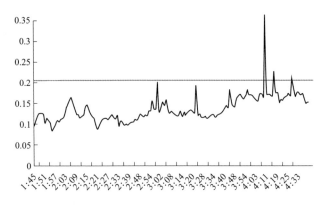

图 3-16　设备 C 相三次谐波故障

表 3-3		图中显示的 A、B、C 三相三次谐波故障点			
北京时间	A 相三相谐波异常电流有效值（A）	北京时间	B 相三次谐波异常电流有效值（A）	北京时间	C 相三次谐波异常电流有效值（A）
3：00	0.3563	1：48	1.8297	4：10	0.3616
3：01	0.3537			4：17	0.2260
4：17	0.3930			4：29	0.2095
4：29	0.3759				
4：30	0.3755				

对比表 3-2 与表 3-3，分析出两种检测方法对 A 相三次谐波电流有效值异常检测结果基本一致；对 B、C 相三次谐波电流有效值异常检测，孤立森林算法的谐波电流数据处理会比神经网络算法更加精确，还可检测出低于阈值的异常数据。缺点是神经网络算法对比孤立森林算法会对少数数据更加敏感。综上所述，基于孤立森林算法异常检测结果与基于神经网络基本一致。用来对比的神经网络算法，准确度高达 90％，因此孤立森林算法的准确度也会高达 90％。

第四节　基于 CNN 的谐波数据异常检测

电能质量在线监测系统采集的数据量大，在时间序列上可延续半年甚至一年，具备长时序特征。运行人员日常会定期查看某一段时间的谐波报告，但不会详细分析实时数据。一旦报告提示存在异常，运行人员才会调取长时间的实时数据分析。但异常数据在时间和空间上分散，价值密度低，给异常数据的查找带来较大困难，容易造成工作效率低下。

谐波异常数据发生的时间和幅值不确定，呈现的特征多样，具备多类别的特征。现有的识别方法分为三类：直接比对法、采样数据挖掘技术和利用不同的时频变换分析方法将含瞬变波形图像作为阈值的波形图像，其都存在不同方面或不同程度的缺陷，借助神经网络的分析将能极大地保证识别的成功率。基于此，本节提出基于卷积神经网络的多类别谐波异常数据智能识别方法。首先建立波形图与异常类型的对应关系，其次构建卷积神经网络 ResNet50 网络，然后是利用图片二分法对异常数据进行定位，最后用长时序谐波数据进行试验，验证了方法的有效性。

一、卷积神经网络原理

典型的卷积神经网络主要结构包含卷积层、采样层和全连接层，深度残差网络通过卷积核对输入的图片进行处理，利用残差单元，通过激活函数，得到输出特征。计算过程为

$$y_l = h(x_l) + F(x_l, W_l) \tag{3-3}$$

$$x_{l+1} = f(y_l) \tag{3-4}$$

式（3-3）、式（3-4）中和表示其第个残差单元的输入与输出，是表示利用残差函数学习到的残差，是表达映射关系，为激活函数。

通过对残差单元的分析可得到从浅层到深层的学习特征。计算公式为

$$x_{\mathrm{L}} = x_{\mathrm{l}} + \sum_{i=l}^{L-1} F(x_i, W_i) \tag{3-5}$$

以上是利用当前的输入、输出到下一层的同时增加一条路径到更后一层，形成残差块，以达到构成其网络的基础。在激活函数下，采用全连接 f_c 的向前传递，将输入特征进行全连接计算。计算公式为

$$y_j^l = f(W_{ij}^l \cdot x_i^{l-1} + b_j^l) \tag{3-6}$$

式（3-6）中作为激活函数，为全连接时的加权值比例，时加性偏置，可进行自我匹配调节，表示得到新的输出特征。

卷积神经网络在图片的分类和识别中因具有良好的性能得到广泛应用，通过采用 Softmax 作为其分类的损失函数能高效地实现图片识别。损失值计算过程如下

$$y_j = y_i - \max(y_1, \cdots, y_n) \tag{3-7}$$

$$p_i = \frac{e^{yi}}{\sum_{j=1}^{k} e^{yi}} \tag{3-8}$$

$$L(\theta) = -\frac{1}{m} \Big[\sum_{i=1}^{m} \sum_{j=1}^{k} I\{y^{(i)} = j\} \Big] \log P_i \tag{3-9}$$

式（3-7）代表网络中卷积层最后一层的节点输出；式（3-8）是对最后输出结果进行归一化计算，并得到每个输出节点的概率；式（3-9）为分类损失函数的代价函数，表示优化参数，通过的输出结果，最终得到平均损失。

二、异常数据时序分类

总结谐波图像的特征可将谐波异常状况大体分为以下三类：①连续性谐波异常：是由于电力用户的运行设备损坏而导致谐波数据发生持续性越限的现象；②间断性谐波异常：是因为运行方式的变化，使得谐波数据发生周期性的间断越线情况；③偶发性谐波异常：是发生监测设备异常、传输信号通道阻塞或高频信号干扰导致谐波数据短暂越线现象。如图 3-17 所示，对三种越限情况进行说明，阈值以上的值为越限值，不同阈值对应的越限特征不同。

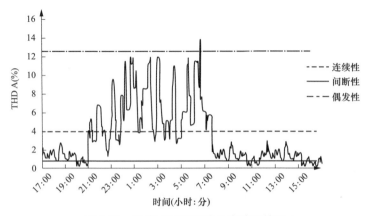

图 3-17　阈值不同时谐波异常特征情况

三、构建学习库

为了能让网络有足够的样本进行学习与训练，需要创建一个适用于本研究的数据集，除了将上文试验获取的图片按分类放入集合，还要从以往历史数据图像库收集更多波形图进行分类。此数据集收集超过四百张的波形图且按数据分析中的情况将数据集中的图片分为连续性谐波异常、间断性谐波异常、偶发性谐波异常、数据正常情况。

四、卷积神经网络辨识策略

卷积神经网络的基础模块包括卷积流，包括卷积、非线性、池化、和批量归一化等四种操作。卷积的过程就是利用卷积核对输入的图片进行处理，卷积操作的核心是：可约减不必要的权值连接，带来的权值共享策略会大大减少参数量，从而可避免过拟合现象；除此之外，由于卷积操作所学到的特征具有拓扑对应性、鲁棒性。

本书设计了一套基于 ResNet 网络（深度残差网络）模型学习的策略，并对网络提出以下要求：①要求同一类波形图映射的特征空间尽可能聚在一起，尽可能提取好波形数据与阈值的关系；②要求不同类波形图映射的特征空间尽可能远离，以免发生交叉辨识，出现错误的分类。针对这两点要求，设计了如图 3-17 的基于 ResNet50 的异常数据辨识模型。此模型有两层映射，以 ResNet50 的最后一层特征提取层作为第一层映射的输入，一方面，通过全连接层与 softmax loss 来训练分类器；另一方面，通过对数据集内的类型标签进行样本配对，再结合 constrastive loss 来进行不同类的距离约束。为了进一步识别效果准确，还需要再做一次特征映射，ResNet50 的最后一层特征提取经过全连接和激活函数形成新的特征提取层，在此基础上再重复做一遍上述过程，等同为再做了一次分类与距离约束，这样 4 个不同类的特征将相距更加遥远，有效地增加准确率。

使用某专业数学软件将图 3-17 的识别模型放入训练，由于 ResNet50 的输入图片尺寸为 $224 \times 224 \times 3$，所以要将数据集里的图片尺寸统一设置成 $224 \times 224 \times 3$，达到要求的图片就能送入网络进行学习和测试。训练过程如图 3-18 所示，网络对数据集前 70% 的图片进行特征提取和学习完成之后，将后 30% 的图片逐一放入网络之后实现预测，并且给出预测标签，再将预测的标签与实际标签进行比对，将比对正确的数量占测试总数量就是我们可得到的正确率。

五、异常数据定位策略

在确定某一张图片中存在异常数据之后，对图片中异常数据的存在范围进行定位。流程图如图 3-19 所示。

第一步：输入一张波形图，调用经过训练的 ResNet50 网络进行辨识，若判断为正常输出结果，若判定为存在异常数据则进行第二步。

第二步：将判断为存在异常数据的波形图一分为二，再调用训练网络进行辨识，判断是否两张图片都存在异常数据。

第三步：网络辨识出两张图片同时存在异常数据，证明上一个未分离的图案都存在异常数据，有且只有一张图片存在异常数据，证明这张图片还可继续分解直至找出两张图片都存在异常数据，输出上一级图片。

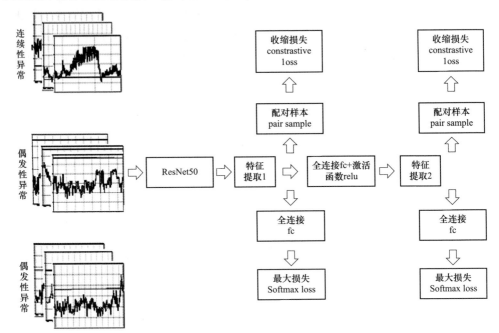

图 3-18　基于 ResNet50 的异常数据识别模型

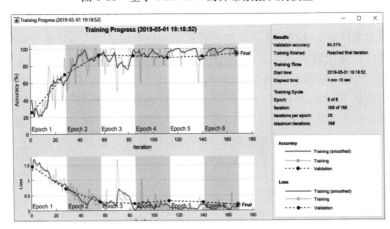

图 3-19　网络训练及测试结果图

六、实例分析

（一）模型搭建与准确度分析

按照前文的网络构建编写好程序，对训练及测试过程进行监控。由图 3-19 可看出，这个网络训练与测试耗时 4 分 15 秒，整个数据集经过 168 次的迭代（每一次的迭代经过以此正向传播和以此反向传播）。

精确度曲线中（见图 3-19）训练曲线（Training）和测试曲线（Validation）随着迭代次数的增加而增加。说明每一次的迭代，提高了网络的辨识率和精确度。最后的测试精确度为 94.31％，证明所构建的网络具有不错的分类效果。

损失曲线（见图 3-19 下图）代表着训练及测试过程中特征的损失率。其特征与精确度曲线正好相反，即随着迭代次数的增加，损失率逐渐降低。

（二）识别准确度测试

本书的任务之一是对输入的波形图进行判断是否含有异常数据，以及所含异常数据的类型。现以连续性谐波异常情况为例，将波形图输入网络进行识别，并且输出预测的分类标签与准确度。

输入的连续性谐波异常波形图与预测结果如图 3-20 所示。

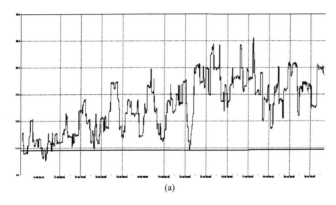

(a)

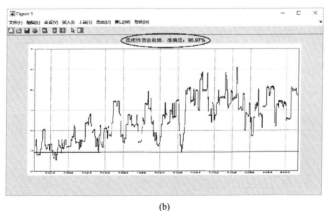

(b)

图 3-20 连续性谐波异常波形图与预测结果

结果输出如图 3-20（b）椭圆形框内，识别结果为连续性谐波异常，准确度为 95.97％，预测正确。

（三）异常数据定位测试

异常数据定位的 ResNet50 网络训练与测试过程图如图 3-21 所示，异常数据定位流程图如图 3-22 所示。按照前文提出的方案，将已判断为连续性性谐波异常的图片一分为二，放入网络中进行判断，网络判断出波形图是否存在异常数据，实现定位准确，如图 3-23 所示。

例子表明本节提出的异常数据定位方案是可行的，对异常谐波数据的定位十分准确。

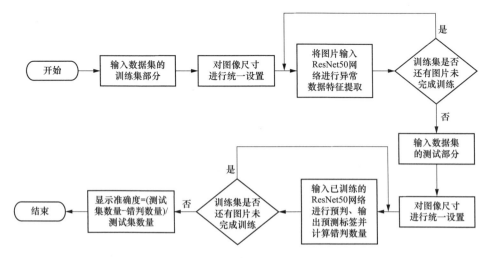

图 3-21　ResNet50 网络训练与测试过程图

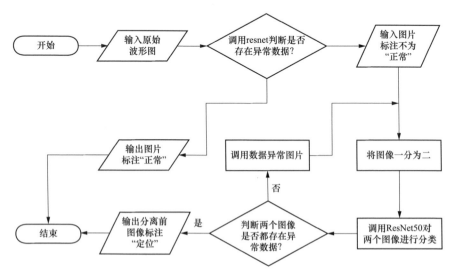

图 3-22　异常数据定位流程图

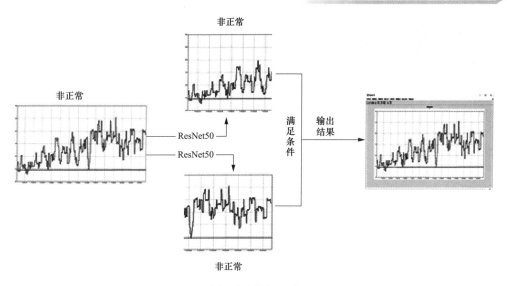

图 3-23 连续性谐波数据异常定位示意图

（四）识别效率测试

为展示本方法的识别效率，用直接对比法和本方法对不同情况的进行对比测试，测试结见表 3-4。直接对比法即每个测试数据依次与阈值对比。

表 3-4 识别效率比较

异常类别	检测方法	准确度	耗时
	数据对比（数据长度 24h）	100％	302.4s
	本节方法	95.95％	1.46s
	数据对比（数据长度一个月）	100％	9072s
	本节方法	91.54％	1.20s

总结上述不同情况：本节方法识别异常更优于直接数据对比，并且当检测数据量越大，本节方法的效率越明显。在保证准确程度满足实际工程中现场要求的前提下，本节方法识别异常检测的方法更优于直接数据对比异常识别方法。

（五）异常数据时序分布特性识别测试

为展示本方法识别时可发现异常数据时序分布特性，用孤立森林法和本节方法进行对比测试，测试结果如图 3-24 所示。

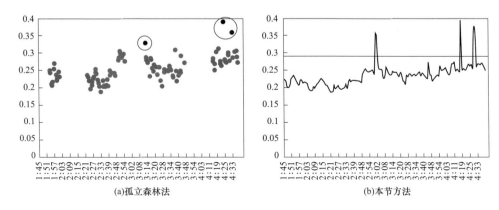

图 3-24 孤立森林法和本书方法在异常数据时序分布特性识别对比

图 3-24(a)：圈内点代表利用孤立森林法查找出的异常数据，查找时间约 2.5s。图 3-24(b)：阈值线上部是查找出的异常数据，查找时间约 1s，判断为间断性异常，并准确定位。对比上述两种情况：两种方法异常数据查找的准确度基本一致，耗时也相差不大，但时序分布特性的识别上，本节方法完全保留了原数据变化趋势，而孤立森林法已有所失真，本节方法在时序分布特性的优于孤立森林法。

第四章

谐波阈值计算及异常评估

第一节 国内外的谐波阈值计算标准

随着科学技术的飞速发展和工业规模的不断增大，自动化和智能化程度越来越高，新工艺、新技术、新方法被广泛应用于人民生活和工业生产的方方面面。电力客户所配备的电气设备从原来的功能简单、形式单一、规模数量较小逐渐转变为功能复杂、种类多样、规模数量较大，形成不同的生产线。电力客户对其所配备的生产线进行投切操作时，相对应的运行方式也发生变化，阻抗特性也不一致。电气设备可能对电源特性变化十分的敏感，谐波数据异常检测水平需要进一步提升以适应电力客户运行方式多变性的特点。

在上述的背景前提下，为了减少谐波问题对设备的影响，对谐波数据异常检测提出了更高的要求。目前，国内外对谐波数据的异常检测都提出了相应的标准，但这些标准仅采用某一种运行方式下的阈值（标准中常用限值或允许值）作为标准，而这种判定方法无法精确地判断谐波是否越限。为了保证客户获得优质的电能质量，需要对数据异常检测方法进行研究。

谐波监测是保证电力系统稳定运行的重要一环。数据监测过程中，由于一些原因常会出现监测数据大于给定阈值或监测信号图像出现了异常特征图形的情况，此时即认为谐波出现了异常状况，意味着设备的某一环节可能出现了问题。因此，研究异常数据的形成原因和判别方法变得十分重要，产生异常数据的原因有以下几点：

（1）数据在 SCADA（监控与数据采集系统）中传输时可能存在数据阶跃变化、长时间内监测数据丢失或缺失的情况，使得原有的正常数据出现异常情况。形成这种异常情况的原因主要有两方面：①由短时的信道错误或噪声所引发数据污染；②长时间的 RTU（远程终端设备）故障或数据库异常所导致数据失真。

（2）设备的停电检修、线路日常投切负荷或变电站终端测量设备损坏所造成监测数据出现明显误差。

（3）突发事件或一些大型社会活动所引起的冲击负荷导致负荷量显著增加而电网却不能及时反映，从而出现了异常的监测数据。

（4）测量装备在测量过程中由于自身设计或制造缺陷所产生的误差，并且考虑到测量点众多，导致该误差形成累加造成明显误差。

现有文献对异常数据的判别方法研究可总结为以下几种：

（1）直接法。直接对监测数据进行比较，以相关的行业标准规范作为依据，包括国标 GB/T 14549—1993《电能质量 公用电网谐波》、美国标准 IEEE Std 519TM—2014

和欧洲标准 BS EN 50160：2007 等一系列国家标准。但参考这类标准得出的判断结果往往出现监测值在标准规定范围内但实际设备却已出现异常状况，使得谐波数据监测未实现有价值的意义。

（2）间接法。通过数学方法对监测数据进行分析得到能表示监测数据特征的特征量，比较特征量与阈值间的大小从而实现异常数据的判定。

方法一，比较奇异值在状态估计前的变化程度来进行判断异常数据。首先对交流模型进行了奇异值分解，并将所得的异常数据置于不同时刻下的交流模型中比较，可对历史数据矩阵的奇异值分解提出了依靠比较前后数据奇异值的变化率来判断其是否是异常数据。该方法主要应对渐进式攻击所产生的异常数据检测问题有较好的检测效果。

方法二，利用拉格朗日乘子和几何测试的广义状态估计方法对测量过程中的拓扑错误和测量误差进行检测。该方法基于两个阶段的状态估计：①使用传统的状态估计手段进行；②将数据经过拉格朗日乘子和归一化处理后，所得结果小于预先设定的阈值即判定其为异常数据。采用该种方法能处理那些未定性的错误，降低异常数据检测过程中拓扑错误的影响，包括对拓扑结构和测量进行评估的过程中出现错误时。

方法三，通过在原有不良数据状态估计的基础上增加一个相量的辅助状态估计来实现。其中辅助状态和原有的不良数据状态检测都是依靠测量的残差分析实现。该方法主要解决了相量测量和独立测量集的异常检测判别问题，但其所需的计算工作量过于庞大，不适用于实际工程应用的推广。

方法四，利用密度估计的方法对电力负荷曲线中的异常数据进行检测，即通过数据点的密度与离群点之间的关系进行识别和验证。当数据点的 SAC（种子吸附计数）大于数据点的 SAT（种子吸附阈值）时，即认为该数据点为异常数据。这种判定方法能从水平和垂直的二维方向上对负荷曲线进行异常检测，弱化了对时间序列和数据完整度的要求，使得负荷曲线的异常检测更加方便。

方法五，利用电压的不平衡指标将监测数据分为不同类别，运用最大类间方差法（Otsu）比较不同类别间的类间方差大小作为异常与否的判定依据，当需检测数据的类间方差大于给定的类间方差时即认为该数据类别为异常数据类别。

方法六，采用 S 变换对得到的谐波信号进行分析，将 S 变化处理后的图像与原图像进行对比来判断该波形是否异常。该方法仅对电能质量中出现的常见问题进行了试验对比，证明了通过 S 变换可使异常波形更容易被辨析，但对于不同运行方式下的谐波数据异常检测，是否有用还有待考验。

上述方法均是对监测数据进行数学分析处理后提取了某种特征量或特征图像，并进行异常数据的判定，侧重于数据分析方法应用而未充分考虑不同运行方式下存在的波动问题，可能导致上述方法不能真实地反应运行状态的变化，是否在不同运行方式下均能有效也不得而知。

当然，上述方法中对于计算异常检测的阈值所需样本容量均未涉及，无法明确究竟需要多少样本数据才能真实反映阈值，影响异常辨识结果的可靠程度。虽然样本容量越多，计算的阈值结果准确性越高，但随之而来的却是计算工作量大幅增加。

目前，国家相关标准仅给出了异常阈值的计算公式，国内标准并没有对测量所需样本数据的容量大小进行说明，而国外的相关标准中也仅有欧洲标准《Standard EN 50160-5.4.2》给出了至少需要 7 天以上样本数据容量的建议，并未对此进行解释说明。而在实际工程项目的处理中，所需样本容量大小往往依靠工程师的个人经验进行估计，置信程度如何无从知晓。所以为了保证阈值结果的可靠性，需要对样本容量大小进行研究。

现有参考文献对于样本数据容量大小的确定方法可分为四类：①成数估算样本数据容量的方法；②方差估算样本数据容量的方法；③均值估算样本数据容量的方法；④相关与回归分析估算样本数据容量的方法。这四种方法各有其适用范围：成数推断的方法适用于样本数据中包含多个变量的情况，但由于其变量较多，使得其计算工作量较大；方差估算的方法侧重于对样本数据离散情况的考量，适用于样本中数据差异程度明显的情况；相关与回归分析的方法适用于样本数据的变量之间客观存在相互联系的情况；均值估算的方法作为现有的估计手段，其适用范围最为广泛。

现有异常数据检测方法存在的主要问题有：①未考虑不同运行方式下特征值的差异；②未考虑样本容量大小，若样本容量过小，所提取的特征量无法达到全局最优的效果，若样本容量过大，工作量大幅增长；③未考虑不同运行方式下异常阈值的不同所导致异常检测工作量的增加，若以某一种运行方式下的特征量作为标准可能会产生误判现象。

因此，需要引入一种同时可应对以上问题的方法，近几年云计算刚好符合这一要求。引入云模型中云的特征参数，利用正态云模型中外隶属曲线的 $3En'$ 外边界提取谐波数据的特征量作为异常阈值，判断各种运行状态下谐波数据波动的问题；同时，在利用云模型可对谐波阈值计算所需最优的样本容量大小进行确定，解决未考虑样本容量大小所造成的问题。

第二节　基于云模型的阈值计算

线性判断异常方法是以注入公共连接点的电压谐波总畸变率和谐波电流允许值是否超标来评价谐波水平，但未能考虑电力客户运行方式多变的特点，导致某些方式下不一定能真实地反应设备的运行状态。根据期望值、熵和超熵建立数据的统计特征，引入云模型来计算属性特征值和差异程度，可以有效检测异常数据。本节将重点介绍云模型的理论以及不同运行方式下谐波异常数据的检测方法。

一、云模型的基本概念

（一）云的定义

假设 U 是一个以数值来表示的定量论域，将 C 作为论域 U 中的定性概念，当任意

的一个元素 x 均属于论域 U 中时，将该元素 x 认为是定性概念 C 的一次随机实现，可以写为 $\mu_C \sim (x) \in [0, 1]$，表示任意一个 x 均存在一个稳定倾向的随机数，该随机数落在论域 U 中简称为 x 对 C 的确定度。如果论域 U 中的元素 x 排列有序，则可以将 x 当成基础变量；如果论域 U 中的元素 x 排列杂乱无章，那么必然存在某种法则 f 可以将论域 U 映射到另一个排列有序的论域 U' 中，在 U' 中有且仅有一个 x' 与论域 U 中的 x 相对应，此时可以将 U' 称为基础变量，隶属度在 U' 上的分布称为云，每一个 x 称为一个云滴，用数学语言可以表示为 μ：$U \rightarrow [0, 1]$，$\forall x \in U$，$x \rightarrow \mu(x)$。

云具有以下性质：

（1）论域 U 可以是 n 维的，故而 $n \geqslant 1$。

（2）在云的定义中所提到的确定度是模糊集意义下的隶属度，亦是概率意义下的分布，而定义中的随机实现则是概率意义下的实现。

（3）对于任意的一个 $x \in U$，x 到区间 $[0, 1]$ 的映射是一对多的变换，x 对 C 的确定程度则是一个概率分布，而不是一个固定的数值。

（4）云是由云滴组成的，云滴之间无次序性，一个云滴是定性概念在数量上的一次实现，云滴整体才能反映出概念的特征，云滴数目越多，越能反映这个定性概念的整体特征。

通过云的定义和云的基本性质可得到，论域 U 中任意一个元素所对应的隶属度并不是恒定不变的，其无时无刻不在进行着微弱的变化。如果我们仅选择其中的某一个点或某一部分点进行独立探讨，此时缺少了云模型的凝聚特性和整体形状，则点对应的隶属度将不复存在。

（二）云的数字特征

云模型是处理定性概念和定量描述的不确定转换模型。其中云模型的定量描述主

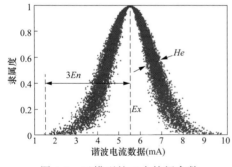

图4-1　云模型的三个特征参数

要通过以下三个参数进行表征：期望 Ex（Expectedvalue）、熵 En（Entropy）和超熵 He（Hyperentropy），如图4-1所示。

（1）期望 Ex。表示元素 x 在论域 U 中的分布期望，是概念量化在论域 U 中的中心值，该值主要反映了相应定性知识的信息中心值。

（2）熵 En。表示定性概念 C 的不确定性度量，该值的大小由定性概念 C 的模糊程度与随机程度共同决定。这种不确定性度量通常表现在以下三个方面：①熵表示论域 U 中代表定性概念 C 的元素离散程度，是定性概念随机性的度量；②熵还可表示为论域 U 中可被定性概念 C 所认可的元素 x 的取值范围，是定性概念亦此亦彼的度量；③根据熵的特性，也表示了随机性和模型之间的关联程度。一般来说，熵的值越大，其表示的定性概念所接受的元素取值范围越大，概念越模糊；反之，熵的值越小，其

表示的定性概念所接受的元素取值范围越小，概念越清晰。

（3）超熵 He。超熵是熵的熵，是熵的不确定度量，也表示论域 U 中代表定性概念 C 的元素 x 的离散程度。一般情况下，超熵取值越大，论域 U 中代表定性概念 C 的元素 x 的离散程度越大，其隶属度的随机性就越大，云模型中云的"厚度"亦越大。

（三）云发生器

云发生器是实现定性概念与定量数值之间的具体转换模型。云发生器大体上可分为两种：正向云发生器和逆向云发生器。正向云发生器是将定性概念具体化形成定量数值，便于发现数据中各个点的分布特性；逆向云发生器则是将定量数值抽象化得到定性概念，便于分析数据整体的特征水平。

1. 正向云发生器

正向云发生器是将表征云的定性概念的三个数字特征（期望 Ex、熵 En 和超熵 He）通过发生器产生由若干个二维点——云滴 $drop(x_i, \mu_i)$ 组成正态云模型的过程，如图 4-2 所示。

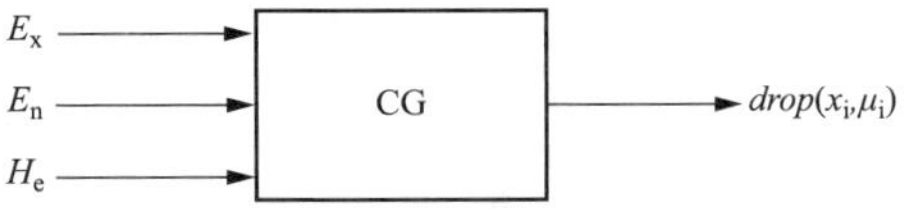

图 4-2　正向云发生器

In：云的三个数字特征（期望 Ex、熵 En 和超熵 He），产生的云滴数量 N。

Out：N 个云滴以及每个云滴对应的隶属度（亦称为确定度），云滴和隶属度间的联系可用函数关系 $drop(x_i, \mu_i)$ 表示，其中 $i=1, 2, \cdots, N$。

其实现步骤为：

Step 1 生成一个以 En 为期望值，He^2 为方差的正态随机数 $En'_i = \text{NORM}(En, He^2)$。

Step 2 生成一个以 Ex 为期望值，En' 为方差的正态随机数 $x_i = \text{NORM}(Ex, En'^2_i)$。

Step 3 计算隶属度（亦可以称为确定度）$\mu_i = e^{-\frac{(x_i - Ex)^2}{2E'^2_n}}$。

Step 4 得到一个隶属度大小为 μ_i 的云滴 x_i。

Step 5 重复步骤 Step 1～Step 4，直到所需的 N 个云滴全部生成为止。

Step 6 作图得到 N 个云滴以及每个云滴对应隶属度的图像。

根据上述步骤，基于 Matlab 平台进行编程得到正向云发生器的程序代码见附录 A1。

2. 逆向云发生器

逆向云发生器则是将现有的若干个二维数据点通过发生器形成一个定性概念的过程。通过逆向云发生器，人们可更加直观地评估样本数据所反映的云模型数字特征大小，如图 4-3 所示。

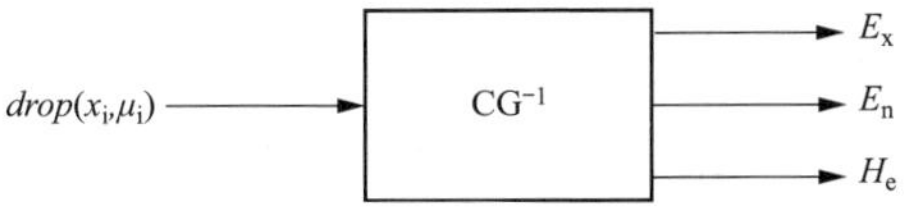

图 4-3　逆向云发生器

In：样本容量大小为 N 的样本数据以及每个数据所对应的隶属度（亦称为确定度），样本数据和隶属度之间的联系可用函数关系 $drop(x_i, \mu_i)$ 表示，其中 $i=1, 2, \cdots, N$。

Out：云的三个数字特征（期望 Ex、熵 En 和超熵 He）。

其实现步骤为：

Step 1 利用公式 $Ex=\mathrm{MEAN}(x_i)$ 计算 x_i 的平均值，求得云的特征参数期望 Ex。

Step 2 利用公式 $En=\mathrm{STDEV}(x_i)$ 计算 x_i 的标准差，求得云的特征参数熵 En；

Step 3 将每一组具有对应隶属关系的 (x_i, μ_i) 代入公式 $En_i'=\sqrt{\dfrac{-(x_i-Ex)^2}{2\ln\mu_i}}$。

Step 4 利用公式 $He=\mathrm{STDEV}(En_i')$ 计算 En_i' 的标准差，求得云的特征参数 He。

根据上述步骤，基于 Matlab 平台进行编程得到逆向云发生器的程序代码见附录 A2。

二、基于云模型的谐波电流数据建模方法

（一）监测评估点的选取

根据新颁布的国际电能质量评估标准《IEC TS 62749-Assessment of power quality - Characteristics of electricity supplied by public networks》给出的建议——将电能质量限

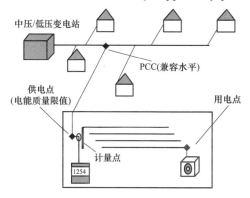

图 4-4　监测评估点的选取

值及其评估作用点选在不同利益体之间的分界点（或供电点）较为合理，如图 4-4 所示。此外，GB/T 14549—1993《电能质量　公用电网谐波》一文中对于公共连接点与谐波测量点的明确定义——用户接入电网的连接处即为监测处。

（二）谐波数据的测量

为谐波电流数据，对多个电力客户进行了大规模的谐波电流数据采集；为了降低谐波电流数据测量过程中的不确定性因素对后期数据分析的影响，谐波数据的采集应取测量时段内各相实测值的 95％概率值。实测值的 95％概率值可按以下方法近似选取：将实测值由大到小降序排列，舍弃前面 5％的实测值，取剩余实测值中的最大值即为 95％概率值。

（三）云模型中特征参数的计算

监测点所连的用户可能是一个或多个，运行方式也较多。对不同运行方式下的谐波电流数据进行计算可得到各运行方式下对应的云模型特征参数。云模型特征参数的具体计算步骤如下所示：

（1）计算样本数据的均值 $\overline{X}=\dfrac{1}{n}\sum\limits_{i=1}^{n}x_i$，其中 x_i 表示第 i 个 x 变量，n 表示 x 变量的总数；1 阶样本的绝对中心矩 $B_1=\dfrac{1}{n}\sum\limits_{i=1}^{n}|x_i-\overline{X}|$；样本方差 $S^2=\dfrac{1}{n-1}\sum\limits_{i=1}^{n}(x_i-\overline{X})^2$。

（2）计算云模型的期望得到 $Ex=\overline{X}$；熵为 $En=\sqrt{\dfrac{\pi}{2}}\times B_1$；超熵为 $He=$

$\sqrt{|S^2 - En^2|}$。

（四）谐波数据的云模型

利用不同运行方式下正常的谐波历史数据，根据 2.3 云模型中特征参数的计算方法得到各个运行方式下对应的云模型的数据特征（Ex，En，He）。这些特征参数反映了相应运行方式下谐波数值的平均水平和数据的整体分布特性。将这些特征参数输入正向云发生器中，便可以得到相应运行方式下的正态云模型。其具体实现步骤如下：

Step 1 生成以 En 为期望值，He^2 为方差的一个正态随机数 En'。

Step 2 生成以 Ex 为期望值，En'^2 为方差的正态随机数 x。

Step 3 计算确定度 $\mu_i = e^{-\frac{(x_i - Ex)^2}{2En'^2}}$。

Step 4 具有确定度 μ_i 的 x_i 为数域中的一个云滴。

Step 5 重复 Step 1～Step 4，直到产生的云滴数量达到要求时即可停止。

基于 Matlab 平台参照上述步骤对谐波电流数据进行建模，可得到关于谐波电流数据的云模型如图 4-5 所示。

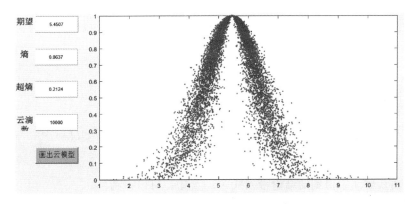

图 4-5　谐波电流数据的云模型

三、基于云模型的谐波电流数据异常检测原理

基于云模型的谐波数据异常检测原理可根据云模型中高斯云的数学性质分析得到。不同于一阶的云模型，高斯云是基于二阶高斯分布迭代来实现的云模型，和普通的云模型图像相比较，高斯云的图像具备了尖峰肥尾的特性。本节给出了下文分析过程中所要用到的高斯云数学性质，并根据上述性质证明基于云模型谐波数据异常检测的原理。

高斯云的数学性质有：

（1）在高斯云分布中，高斯云的期望 $E\{X\} = Ex$。

（2）当 $0 < He < \dfrac{En}{3}$ 时，高斯云分布的一阶绝对中心矩 $E\{|X - Ex|\} = \sqrt{\dfrac{2}{\pi}}En$。

（3）在高斯云分布中，高斯云的方差 $D(X) = He^2 + En^2$。

利用高斯云的性质对谐波电流数据进行建模，其主要过程为：

（1）建立一个期望值为 En、标准差为 He 的正态分布，并取该分布中任意一个随机数为 En'

$$f_{En'}(x) = \frac{1}{\sqrt{2\pi}He}exp\left[-\frac{(x - En)^2}{2He^2}\right] \tag{4-1}$$

（2）再建立一个期望值为 Ex、标准差为 En 的正态分布，同时取该分布中任意一个随机数为 x

$$f_x(x) = \frac{1}{\sqrt{2\pi}|En'|}exp\left[-\frac{(x - Ex)^2}{2En'^2}\right] \tag{4-2}$$

此时，关于变量 x 的概率密度函数关系式为

$$f_x(x) = f_{En'}(x) \times f_x(x \mid En')$$
$$= \int_{-\infty}^{+\infty} \frac{1}{2\pi He|\mu|}exp\left[-\frac{(x - Ex)^2}{2\mu^2} - \frac{(\mu - En)^2}{2He^2}\right]d\mu \tag{4-3}$$

对式（4-3）分析发现，关于 x 的概率密度函数关系式的解析形式无法直接求解。但根据云滴 x 的期望公式 $E(X) = Ex$ 和方差公式 $D(X) = En^2 + He^2$，可计算出隶属程度 μ 的大小为

$$\mu = exp\left[-\frac{(x - Ex)^2}{2(En')^2}\right] \tag{4-4}$$

（3）由式（4-4）可确定任意一个云滴 x 所对应隶属度 μ 的大小。

（4）根据高斯云的数学性质（2）的数学证明可得到：当 $0 < He < \frac{En}{3}$，即 99.74% 的正态分布 σ 取值为正。

（5）将步骤 4 中得到的结论带入式（5-1）中，可以得到：

$$\frac{1}{\sqrt{2\pi}He}\int_{En-3He}^{En+3He}exp\left[-\frac{(x - En)^2}{2He^2}\right]dx \approx 99.74\% \tag{4-5}$$

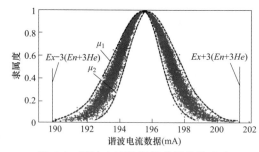

图 4-6　谐波电流数据异常阈值的确定

通过对式（4-5）作图分析可得到：当超熵 He 为 0 时，云模型呈现出了标准正态分布的特性，但随着超熵 He 的逐渐增大，云模型中的云滴逐渐开始分散呈现出了离散正态分布的特征，如图 4-6 所示。

从数学的角度对式（4-5）进行分析可得到：期望为 En，标准差为 He 的正态分布中，任意一个随机数 En' 的取值范围落在区间 $[En-3He, En+3He]$ 中的概率为 99.74%。换言之，当 $En-3He > 0$ 时，99.74% 的云滴落在了内隶属曲线 μ_1 和

外隶属曲线 μ_2 的范围内。其中内隶属曲线与外隶属曲线的表达式分别为

$$\mu_1 = exp\left[-\frac{(x-Ex)^2}{2(En+3He)^2}\right] \tag{4-6}$$

$$\mu_2 = exp\left[-\frac{(x-Ex)^2}{2(En-3He)^2}\right] \tag{4-7}$$

式中：x 表示云模型中的云滴；exp 表示指数函数。

由此得到了基于云模型谐波电流数据异常检测原理的基本立足点：云模型的 $3En'$ 法则——对定性概念有贡献的云滴主要落在了区间 $[Ex-3En'，Ex+3En']$ 上，其中 $En'\in[En-3He，En+3He]$。对于外隶属曲线来说，其 $3En'$ 的区间范围是 $[Ex-3(En+3He)，Ex+3(En+3He)]$；而对于内隶属曲线来说，其 $3En'$ 的区间范围是 $[Ex-3(En-3He)，Ex+3(En-3He)]$。

基于云模型对谐波数据建模，可将谐波数据以云滴的方式定量地呈现出来，而云模型的 $3En'$ 法则则可明确定量表示云滴的波动范围。也就是说，谐波数据的波动大小可通过云模型中云滴的厚度体现出来，而云模型中云滴的厚度则可由云模型中的特征参数超熵 He 的数值大小进一步呈现。因此，利用云模型中的特征参数超熵 He 的数值大小可衡量谐波电流数据的波动情况。

综上所述，为充分考虑正常情况下谐波数据的波动特性，利用云模型中的特征参数超熵 He 的大小，来衡量正常情况下谐波电流数据的波动情况，选择云模型外隶属曲线的 $3En'$ 外边界所确定的数值为谐波电流数据的异常阈值。由此，可得到基于云模型所确定的谐波电流数据异常阈值为

$$\zeta = Ex + 3(En+3He) \tag{4-8}$$

（一）运行方式辨识

一般情况下，电气设备的运行状态与其所处的电网运行状态组合称之为运行方式。为了明确运行方式间的差异，如图 4-7 所示。虚线表示监测点所对应的所有电力综合负荷，并且每种电力综合负荷可能含有多种设备，有独立的断路器以控制其开合状态。监测点则位于电网与电力客户两利益体之间的分界点。每当电力综合负荷的断路器开合状态发生变化时，监测点处所得的电力客户运行方式相应产生改变。

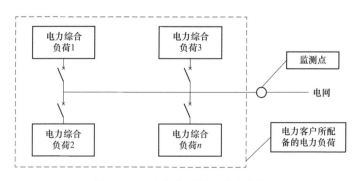

图 4-7　电力客户运行方式示意图

由于不同运行方式下所有电力综合负荷的断路器开合状态均不相同，通过对所有电力综合负荷的断路器开合状态进行标号可得到唯一与之对应的运行方式，从而可根据断路器开合状态的标号来辨识监测点处的运行方式。

（二）单一运行方式下谐波电流数据异常检测的仿真分析

利用试验室的试验平台进行分析，试验设备主要包括 2 部台达变频器、4 部正常的电动机、2 部异常的电动机与 1 部电能质量监测记录仪。

首先将试验平台中的 4 部正常电动机分别与两部变频器相互连接并全部开机，在变频器的频率为 50Hz 的条件下采集谐波数据，并对该运行方式下所收集到的谐波数据进行建模，得到该种运行方式下云模型图像。利用 2.3 中正态云模型外隶属曲线的 $3En'$ 法则对云模型的图像进行分析，即可得到单一运行方式下谐波数据的异常阈值，如图 4-8 所示。

根据外隶属曲线的 $3En'$ 外边界确定该运行方式下的谐波电流数据的异常阈值为 196.166mA。

为了验证本文所提方法的有效性，使用两部异常的电动机替换下两部正常的电动机，并开机投入运行。此时监测到的谐波电流数据的运行条件为：两台正常的电动机与两台异常的电动机共同运行，变频器的频率为 50Hz。将该运行条件下收集到的谐波电流数据作为异常数据与异常阈值 196.166mA 进行比较，判断本文所提的谐波电流数据异常检测方法是否有效，得到诊断结果如图 4-9 所示。

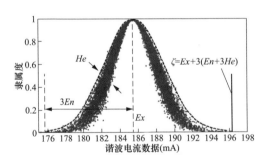

图 4-8　4 部正常电动机运行
情况下谐波电流数据的
异常阈值确定

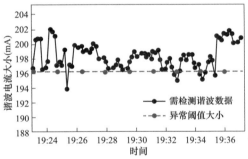

图 4-9　两台正常电动机与两台
异常电动机共同运行情况下谐波
电流数据诊断图

由图 4-9 可得到：在试验平台的仿真条件下，采用本文提出的谐波电流数据异常检测方法可准确辨析出谐波电流数据中的异常数据，帮助电力客户进行异常运行状态的监测。

（三）不同运行方式下谐波电流数据的异常检测

根据上一节中单一运行方式下谐波电流数据异常检测的仿真分析过程，可得到单一运行方式下谐波电流异常阈值的确定流程如图 4-10 所示。

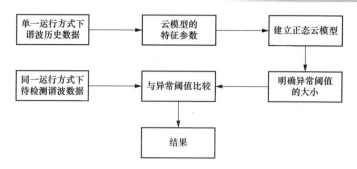

图 4-10 单一运行方式下谐波电流异常阈值的确定流程图

区别于单一运行方式下的谐波电流数据异常检测，随着运行方式的增多，相应谐波电流数据的异常阈值个数也随之增长，阈值大小不一定相同，在异常检测的判定过程中首先需要对运行方式进行辨识，寻找相应运行方式下谐波数据的异常阈值，最终将待测谐波数据与相应运行方式下谐波数据的异常阈值进行比较，判定是否为异常数据。如果超过了相应运行方式下的阈值，则发出告警信号。在单一运行方式下谐波电流数据异常检测方法的基础上进行推广，可得到不同运行方式下谐波电流数据的异常检测方法，其流程如图 4-11 所示。

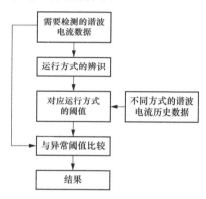

图 4-11 不同运行方式下谐波数据异常检测流程图

四、谐波数据异常检测方法的验证

为充分反映基于云模型的多运行方式谐波限值的优势，在试验室模拟某企业配电网络，共三条生产线，每条生产线分别含有不同数量的直流电机和整流桥，见表 4-1。

表 4-1　　　　　　　　　　　三条生产线的配置情况

生产线	设备概况
①	整流桥 5 套，直流电机 5 台
②	整流桥 6 套，直流电机 6 台
③	整流桥 8 套，直流电机 8 台

三条生产线的组合方式有 7 种，这 7 种不同的运行方式会产生不同的谐波电流，见表 4-2。

表 4-2　　　　　　　　　　　测试系统的七种运行方式

运行方式	方式 1	方式 2	方式 3	方式 4	方式 5	方式 6	方式 7
运行的生产线	①	②	③	①、②	①、③	②、③	①、②、③

　　以谐波数据为例，将若干套故障整流桥依次增加并替换其中正常整流桥，通过观察多运行方式中不同数量的故障整流桥下不同阈值判定方法的检测效率。

　　对采集到谐波电流数据进行统计分析，可分为 7 种运行方式。本章采用的试验数据均参考国标中谐波数据的处理方法——以测量数据的 95% 概率值计算得到，其中 $w_1 = 0.7$，$w_2 = 0.3$。对 7 种方式下的谐波电流历史正常数据采用云模型建模，得到的结果见表 4-3。

表 4-3   采用云模型对不同运行方式下的谐波电流数据阈值

常见运行方式	期望（A）	熵	超熵	异常阈值（A）
1	2.6716	0.0851	0.0465	3.3457
2	2.5509	0.0531	0.0401	3.0709
3	2.9314	0.0154	0.0101	3.0691
4	3.4583	0.0557	0.0300	3.8957
5	4.2765	0.0430	0.0108	4.5024
6	4.4989	0.0478	0.0216	4.8369
7	5.5777	0.0265	0.0167	5.8073

　　同时，随机截取上述 7 种运行方式下的实时谐波电流数据作为待检测数据，同时采用国标法、改进 Otsu 法和本文所提出的谐波电流数据异常检测方法进行诊断。

　　为了阐明本文方法的优势，选三种方式的阈值与国标（GB/T 14549—1993）换算得到的阈值（简称国标阈值）和改进 Qtsu 法计算得到的阈值（简称 Qtsu 法阈值）分别进行的异常辨识效果对比，其中后两者是固定的，如图 4-12～图 4-14 所示，可发现：

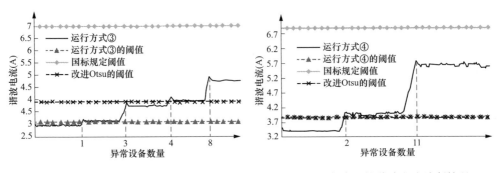

图 4-12　方式 3 的谐波电流诊断情况　　　图 4-13　方式 4 的谐波电流诊断情况

　　1）方式 3。1 台整流桥出现故障时，谐波电流超出方式 3 的阈值，即可辨别为异常；4 台整流桥出现故障时，谐波电流超出 Qtsu 法阈值，才可辨别为异常；8 台整流桥出现故障时，谐波电流依然小于国标阈值，不能辨别为异常，与实际不符。

　　2）方式 4。两台整流桥出现故障时，谐波电流超出方式 4 阈值和 Qtsu 法阈值，即可辨别为异常；11 台整流桥出现故障时，谐波电流依然小于国标阈值，不能辨别为异常，与实际不符。

3）方式 7。所有设备均正常运行时，谐波电流超出 Qtsu 法阈值，判断为异常状况，与实际不符，小于方式 7 阈值和国标阈值，判断为正常，与实际相符。两台整流桥出现故障时，超出方式 7 阈值，即可辨别为异常；11 台整流桥出现故障时，超出国标阈值，才可辨别为异常。

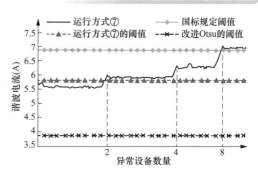

图 4-14　方式 7 的谐波电流诊断情况

总结上述三种不同方式下异常状况的检测情况，见表 4-4，总共 11 种设备故障数量，本文的阈值计算方法能检测到 9 种，准确度为 81.8%，比另外两种高出许多。对比可得到以下结论：

表 4-4　　　　　　　　不同检测方法下的故障辨析能力的比较

检测方法	国标法	Qtsu 法	本文提出的方法
故障次数	11	11	11
有效的辨析故障次数	1	4	9
检测水平	9.10%	36.36%	81.81%

1）国标阈值是供电企业允许电力客户向电网输送谐波电流的最大允许值。当整流桥故障数少，即谐波异常值较小时，无法准确辨别异常，不适于电力客户用于故障监测。

2）Qtsu 法阈值在电力客户谐波异常辨别上准确度较差，计算得出的电力客户谐波电流最大允许值与国标阈值相差较大，在这两个方面的适用性都较差。

3）本文方法可有效适应运行方式多样性的特点，具有良好的故障辨别效果。

第三节　谐波阈值计算所需容量的确定

阈值的可靠程度是判定异常检测方法优劣的重要指标，基于云模型的谐波电流异常阈值的计算主要由特征参数（Ex，En，He）来决定，而这些特征参数的大小与监测数据样本容量的大小息息相关。虽然利用谐波电流数据的云模型特征参数可确定相应的谐波电流异常阈值大小，但现有文献中却未对计算云模型特征参数所需的样本容量大小进行说明。而实际工程中获取的样本数据往往具有明显的随机性与不确定性。当样本数据的波动情况较小时，计算得到的云模型特征参数置信度较高；当样本数据的波动情况较大时，计算得到的云模型特征参数置信度则无从得知。因此，针对样本数据存在的随机性与不确定性，首先要确定谐波电流阈值计算所需最优样本容量的确定方法。本章首先给出了样本容量大小与云模型之间的关系，其次从统计学角度出发介绍了现有的样本容量确定方法，然后在现有的样本容量估计方法的基础上进行改进，提出了两种适用于谐波数据样本容量大小确定的方法，得到了基于置信度的谐波数据样本容量计算公式。

一、样本容量与云模型的关系

为了探究样本容量大小与云模型的关系，基于采集的数据，选取同一运行方式下不同样本容量大小的谐波电流数据作为样本数据，对这些样本数据分别做出云模型的图像，通过比较不同样本容量大小下云模型的图像及其谐波电流数据的异常阈值大小，得到谐波电流异常阈值大小随样本容量大小的变化趋势图。如图 4-15 所示，分别给出了样本容量大小为 500、5000、10000、20000 和 50000 时，所得到的云模型图像以及由云模型特征参数所确定的谐波电流数据异常阈值大小。

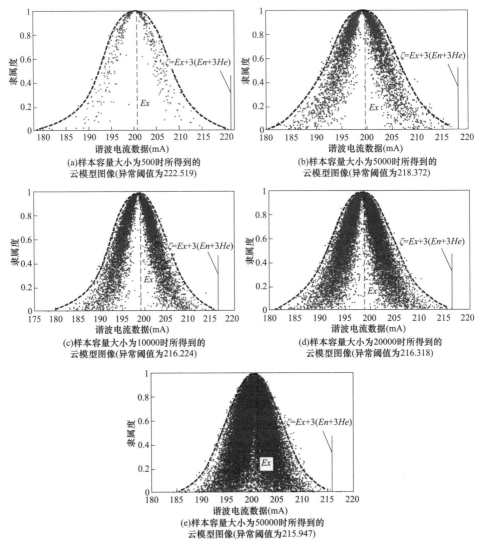

图 4-15　不同样本容量大小下的云模型图像及谐波电流异常阈值的大小

分析图 4-15 可得到以下结论：

（1）不同样本容量大小下的云模型图像中云滴的散落范围大体相同，云滴均分布在 180～220mA。当样本容量大小较小时，云模型图像中的云滴分布更加松散，易受随机性因素的影响，云模型所呈现样本数据的特性较为模糊；当样本容量大小较大时，云模型图像中的云滴分布更加紧密，云模型所呈现样本数据的特性更为直观。

（2）随着样本容量大小的增加，云模型图像中的云滴分布逐渐趋于集中，而谐波电流异常阈值的变化也由 222.519mA 变为 215.947mA。当样本容量较小时，谐波电流异常阈值的数值变化较大，其可靠程度较低；当样本容量较大时，谐波电流异常阈值的数值变化趋于稳定，其可靠程度较高。

总结上述两条结论得到：同一运行方式下不同样本容量大小的云模型图像之间存在明显的差异，进而导致不同样本容量大小下的谐波电流异常阈值不尽相同，是需要多大样本容量才能真实反映异常阈值呢？现有的文献资料仅能得出样本容量大小越大，得到的谐波电流异常阈值的可靠程度更高。在实际工程中，若谐波阈值计算所需的样本容量大小过大，但随之带来的是采样时长和数据分析计算所需工作量的急剧增加；反之，若谐波阈值计算所需的样本容量大小过小，虽然能减少工作量，但这会造成所得的异常阈值结果的推可信度降低。如何在一定的可信度下对所需的最优样本容量进行确定是亟需要解决的问题。

二、样本容量估计方法的比较

由于阈值计算所需样本容量核心是对样本容量的大小进行估计，所以基本思想可转化为如何在一定的可信度下对样本容量进行合理的估计。查阅现有的文献资料可发现，对于样本容量的估计，目前主要有四种方法：均值估计样本容量的方法、成数估计样本容量的方法、方差估计样本容量的方法和相关与回归分析估计样本容量的方法。以下先对四种样本容量估计方法进行介绍，其次选取其中适合谐波阈值计算所需样本容量确定的方法，再者对选取的方法结合谐波电流数据分析中的具体应用进行详细的阐述。

（1）均值估计样本容量的方法。根据研究对象的特征建立统计量的估计模型，然后将样本数据带入估计模型中计算出统计量的大小，并以此对总体参数取值的大小进行判断的方法称为统计估计。而均值作为总体参数中使用最为广泛，也是最为典型的参数之一，利用样本数据的均值统计量对总体均值进行估计的方法称之为均值估计。均值反映了样本容量中样本数据的整体水平，在统计估计中，将样本数据的均值近似等于总体均值并依据该值对样本容量进行估计。根据解决谐波阈值计算所需样本容量大小的基本思想，认为均值估计样本容量的方法符合谐波阈值计算所需样本容量确定的基本诉求。总结可得，在谐波阈值计算所需样本容量的确定过程中可使用均值估计样本容量的方法对谐波电流阈值计算所需的样本容量大小进行确定。

（2）成数估计样本容量的方法。成数表示某种性质或特征的单位数量在整体的样本观察对象中所占的百分比大小，比如合格率、市场占有率、资产负载比率和分数构成等，这些均可称为成数。从统计学的角度来看，成数可分为总体成数和样本成数。其中用 n 表示采集到的样本数据，n_1 表示在该样本数据中所需研究的某种性质或特征出现的次数，则可得到样本成数 p 为

$$p = \frac{n_1}{n} \tag{4-9}$$

同理，用 N 表示总体的数量，N_1 表示在总体中所需研究的某种特性或特征出现的次数，则可得到总体成数 P 为

$$P = \frac{N_1}{N} \tag{4-10}$$

在使用成数估计对样本容量进行确定时，通常将样本成数 p 近似看成总体成数 P 的估计量，利用总体成数 P 对样本容量进行估计。对比解决谐波阈值计算所需样本容量大小的基本思想，成数估计样本容量的方法侧重于根据样本中的某一特征或某种性质所占的比例要求对样本容量的大小进行确定，而谐波阈值计算所需样本容量确定过程的侧重点是根据样本数据的整体分布趋势对样本容量的大小进行确定。故而成数估计样本容量的方法在谐波阈值计算所需样本容量大小的确定过程中并不适用。

（3）方差估计样本容量的方法。方差反映了样本数据的离散程度，在估计过程中，将样本数据的方差近似看成总体数据的方差并依据该值对样本容量的大小进行估计的方法称之为方差估计。方差估计有两种形式：①总体均值已知的情况，在该种情况下由于总体均值已知，大大减小了由样本均值推算方差所造成的计算误差，其估计的效果较好；②总体均值未知的情况，在该种情况下因为总体均值未知，只能使用样本数据中的样本均值进行方差的计算，并将计算所得的方差值等效为总体的方差值，其估计效果较差。虽然总体均值已知情况下所得的样本容量估计结果优于总体均值未知情况下所得的样本容量估计结果，但在实际操作过程中总体均值往往无从获得，因此总体均值未知的情况更适用于实际工程应用。根据解决谐波阈值计算所需样本容量大小的基本思想可以得到：方差代表样本数据的离散程度在一定程度上能体现样本数据整体分布的趋势变化。因此，可使用方差估计样本容量的方法对谐波阈值计算所需的样本容量大小进行确定。

（4）相关分析与回归分析估计样本容量的方法。相关分析与回归分析是两种不同的样本容量估计手段。其中相关分析主要对参数、特征或特性之间客观存在的相互依存关系进行分析，通常可以分为两类：①可通过数学方法构造函数关系表达式进行说明的称为确定性关系分析；②无法通过定量方法进行表述的称为不确定性关系分析。而回归分析则是利用变量间客观存在的相关关系描述模型及其性质的应用统计方法。回归分析样本容量确定的思路也有两种：①基于势函数的原理，该种方法需要事先对样本的回归精度进行确定，之后在规定的置信程度下计算所需最优样本容量大小；②基于贝叶斯统计思想，在考虑多种因素（如样本的调查费用、调查的时间和后续可能产生的误差水平）的情况下确定样本容量的大小。总结相关分析与回归分析的共同

点能发现：相关分析与回归分析均需要对两个或两个以上的变量才能使用。而在谐波阈值计算所需样本容量大小的确定过程中，仅有谐波数据一个变量，所以相关分析与回归分析估计样本容量的确定方法无法适用于谐波阈值计算所需样本容量的确定。

总结以上四种样本容量的估计方法得到：均值估计样本容量的方法和方差估计样本容量的方法可较好地满足谐波阈值计算所需样本容量的确定要求，而成数估计样本容量的方法和相关与回归分析估计样本容量的方法不适用于谐波阈值计算所需样本容量的确定。

三、基于置信度的均值估计样本容量改进方法

（一）均值估计样本容量的改进思路

现有的均值估计样本容量的方法通常采用定值估计（点估计），该估计方法以实际样本数据的指标数值代替总体参数的估计值。当样本总体中各个体之间的悬殊差异过大时，抽取的样本可能会出现一个极大的个体或出现一个极小的个体。这种现象会严重影响样本的平均数，导致定值估计的结果不再具有代表性。若想得到准确的结果，则必须增加样本数据的数量，但盲目的增加样本数量会导致计算量的巨幅提升。

针对这个问题，本节提出了均值估计样本容量的改进思路。其改进点为：引入置信程度和误差水平构造出相应的数值区间以保证总体分布参数的真值所在范围。也就是说，通过构造一段距离或一个数据区间来表示总体参数的真值可能出现的范围，而该段距离或该段数据区间的大小可根据电力客户所要求的置信水平和允许误差进行调整。

置信水平越高则计算得到的谐波阈值可靠程度越高，允许误差越小样本数据的指标数值越接近总体参数的真值。因此，可根据其需求对置信水平的高低和允许误差的大小进行选择。这样既满足了不同监测点对于同一运行方式下谐波电流阈值的不同置信水平需求，也可对于不同运行方式下谐波电流阈值的精度进行调控。

基于置信度的均值估计样本容量法流程图如图 4-16 所示。

图 4-16 基于置信度的均值估计样本容量的流程图

（1）明确所需样本容量的允许误差 λ（通常情况下允许误差的取值为 $\pm3\%$）和要求的置信水平 $1-\alpha$。

（2）确定总体的方差，一般较常见的方法为采用前人调查的数据或采用已有的结论。

（3）采用简单随机抽样的样本量计算公式，用 N 代表样本的总体量、S^2 代表总体

的方差（该数据来源于模型的经验数据）、d 表示调查误差、$z_{\alpha/2}$ 表示正态分布下双侧 α 分位数 z，得到 n_0 为初始样本容量大小

$$n_0 = \frac{N z_{\alpha/2}^2 S^2}{N d^2 + z_{\alpha/2}^2 S^2} \tag{4-11}$$

（4）明确采集样本的抽样方法，根据不同的抽样方法对样本量的大小进行调整，其方法为 $n_1 = n_0 \times deff$，其中 $deff$ 是一个转化系数，在本文中其值取 1。

（5）引入标准正态分布下的双侧 α 分位数 u 和允许误差 λ，得到样本量公式为

$$n \approx \frac{(u_{1-\alpha/2})^2 S^2}{\lambda^2} \tag{4-12}$$

（二）基于置信度的均值估计样本容量方法的改进实现

本节将在均值估计样本容量的流程图上进行改进，并进行详细论述。

用 θ 表示要被估计的参考值，用 $\hat{\theta}$ 表示估计值，d 表示绝对误差，则在 $1-\alpha$ 的置信水平下得到

$$P(|\hat{\theta} - \theta \leqslant d|) = 1 - \alpha \tag{4-13}$$

当样本容量足够大时，即 n 充分大时，由中心极限定理可得到，$\hat{\theta}$ 是近似服从正态分布 $\hat{\theta} \sim N(\theta, V(\hat{\theta}))$，其中 $V(\hat{\theta})$ 为抽样方差，则可得到

$$P\left(\frac{|\hat{\theta} - \theta|}{\sqrt{V(\hat{\theta})}} \leqslant u\right) = 1 - \alpha \tag{4-14}$$

将式（4-13）和式（4-14）联立可得

$$d = u\sqrt{V(\hat{\theta})} \tag{4-15}$$

假设在不放回的简单随机抽样中，n 为样本量，N 为总体量，那么可得到任意一个元素 i 被抽中的概率为

$$E(P_i) = \frac{n}{N} \tag{4-16}$$

任意两个元素 i 和 j 被抽中的概率为

$$E(P_i P_j) = \frac{n}{N} \cdot \frac{n-1}{N-1} \tag{4-17}$$

由上述公式可推理得到

$$E(P_i^2) = E(P_i) = \frac{n}{N} \tag{4-18}$$

$$V(P_i) = E(P_i^2) - [E(P_i)]^2 = \frac{n}{N}\left(1 - \frac{n}{N}\right) \tag{4-19}$$

$$Cov(P_i, P_i) = E(P_i P_j) - E(P_i)E(P_j) = -\frac{1}{N-1} \cdot \frac{n}{N} \cdot \left(1 - \frac{n}{N}\right) \tag{4-20}$$

根据式（4-15）~式（4-20）可推出

$$V(\bar{y}) = V\left(\frac{1}{n}\sum_{i=1}^{n} y_i\right) = V\left(\frac{1}{n}\sum_{i=1}^{N} Y_i P_i\right)$$

$$= \frac{1}{n^2} \Big[\sum_{i=1}^{N} Y_i^2 V(P_i) + \sum_{i=1}^{N} \sum_{j \neq i}^{N} Y_i Y_j Cov(P_i, P_j) \Big]$$

$$= \frac{1}{n^2} \Big[\frac{n}{N} \cdot \Big(1 - \frac{n}{N}\Big) \sum_{i=1}^{N} Y_i^2 \Big] - \frac{1}{n^2} \Big[\frac{1}{N-1} \cdot \frac{n}{N} \cdot \Big(1 - \frac{n}{N}\Big) \sum_{i=1}^{N} \sum_{j \neq i}^{N} Y_i Y_j \Big]$$

$$= \frac{1}{n^2} \Big[\frac{n}{N} \cdot \Big(1 - \frac{n}{N}\Big) \sum_{i=1}^{N} Y_i^2 \Big] - \frac{1}{n^2} \Big[\frac{1}{N-1} \cdot \frac{n}{N} \cdot \Big(1 - \frac{n}{N}\Big) \cdot \Big(Y^2 - \sum_{i=1}^{N} Y_i^2\Big) \Big]$$

$$= \frac{1}{n} \cdot \Big(1 - \frac{n}{N}\Big) \cdot \frac{N \sum_{i=1}^{N} Y_i^2 - Y^2}{N(N-1)} = \Big(1 - \frac{n}{N}\Big) \cdot \frac{S^2}{n}$$

$$(4\text{-}21)$$

联立式（4-15）和式（4-21）可得

$$n = \frac{N u^2 S^2}{N \lambda^2 + u^2 S^2} = \frac{\dfrac{u^2 S^2}{\lambda^2}}{1 + \dfrac{u^2 S^2}{N \lambda^2}} \qquad (4\text{-}22)$$

令式（4-22）中的 $\dfrac{u^2 S^2}{\lambda^2} = n_1$，可得到

$$n = \frac{n_1}{1 - \dfrac{n_1}{N}} \qquad (4\text{-}23)$$

分析式（4-23）可发现，当总体量 N 趋于 ∞ 时，可发现 $\dfrac{n_1}{N}$ 趋于 0，从而可推导得出 $n = n_1$，故而得到最终的式（4-24）

$$n = \frac{u^2 S^2}{\lambda^2} \qquad (4\text{-}24)$$

式（4-24）是基于置信度的均值估计样本容量改进方法得到的最终计算公式。式（4-24）中的 u 表示标准正态分布的双侧 α 分位数，该值的大小可通过标准正态分布表将其与置信度进行相互转化。

四、基于置信度的方差估计样本容量改进方法

（一）方差估计样本容量的改进思路

现有的方差估计样本容量方法采用样本数据的方差直接替代总体方差进行计算。当所选择的样本数据遭受局部污染或被选样本数据的数量较小时，可能会出现样本数据的方差急剧偏离总体方差的现象，这将使得现有的方差估计结果不再具有代表性。若想避免此类现象的发生，要么加大样本数据的数量，要么就对样本数据的数值进行逐个筛选。但在实际工程条件下，面对海量样本数据时对每个样本数据进行逐个筛选显然是不可能的，而单纯的增大样本数目而不考虑样本数据的质量亦是得不偿失。

本节提出了基于置信度的方差估计样本容量改进算法，主要思想是：引入置信程

度和误差水平构造一定置信水平下总体方差的置信区间，以此对样本数据的容量大小进行估计，从而保证了方差估计结果的可信可靠。

此外，由于现场测试中不同运行方式的样本数据差异程度较大且同一运行方式的样本数据也存在着或多或少的不同，这使得实际工程中样本数据的总体均值 μ 大小无从可知。

允许误差 τ：表示采样的某个样本指标和总体客观存在的那个对应指标之间的误差在一个给定的范围之内。一般情况下，允许误差的取值为 3%。

置信度 $1-\alpha$：表示对样本容量进行总体估计时，由于样本随机性的影响其估计结果的可靠程度（又称为置信水平）。

方差估计样本容量方法的具体步骤和相应的流程图 4-17 所示。

图 4-17　基于置信度的方差估计样本容量的流程图

（1）明确所需样本容量的允许误差 τ 和要求的置信水平 $1-\alpha$。

（2）确定总体均值未知情况下的总体方差，可以得到：

当总体均值 μ 未知时，若有 x_1、x_2、$\cdots$、x_n 为来自正态总体 $N(\mu,\ \sigma^2)$ 的简单随机样本，此时样本的方差为

$$S^2 = \frac{1}{n-1} \times \sum_{i=1}^{n}(x_i - \bar{x})^2 \tag{4-25}$$

由于样本对象的总体均值 μ 无从得知，所以此时需要使用样本方差 S^2 近似估计总体方差 σ^2，则有

$$\frac{(n-1) \times S^2}{\sigma^2} \sim x^2(n-1) \tag{4-26}$$

（3）确定置信水平为 $1-\alpha$ 时总体方差 σ^2 的置信区间为

$$\frac{(n-1) \times S^2}{x_{1-\frac{\alpha}{2}}^2(n-1)}, \frac{(n-1) \times S^2}{x_{\frac{\alpha}{2}}^2(n-1)} \tag{4-27}$$

（4）引入正态分布下双侧分位数 Z，得到总体均值 μ 未知情况下样本容量大小的具体计算公式为

$$n = \frac{3}{2} + Z_{1-\frac{\alpha}{2}}^2 \times \left[\frac{1}{\tau} \times \left(\frac{1}{\tau} + \sqrt{\frac{1}{\tau^2} - 1} \right) - \frac{1}{2} \right] \tag{4-28}$$

（二）基于置信度的方差估计样本容量方法的改进实现

本节将根据方差估计样本容量，从置信水平和允许误差入手，对基于置信度的方差估计样本容量改进方法进行论述。

假设本次估计样本容量的结果所确定的置信水平求为 $1-\alpha$，对其构造置信区间可得

$$Prob\left[\chi^2_{\frac{\alpha}{2}}(n-1)\leqslant\frac{(n-1)\times S^2}{\sigma^2}\leqslant\chi^2_{1-\frac{\alpha}{2}}(n-1)\right]=1-\alpha \tag{4-29}$$

对式（4-29）进行变形可得

$$Prob\left[\frac{(n-1)\times S^2}{\lambda^2_{1-\frac{\alpha}{2}}(n-1)}\leqslant\sigma^2\leqslant\frac{(n-1)\times S^2}{\lambda^2_{\frac{\alpha}{2}}(n-1)}\right]=1-\alpha \tag{4-30}$$

式（4-30）中的 $S^2=\frac{1}{n-1}\times\sum\limits_{i=1}^{n}(x_i-\bar{x})^2$ 表示总体均值 μ 未知情况下的样本方差。

用样本方差 S^2 近似的表示总体方差 σ^2 的过程中，为保证总体方差的准确程度，引入置信水平 $1-\alpha$ 对其进行约束。故而得到总体方差 σ^2 在置信水平 $1-\alpha$ 下的置信区间为

$$\left[\frac{(n-1)\times S^2}{\chi^2_{1-\frac{\alpha}{2}}(n-1)},\frac{(n-1)\times S^2}{\chi^2_{\frac{\alpha}{2}}(n-1)}\right]$$

通过上述方法可得到总体方差 σ^2 在置信水平 $1-\alpha$ 下的置信区间，而 χ^2 分布特性则为高等数学中所公认的标准型分布特性（亦称为对称型的分布特性）。为了保证总体方差 σ^2 的估计精度尽可能地精确，此处需引入前文 3.4.1 中所论述的允许误差 τ，并给出允许误差 τ 在此处的实际意义：表示总体方差 σ^2 与置信区间的中点间的相对距离大小。用公式表示即为

$$\tau=1-\frac{(n-1)\times S^2}{\sigma^2_m\times\chi^2_{1-\frac{\alpha}{2}}(n-1)}=\frac{(n-1)\times S^2}{\sigma^2_m\times\chi^2_{\frac{\alpha}{2}}(n-1)}-1 \tag{4-31}$$

在式（4-31）中 τ 表示样本对象的总体方差 σ^2 偏离置信区间中点的相对距离大小，σ^2_m 则表示总体方差 σ^2 在置信水平为 $1-\alpha$ 情况下所得置信区间的区间中点。

对式（4-31）进行移项变换可得

$$1-\tau=\frac{(n-1)\times S^2}{\sigma^2_m\times\chi^2_{1-\frac{\alpha}{2}}(n-1)} \tag{4-32}$$

$$1+\tau=\frac{(n-1)\times S^2}{\sigma^2_m\times\chi^2_{\frac{\alpha}{2}}(n-1)} \tag{4-33}$$

将式（4-32）与式（4-33）相除可得

$$\frac{1-\tau}{1+\tau}=\frac{(n-1)\times S^2}{\sigma^2_m\times\chi^2_{1-\frac{\alpha}{2}}(n-1)}\times\frac{\sigma^2_m\times\chi^2_{\frac{\alpha}{2}}(n-1)}{(n-1)\times S^2}=\frac{\chi^2_{\frac{\alpha}{2}}(n-1)}{\chi^2_{1-\frac{\alpha}{2}}(n-1)} \tag{4-34}$$

将式（4-34）进一步的化简得到允许误差 τ 的大小为

$$\tau=\frac{\chi^2_{1-\frac{\alpha}{2}}(n-1)-\chi^2_{\frac{\alpha}{2}}(n-1)}{\chi^2_{1-\frac{\alpha}{2}}(n-1)+\chi^2_{\frac{\alpha}{2}}(n-1)} \tag{4-35}$$

当样本容量的大小 $n\Rightarrow+\infty$ 时，样本容量的分布情况近似呈现出了如下分布特性

$$\sqrt{2\chi^2}\sim N(\sqrt{2n-1},1) \tag{4-36}$$

根据这一分布特性可解出 $\chi^2_{1-\alpha}(n-1)$ 的大小为

$$\chi^2_{1-\alpha}(n-1)=\frac{1}{2}(Z_{1-\alpha}+\sqrt{2n-3})^2 \tag{4-37}$$

将式（4-37）带入式（4-35）的分子与分母中可得

$$\chi^2_{1-\frac{\alpha}{2}}(n-1)-\chi^2_{\frac{\alpha}{2}}(n-1)=\frac{1}{2}\left(Z_{1-\frac{\alpha}{2}}+\sqrt{2n-3}\right)^2-\frac{1}{2}\left(Z_{\frac{\alpha}{2}}+\sqrt{2n-3}\right)^2$$

$$=\frac{1}{2}\left(Z_{1-\frac{\alpha}{2}}+\sqrt{2n-3}+Z_{\frac{\alpha}{2}}+\sqrt{2n-3}\right)\times$$

$$\left(Z_{1-\frac{\alpha}{2}}+\sqrt{2n-3}-Z_{\frac{\alpha}{2}}-\sqrt{2n-3}\right) \tag{4-38}$$

$$=2Z_{1-\frac{\alpha}{2}}\times\sqrt{2n-3}$$

$$\chi^2_{1-\frac{\alpha}{2}}(n-1)+\chi^2_{\frac{\alpha}{2}}(n-1)=\frac{1}{2}\left(Z_{1-\frac{\alpha}{2}}+\sqrt{2n-3}\right)^2+\frac{1}{2}\left(Z_{\frac{\alpha}{2}}+\sqrt{2n-3}\right)^2$$

$$=\frac{1}{2}\left(Z^2_{1-\frac{\alpha}{2}}+2n-3+2Z_{1-\frac{\alpha}{2}}\times\sqrt{2n-3}+Z^2_{\frac{\alpha}{2}}\right.$$

$$\left.+2n-3+2Z_{\frac{\alpha}{2}}\times\sqrt{2n-3}\right) \tag{4-39}$$

$$=\frac{1}{2}\left(2Z^2_{1-\frac{\alpha}{2}}+4n-6\right)$$

$$=Z^2_{1-\frac{\alpha}{2}}+2n-3$$

将化简得到的式（4-38）和式（4-39）带入式（4-35）即可得到允许误差 τ 进一步表达式为

$$\tau=\frac{2Z_{1-\frac{\alpha}{2}}\times\sqrt{2n-3}}{Z^2_{1-\frac{\alpha}{2}}+2n-3} \tag{4-40}$$

对式（4-40）进行移项、化简可得

$$\tau\times Z^2_{1-\frac{\alpha}{2}}+\tau\times(2n-3)-2Z_{1-\frac{\alpha}{2}}\times\sqrt{2n-3}=0 \tag{4-41}$$

最终，通过对式（4-41）中 n 进行求解，可求解得到总体均值 μ 未知情况下谐波阈值计算所需样本容量大小为

$$n=\frac{3}{2}+Z^2_{1-\frac{\alpha}{2}}\times\left[\frac{1}{\tau}\times\left(\frac{1}{\tau}+\sqrt{\frac{1}{\tau^2}-1}\right)-\frac{1}{2}\right] \tag{4-42}$$

综上所述，可得到式（4-42）为基于置信度的方差估计样本容量的最终计算公式，式中：Z 为标准正态分布的双侧 α 分位数，该值可通过标准正态分布表将其与置信度进行相互转化。

五、谐波电流阈值计算所需最优样本容量的验证

本节以谐波数据为例，来源均为实测数据，允许误差设置为 3%、置信程度为 95%，S_2 阈值为 1.1714（该数据来源于模型的经验数据），分别计算得到方差估计的谐波阈值所需样本量 $N_1=8350$，均值估计的谐波阈值所需样本量为 $N_2=12935$。为分析 N_2 的合理性，选择样本容量分别为 2000～30000 共 7 个等级，分别采用云模型方法计算外隶属区间且区间最大值为阈值。三种情况下进行不同样本容量的阈值范围比较得到结果如图 4-18 所示，其中图 4-18(d)～图 4-18(f) 为数据呈现正态分布、偏正态分布、集中分布时不同样本容量下阈值范围的变化趋势。

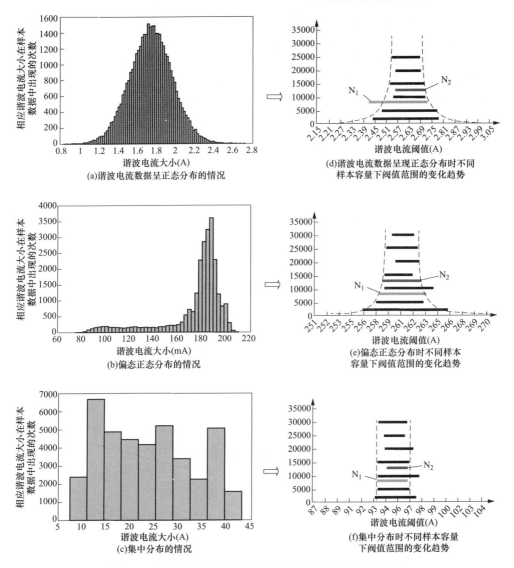

图 4-18 谐波电流数据分布不同情况下阈值范围变化趋势

N_1—方差估计下谐波阈值所需样本容量；N_2—均值估计下谐波阈值所需样本容量

总结上述的三种不同样本容量下阈值变化趋势，并且比较方差估计得到的样本容量 N_1 和均值估计得到的样本容量 N_2 在三种的不同情况下的区别，得到以下结论：

1）当数据的分布呈现标准的正太分布时，阈值的范围变化趋势随样本容量增加而趋于稳定，N_2 的阈值范围处于收敛过程的拐点处，外隶属阈值为 2.69A，优于 N_1 阈值。

2）当数据的分布呈现出偏正态分布时，阈值的范围变化随着样本数量的增加而趋于稳定，N_2 对应的外隶属阈值处于拐点处，阈值为 263mA，相比于 N_1 的阈值更加准确。

3）当数据分布呈现出集中分布时，阈值范围的变化趋势随着样本容量的增加变化并不明显，此时 N_2 的阈值相比于 N_1 的阈值相基本接近。

4）总结上述三种不同情况的比较结果可得：N_2 比 N_1 更具有普遍的适用性，在未知测量对象数据为何种分布的情况下，均值估计得到的阈值准确性更高。以 3s 一个采样数据为例，获取 12935 个数据需要 10.8h，可满足阈值的准确度需求。

第四节　不同运行方式下谐波阈值的合并

由于不同运行方式的谐波阈值不一定相同，导致运行方式较多的电力客户异常检测中对应的谐波阈值计算量越来越大。为了保证异常数据检测的时效性，寻找一种方法降低异常数据检测的工作量，以保证不同运行方式下异常数据的高效检测。为此需要对不同运行方式下的阈值进行有效的精简合并。但现有的文献资料并未对谐波阈值合并提出相关建议，所以本文转而借鉴区域合并中数据处理的思路和方法，并结合电力客户谐波阈值计算的要求，提出谐波阈值合并的判定方法。现有的区域合并方法主要分为以下几类：

（1）基于区域内部数据的差异程度。主要采用不同的方法提取区域内部数据差异程度的特征值进行比较。例如，将区域内部数据差异程度的均值作为特征值，通过比较相邻区域特征值是否小于给定值来判别是否合并，利用了邻近区域特征值（该特征值基于区域内部数据差异程度的类间方差法或迭代法求得）的相似性作为是否合并的判定依据，将区域内部数据差异的平均值与区域内部数据中最值点间的距离相联系，所得的比值作为合并的判定依据，将区域内部数据差异程度的均值作为特征值，并在不同的区域之间进行双向比较，当且仅当两区域双向比较所得到的特征值之差均为最小值时才可合并。

（2）基于区域间边界（轮廓）处的数据差异程度。主要采用不同的方法提取区域间边界（轮廓）处的数据差异程度作为特征值进行比较。例如，对区域间边界上的强点（边界上的数据点是否为强点，通过数据点之间的梯度变化值与给定值相比较决定）比例进行衡量，采用了相对边界强度（即边界上数据点之间的梯度变化均值与该边界相邻两边的区域数据点之间的梯度变化均值之比）来衡量区域边界是否可以消除，则将区域边界（轮廓）上数据点之间的关系用函数式表示，不同种类的边界（轮廓）采用不同的加权系数对函数式进行加权并计算，将计算结果与给定值比较，从而判断该边界是否可消除。

在谐波数据异常判断时，如何判断异常的时效性是至关重要的，因此需要寻找一种方法能有效降低计算谐波阈值所需的数量。为此本节提出了一种不同运行方式下谐波阈值精简合并的方法。

一、图像区域合并方法比较

现有文献资料很少涉及对谐波数据阈值合并的研究，所以本书借鉴区域合并中数据处理的思路，提出了一种不同运行方式下谐波阈值精简合并的方法，基本思想是：将不同运行方式下的谐波阈值类比为不同区域进行合并（见图 4-15）。查阅文献资料可得，区域合并方法主要分为两类：①基于区域内部数据的差异程度进行比较；②基于区域边界（轮廓）处的数据差异程度进行比较。下面首先对现有的区域合并方法进行介绍。

（1）基于区域内部数据差异程度的比较方法。主要提取区域内部数据差异程度的特征值进行比较。一般情况下选择均值、方差、最值点间距离等能够表征整体变化趋势的参数作为特征参数，并选取其中的某一个参数或多个参数间的比值作为特征值，比较不同区域间特征值的差异程度。当不同区域间特征值的差异程度小于给定标准时，则表明两区域可以合并；反之则表明两区域不能合并。

（2）基于区域边界（轮廓）处数据差异程度的比较方法。主要提取区域边界（轮廓）处的数据差异程度作为特征值进行比较。一般选择边界（轮廓）上数据点之间的梯度变化程度或边界（轮廓）上数据点之间的函数关系，能表征边界（轮廓）处数据局部变化水平的参数作为特征参数。对这些特征参数使用加权或比值的统计手段进行计算，得到的计算结果作为差异程度的特征值。同理，当两个不同区域的边界（轮廓）特征值之差小于给定标准时，表明该边界（轮廓）可进行消除，两个不同的区域可合并；反之表明该边界（轮廓）不能消除，两个不同的区域不能合并，如图 4-19 所示。

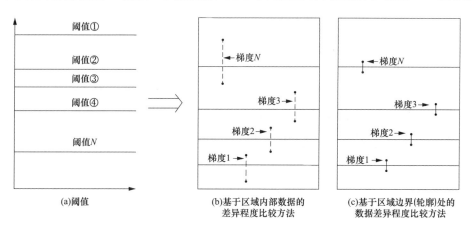

图 4-19　不同运行方式下谐波电流阈值的图像化

上述两种区域合并的方法可以是对数据进行特征值的提取，利用特征值之间的差异程度大小作为是否合并的判定依据。对于不同的运行方式来说，谐波数据的阈值则是特征值。谐波阈值合并方法是不同的运行方式对应着区域合并中的不同区域，相应的特征值为不同区域的特征值，而对同一种运行方式，其内部的谐波阈值和边界处的谐波阈值相等，所以图像化后的同一个区域，特征值和区域边界（轮廓）处的特征值亦相等。

二、基于图像区域合并方法的谐波电流阈值处理

现阶段工程实践中常用阈值合并方法的大体思路为：

（1）罗列出所有可能合并的组合方式。

（2）计算每一种可能合并的组合方式下谐波电流阈值的合并结果。

（3）以合并后阈值的置信水平高低作为判据，参考相关的国家标准、行业标准或实际工况中的置信水平要求作为判定标准（一般情况下，置信水平取值为95%）。当合并后谐波电流阈值的置信水平高于设定的置信水平要求时，则可合并，反之则不能合并。

假设存在 m 种不同的运行方式，而单次合并的运行方式数量为 r（r 取值从 $2\sim m$）。可推算出理论上可能出现的组合方式数量 N 为

$$N = C_m^2 + C_m^3 + \cdots + C_m^r + \cdots + C_m^m \tag{4-43}$$

本节提出的谐波阈值合并方法基本思路为：

（1）将不同运行方式下的谐波电流阈值图像化，计算阈值之间的梯度，并对其进行升序排列。

（2）梯度计算方法也有两种：区域梯度和边界梯度，但两种梯度计算的最终结果是相同的。

（3）排序后，以有功功率的均值和方差的差异程度作为判据，判断阈值大小相近的运行方式是否可进行合并。

（4）当不同运行方式间特征值的差异程度小于给定差值 ε 时（其给定的差值 ε 依据经验取值得到），这两种不同的运行方式可进行合并，并且合并后返回步骤（1）重新循环；反之不能合并，并且合并的过程终止。

（5）对合并后产生的新阈值结果进行置信水平的验证，当置信水平大于95%时，谐波阈值合并的结果方能成立。

三、谐波电流阈值合并的具体步骤

不同于图像区域合并中数据所具有的多维度特性，谐波电流数据的异常检测仅需考虑不同运行方式下谐波电流阈值的差异。谐波阈值合并的具体步骤如下：

（1）将不同运行方式的谐波电流阈值进行矩阵化得到阈值的一维数组矩阵为

$$\begin{bmatrix} X_1 \\ \vdots \\ X_i \end{bmatrix} \tag{4-44}$$

式中每一行表示一种运行方式的谐波电流阈值。

（2）对阈值的一维数组矩阵进行梯度的计算得到

$$grad F(x_0, y_0) = \nabla F(x_0, y_0) = F_x(x_0, y_0)i + F_y(x_0, y_0)j \tag{4-45}$$

式中：x_0、y_0 分别表示待求参数变量，由于本文中仅使用到一个参数变量 x_0，另一个参数变量 y_0 在本文中等于 0。

（3）对于不同运行方式下谐波电流阈值的梯度进行升序排列，使其成为一个图像中的各个区域，得到最初的分割区间。

（4）对不同运行方式的有功功率进行方差计算和均值的归一化处理得到方差计算为

$$S = \frac{\sum\limits_{i=1}^{n}(x_i - \bar{x})^2}{n-1} \tag{4-46}$$

均值的归一化处理

$$P = (\bar{x} - x_{\min})/(x_{\max} - x_{\min}) \tag{4-47}$$

式中：x_i 表示该运行方式下第 i 个时刻的有功功率。

（5）对方差 S 和归一化后的均值 P 进行加权得到

$$W = w_1 \cdot S + w_2 \cdot P \tag{4-48}$$

式中：w_1，w_2 分别表示方差权重系数与均值权重系数[46]。

（6）选择梯度最小的两种运行方式作为差异程度最小的两块区域优先进行合并判定，其中判定条件为

$$|W(i) - W(j)| < \varepsilon \tag{4-49}$$

式中：ε 为区域合并的边界阈值。

当以上结果满足判定条件时，这两种运行方式可进行合并，并重新计算合并之后的阈值继续循环直到判定条件不满足时，则合并过程结束，如图 4-20 所示。

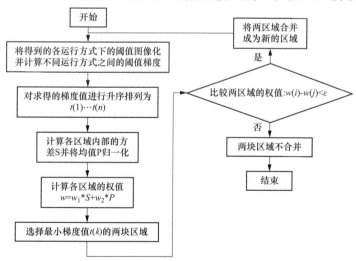

图 4-20　谐波电流阈值合并流程图

特别要说明的是：由于不同运行方式的谐波电流阈值所对应的区域不同，而同一区域中各处的阈值均相等，所以区域内部的梯度与区域边界处的梯度相等。

四、谐波电流阈值合并方法的验证

针对上文提到的 7 种不同运行方式分别采用聚类分析和改进 Otsu 法与本文提出的

不同运行方式下谐波电流阈值合并方法进行谐波电流阈值的合并。如图 4-21 所示，给出了采用本书提出的合并方法得到的阈值及其置信度。

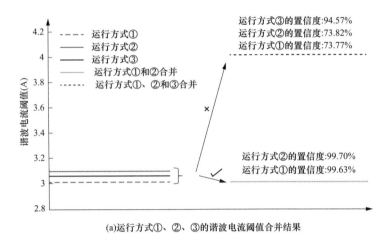

(a)运行方式①、②、③的谐波电流阈值合并结果

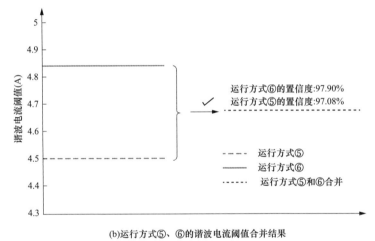

(b)运行方式⑤、⑥的谐波电流阈值合并结果

图 4-21　采用本章阈值合并方法时可能出现的谐波电流阈值合并结果

对于图 4-21(a) 图进行数据分析可发现：运行方式①、运行方式②和运行方式③的谐波电流阈值大小相近且存在两种不同的合并结果。

一种为方式①和方式②的阈值进行合并，其相对于方式①下的置信度为 99.63%，相对于方式②下的置信度为 99.70%。由于置信度均大于 95%，满足实际工程检测中的现场要求，该合并结果为有效合并。

另一种为方式①、②和③进行合并，其相对于方式①下的置信度为 73.77%，相对于方式②下的置信度为 73.82%，相对于方式 3 下的置信度为 94.57%。由于方式①、方式②和方式③合并后的阈值相对于原方式的置信度均小于 95%，无法满足实际工程检测中的现场要求，该合并结果为非有效合。

图 4-21(b) 可发现：方式⑤和方式⑥的阈值大小相近，存在合并的可能性，合并后的阈值相对于方式⑤下的置信度为 97.08%，相对于方式⑥的阈值置信度为 97.90%，均大于 95%，该合并结果有效。

采用本章所提的谐波电流阈值合并方法合并后，对有效合并的运行方式进行重新建模，见表 4-5。

表 4-5   采用本章所提的谐波电流阈值合并方法合并后的建模结果

运行方式	期望(A)	熵	超熵	异常阈值(A)
运行方式①、②合并	2.6113	0.0721	0.0642	3.0203
运行方式③	2.9314	0.0154	0.0101	3.0691
运行方式④	3.4583	0.0557	0.0300	3.8957
运行方式⑤、⑥合并	4.3877	0.0545	0.0413	4.6752
运行方式⑦	5.5777	0.0265	0.0167	5.8073

图 4-22 给出了采用聚类分析与改进 Otsu 法进行阈值合并的结果。其中第一类阈值是对方式①、方式②和方式③的最大期望值合并得到；第二类阈值是对方式④的最大期望值合并得到；第三类阈值是对方式⑤、⑥之间的合并得到。

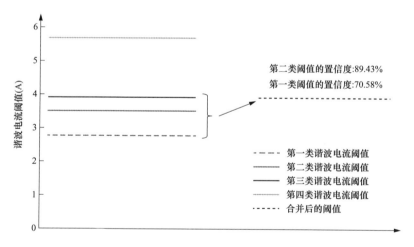

第二类阈值的置信度:89.43%
第一类阈值的置信度:70.58%

- - - - 第一类谐波电流阈值
——— 第二类谐波电流阈值
——— 第三类谐波电流阈值
——— 第四类谐波电流阈值
- - - - 合并后的阈值

图 4-22   采用聚类分析与改进 Otsu 法进行谐波电流阈值合并的结果

对图 4-22 中数据分析可发现：第一类、第二类阈值和第三类阈值间的差值明显，利用改进 Otsu 法依然对这三类阈值进行合并，合并后的阈值相对于第一类阈值的置信度仅为 89.43%，相对于第二类阈值的置信度仅为 70.58%。主要原因是合并过程仅考虑了不同类别数据间的方差差异，仅以最大期望值来代替，合并后的阈值相对于原有阈值的置信度均小于 95%，无法满足实际工程检测中的现场要求。

不同阈值合并方法的效果对比见表 4-6。

表 4-6 不同阈值合并方法的效果

合并方法	常规合并法	聚类分析与改进 Otsu 法	本文提出的方法
合并次数	120	3	3
工作量减少幅度	—	97.5%（相对常规合并法）	97.5%（相对常规合并法）
合并后谐波电流阈值的置信水平	—	<90%	>95%

从表 4-6 可发现：从工作量的减小幅度来看，聚类分析与改进 Otsu 法和本章提出的合并方法一致，减少幅度均为 97.5%；其次，从合并后的置信水平来看，本文提出的合并方法置信水平均大于 95%，符合实际工程要求；其他两种方法信水平小于 90%，无法满足实际工程要求。

第五章

谐波传递规律评估

第一节　元件谐波传递规律的理论计算

一、架空导线的谐波电流传递特性

根据线路的长度差异，为了准确地模拟输电线路，其模型一般可分为两种，分别是集中参数模型和分布参数模型。如何评价线路的长度就极为关键，一般是与谐波的波长比较。当线路长度与谐波波长相比较小时，可判断为线路较短，此时多采用线路的集中参数模型，而集中模型是需要通过集中参数的输电线路进行等效计算的，即把通过单位长度的线路阻抗和导纳乘上线路长度从而得到。当输电线路的长度与谐波波长相近时，即可判断为线路长度相对较长且谐波次数也较高时，则采用线路的分布参数模型。对于三相对称的输电线路可采用 π 形等值电路模型，如图 5-1 所示。

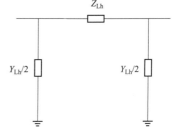

图 5-1　三相对称的输电线路 π 形等值电路模型

在图 5-1 中，Z_{Lh} 为输电线路的等效阻抗值，Y_{Lh} 为输电线路的等效导纳值，当谐波频率增加时，导体表面不断有电流向此集中，因此线路的等效电阻值会随着谐波次数的增加而增大，因此可得出输电线路的谐波阻抗公式为

$$Z_{\mathrm{Lh}} = \sqrt{h}R_{\mathrm{L}} + j\sqrt{h}X_{\mathrm{L}} \tag{5-1}$$

式中：R_{L} 为输电线路基波等效电阻值；X_{L} 为输电线路基波导致电抗值。

由于架空线路的长度一般较长，在研究架空线路的谐波传递模型时应采用分布参数模型。架空线路的分布参数模型如图 5-2 所示。

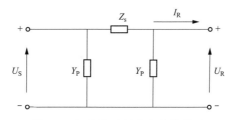

图 5-2　架空线路的分布参数模型

U_{S}—架空线路首端电压；U_{R}—架空线路末端电压；I_{R}—架空线路末端的电流值；

Z_{s}、Y_{P}—基波条件下的架空线路串联阻抗值与并联导纳值

　　当在 h 次谐波条件下，由此可得到架空线路的传播常数 Y_h、特征阻抗 Z_{ch}、串联阻抗 Z_{sh}、并联导纳等参数的具体表达式为

$$\gamma_h = \sqrt{Z_h Y_h} \approx \frac{h}{l}\sqrt{\frac{X_L}{X_c}} \tag{5-2}$$

$$Z_{ch} = \sqrt{\frac{Z_h}{Y_h}} \approx \sqrt{X_L X_c} \tag{5-3}$$

$$Z_{sh} = Z_{ch}\sinh(\gamma_h l) = Z_h\frac{\sinh(\gamma_h l)}{\gamma_h l} \tag{5-4}$$

$$Y_{rh} = \frac{\tanh(\gamma_h l/2)}{Z_{ch}} = \frac{Y_h}{2}\frac{\tanh(\gamma_h l/2)}{\gamma_h l/2} \tag{5-5}$$

式中：l 为架空线路长度，km；z 为线路每千米的等效阻抗值，Ω/km，$z=r+jx$；y 线路每公里的等效导纳值，S/km，$y=g+jb$；y 为传播常数，$y=a+j\beta$；Z 为架空线路等效阻抗值，Ω。Y 为架空线路等效导纳值，S；且有 $Z=z_l=(r+jx)$ $l=R+jX$，$Y=y_l=(g+jb)$ $l=G+jB$。那么，由上述可知，架空线路谐波作用下初始端电压和电流表示为

$$U_{sh} = U_{Rh}\cosh(\gamma_h l) + Z_{ch}\sinh(\gamma_h l)I_{Rh} \tag{5-6}$$

$$I_{sh} = \frac{U_{Rh}}{Z_{ch}}\sinh(\gamma_h l) + \cosh(\gamma_h l)I_{Rh} \tag{5-7}$$

　　根据式（5-3），架空线路的特征阻抗值为线路单位长度的电抗值与电纳值的之比。因此对于谐波电流放大倍数来说，改变架空线路的参数对其影响较小且仅因为架空线路的电纳值变化会对传递系数产生影响，即架空线路谐波电流的放大是由架空线路的等效电纳值所决定的，则当保持架空线路的长度不变时，线路的等效电纳值越大，谐波电流的放大倍数越小。

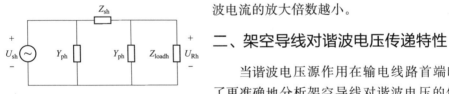

图 5-3　谐波电压在架空线路传递
等效电路图

U_{sh}——作用在架空线路首端的谐波电压源大小；
U_{Rh}——负载等值阻抗 Z_{loadh} 上产生的谐波电压

二、架空导线对谐波电压传递特性

　　当谐波电压源作用在输电线路首端时，为了更准确地分析架空导线对谐波电压的传递特性，模拟谐波电压在架空线路中传递的等值电路图如图 5-3 所示。

　　根据图 5-3 中的参数可知架空线路两端谐波电压的关系为

$$U_{Rh} = U_{sh} \cdot \frac{1}{Z_{sh}(Z_{loach}Y_{ph}+1)+\dfrac{Z_{loach}}{Z_{loach}Y_{ph}}} \cdot \frac{Z_{loach}}{Z_{loach}Y_{ph}+1} \tag{5-8}$$

架空线路两端谐波电压传递系数 K_{ou} 可表示为

$$K_{ou} = \left|\frac{U_{Rh}}{U_{sh}}\right| = \left|\frac{1}{1+\dfrac{Z_{Rh}(Z_{loach}Y_{ph}+1)}{Z_{loach}}}\right| \tag{5-9}$$

三、电缆线路对谐波电流传递特性

当谐波电流源作用于电缆线路首端时，为了更准确地分析电缆线路对谐波电流的传递特性，所以电缆线路的谐波电流传递等效电路如图 5-4 所示。

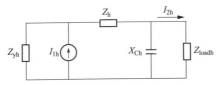

图 5-4 谐波电流在电缆线路中传递等效电路图

Z_{yh}—电缆线路首端的电网等效系统阻抗值；I_{1h}—谐波电流源；Z_h—谐波作用下电线路的等值阻抗值；X_{Ch}—电缆等效对地容抗值；Z_{loadh}—电缆末端接入负荷的等值阻抗

在 h 次谐波作用下，通过图 5-4 的参数可得电缆线路两端谐波电流传递系数 K_{Cl} 的表达式为

$$K_{Cl} = \left| \frac{I_{2h}}{I_{1h}} \right| = \left| \frac{Y_{yh}}{\dfrac{Z_{lodh}X_{ch}}{Z_{lodh}+X_{ch}} + Z_h + Z_{yh}} \cdot \frac{1}{1 + \dfrac{Z_{lodh}}{X_{ch}}} \right| \qquad (5\text{-}10)$$

四、电缆线路的谐波电压传递特性

考虑电缆线路的一端含有谐波电压源时，等值电路如图 5-5 所示。

图 5-5 中，U_{1h} 表示电缆线路首端的谐波电压源，可得电缆线路两端的谐波电压传递关系为

$$U_{2h} = U_{1h} \frac{Z_{lodh} /\!/ X_{ch}}{Z_h + Z_{lodh} /\!/ X_{ch}} \qquad (5\text{-}11)$$

图 5-5 谐波电压在电缆线路传递等效电路图

根据式（5-11）可得，谐波电压在电缆线路中传递时，末端谐波电压和首端谐波电压的之比，即为谐波电压传递系数 K_{cu}

$$K_{cu} = \left| \frac{U_{2h}}{U_{1h}} \right| = \frac{Z_{lodh} /\!/ X_{ch}}{Z_h + Z_{lodh} /\!/ X_{ch}} \qquad (5\text{-}12)$$

对式（5-12）分析可知，谐波电压在输电线路上的传递主要与电缆线路参数、线路末端所带负荷值以及电缆线路的长度有关。

五、变压器谐波电流传递特性

当变压器的负载侧出现谐波电流时，主要针对的是变压器负载侧产生的谐波电流向变压器系统侧的传递。当谐波电流中只出现正序和负序的谐波电流分量时，可判断负载侧产生的谐波电流传递到了另一侧；而当谐波分量中出现零序谐波分量时，零序谐波电流的传递路与变压器接线方式息息相关。另外，在基波计算时一般在谐波次数较高时不容忽视变压器等效杂散电容参数，谐波次数较低时则会忽略。通过参考高频

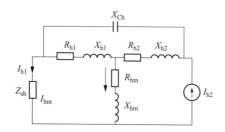

图 5-6　变压器谐波电流传递模型

Z_{sh}—变压器一次侧的等效系统谐波阻抗；

I_{h2}—负载侧的谐波电流源；

I_{h1}—变压器一次侧的等效电流；X_{Ch}—变压器一次绕组与而二次绕组间的杂散电容值

变压器的等效电路模型，可知变压器的杂散电容主要分布在变压器的一次绕组和二次绕组之间，且一次绕组和二次绕组的对地杂散电容分布与其基本相同。本节分析的谐波传递主要是那些经过变压器一次绕组与二次绕组之间的部分，因此只考虑变压器一次绕组和二次绕组之间的杂散电容分布且只考虑含有正序和负序分量时的情况，变压器的谐波电流传递等效电路如图 5-6 所示。

谐波电流从负载侧传递到系统侧的传递关系表达式为

$$K_{ti} = \left| \frac{I_{h1}}{I_h} \right| = \left| \frac{X_{ch}}{Z_{h1}//Z_{hm} + Z_{h2} + X_{ch}} + \left| \frac{1}{1 + \dfrac{Z_{ch}}{(Z_{h1}//Z_{hm} + Z_{h2})//X_{ch}}} \right| \right| \quad (5\text{-}13)$$

式中：$Z_{h1} = \sqrt{h}Rhl + jhX_{h1}$；$Z_{h2} = \sqrt{h}R_{h2} + jhX_{h2}$；$Z_{hm} = \sqrt{h}R_{hm} + jhX_{hm}$。

根据式（5-13）可看出，除了变压器自身的参数外，影响负载侧谐波电流传递的主要因素与系统侧阻抗值有关。

六、变压器谐波电压传递特性

在研究变压器的谐波电压传递时，主要针对的是变压器系统侧谐波电压源产生的谐波电压传递过程。根据上述分析可知，由于高频条件下需要考虑变压器杂散电容对谐波电压传递的影响，则变压器系统侧的谐波电压在变压器带负荷运行时的谐波传递模型如图 5-7 所示。

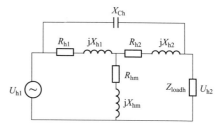

图 5-7　变压器谐波电压传递模型

U_{h1}—变压器一次侧 h 次谐波电压值；

U_{h2}—变压器负荷侧的谐波等效电压；

Z_{loadh}—变压器所带负载等效谐波阻抗值

则变压器一次侧与二次侧的谐波电压传递关系为

$$K_{tu} = \left| \frac{U_{h2}}{U_{h1}} \right| = \left| \frac{Z_{hm}}{(X_{ch} + Z_{h2})//Z_{h1} + Z_{hm}} + \left| \frac{1}{2 + \dfrac{(Z_{h1}//Z_{hm} + Z_{h2})//X_{ch}}{Z_{load}}} \right| \right| \quad (5\text{-}14)$$

变压器谐波电压的传递特性主要与变压器的自身参数、负荷大小以及谐波次数有关。因此不止需要考虑变压器对谐波电压传递造成影响，还需要注意变压器的自身参数、负荷大小以及谐波次数等。

七、负荷谐波电流的传递特性

谐波源型的负荷产生的谐波电流会经过变压器以及输电线路，以此向整个电网进行传递，为了更加准确分析负荷谐波电流的传递特性，本节中不考虑输电线路的谐波放大特征且认为变压器谐波电流的传递是线性的。由于系统中电阻值远小于电抗值，当忽略系统等效电阻，则当母线带负荷运行时，谐波电流在电网中的常见谐波传递模型如图5-8所示。

谐波源类型负荷产生的谐波电流存在两条通路，分别流入上级系统以及该条母线连接的其他负载支路中，谐波电流的具体表达式为

$$I_h = I_{SL,h} + I_{load,h} + \cdots + I_{loadi,h} + \cdots + I_{loadn,h} \tag{5-15}$$

式中：流入系统侧的谐波电流 $I_{SL,h}$ 以及流入各负载的谐波电流大小 $I_{loadi,h}$，与负载的等效谐波阻抗 $Z_{loadi,h}$、系统等效谐波阻抗 $X_{SL,h}$ 有关，由此可得传递到系统侧的谐波电流，与传递到其他负荷侧的谐波电流与谐波源处谐波电流的比值为

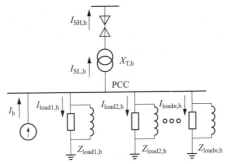

图 5-8 谐波电流在电网中的传递模型
I_h—谐波源负荷产生的谐波电流；
$I_{S,L}$—低压侧电流流进变压器所在支路的谐波电流；
$I_{SH,h}$—经过变压器传递到系统高压侧的谐波电流；
$I_{loadi,h}$（$i=1, 2, \cdots, n$）—进入各负载支路的谐波电流；$Z_{loadi,h}$（$i=1, 2, \cdots, n$）—各负载的等效谐波阻抗值

$$\frac{I_{SL,h}}{I_h} = \left| \frac{Z_{load1,h} + Z_{loadi,h} + \cdots + Z_{loadn,h}}{Z_{load1,h} + Z_{loadi,h} + \cdots + Z_{loadn,h} + jX_{SL,h}} \right| \tag{5-16}$$

$$\frac{I_{load,h}}{I_h} = \left| \frac{Z_{load1,h} + Z_{loadi-1,h} + Z_{loadi,h} + \cdots + Z_{loadn,h} + jX_{SL,h}}{Z_{load1,h} + Z_{loadi,h} + \cdots + Z_{loadn,h} + jX_{SL,h}} \right| \tag{5-17}$$

根据式（5-16）和式（5-17）可看出，主要影响流入系统侧的谐波电流大小与流入负荷侧的谐波电流大小的因素为负荷的谐波阻抗值与系统的谐波阻抗值。对于电网，因为负荷的等效谐波阻抗值远大于系统的等效谐波阻抗值，即 $Z_{loadi,h} \gg jX_{SL,h}$，可得 $I_{SL,h} = I_h$，即在低压母线所带负荷处产生的谐波电流大部分经过变压器流入了上级母线，大部分的谐波电流流经系统阻抗时产生相应的谐波电压也叠加在系统阻抗上。当负荷产生的谐波电流注入系统后，经过变压器对谐波电流的传递影响主要与变压器的额定变比 N 有关，即

$$\frac{I_{SH,h}}{I_{SL,h}} = \frac{U_2}{U_1} = \frac{1}{N} \tag{5-18}$$

式中：U_1 和 U_2 分别为变压器系统侧和负荷侧的额定电压值，结合式（5-16）与式（5-18）可知，系统高压侧的谐波电流值与谐波源处谐波电流的比值为

$$\frac{I_{SH,h}}{I_h} = \frac{1}{N} \left| \frac{Z_{load1,h} + Z_{loadi,h} + \cdots + Z_{loadn,h}}{Z_{load1,h} + Z_{loadi,h} + \cdots + Z_{loadn,h} + jX_{SL,h}} \right| \tag{5-19}$$

即在系统中，负荷侧产生的谐波电流很大比例会通过变压器传递给系统的高压侧且传递的谐波电流与系统阻抗大小、负荷阻抗大小以及变压器的变比有关。

第二节　电网谐波传递规律的理论计算

一、谐波电流传播

一般情况下，谐波源的分布是发散的，通常可将谐波源模型看作是一个电流源，并

且其频率和期望值相同。对于谐波电流的传播，为了更精确地判断其传递规律，需要比较感抗和容抗的影响且电压信号畸变的程度与谐波源幅值的大小和谐波电流在网络中的传播有关，而其畸变严重程度视其与流动到电源附近的设备上产生的谐波电流个数有关。架空线、变压器及电容元件组的都需要连接一些对谐振频率电流具有阻尼作用的元件，但同时它们也可通过激发谐振频率的方式使电压幅值发生巨大畸变。

二、电网中谐波电流的传递特性

在同一电压等级下，为了更好地研究电网中谐波电流的传递特性，借鉴参考文献 [54] 的思路并扩至全网，系统的谐波传递如图 5-9 所示，谐波源产生谐波之后传递到电网中，当如图 5-9（b）所示时，可判断为配电网中装设有滤波装置，此时非线性负荷产生的谐波电流 I_h（h 表示谐波次数）一部分向上级电网中流入，一部分向负荷中流去，其电流有如下关系

$$I_h = I_{S2,h} + I_{L,h} \tag{5-20}$$

式（5-20）谐波电流 $I_{S2,h}$ 与 $I_{L,h}$ 大小与系统等效谐波阻抗，$X_{S2,h}$ 和负荷的等效谐波阻抗 $Z_{L,h}$ 有关，它们的关系如下

$$I_{S2,h} = \left| \frac{Z_{L,h}}{Z_{L,h} + jX_{S2,h}} \right| I_h \tag{5-21}$$

$$I_{L,h} = \left| \frac{jX_{S2,h}}{Z_{L,h} + jX_{S2,h}} I_h \right| \tag{5-22}$$

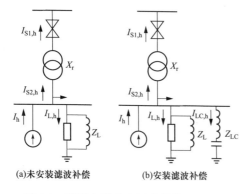

（a）未安装滤波补偿　　（b）安装滤波补偿

图 5-9　谐波电流在电网中的传递示意图

在高压输配电网中，由于负荷谐波阻抗 $Z_{L,h}$ 远大于系统谐波阻抗 $X_{S2,h}$，则有 $I_{S2,h} = I_h$，若出现不安装谐波滤波装置的情况时，则如图 5-9（a）所示，因为此时不显低阻抗，则可认为非线性负荷产生的谐波电流大多数流入上级电网系统（因为此时不显低阻抗），并且还会在谐波阻抗上产生一定的谐波电压。

在安装上滤波装置后，非线性负荷处会产生的谐波电流 I_h 且其中大部分流向谐波滤波装置 $I_{LC,h}$，而剩余另一部分谐波电流 $I_{S2,h}$ 则流向上级电网系统，在通过变压器后，谐波电流又会改变，此时还剩下一部分谐波电流 $I_{L,h}$ 会流向本地其他负荷，如图 5-9（b）所示，各电流之间满足的关系如下

$$I_h = I_{S2,h} + I_{L,h} + I_{LC,h} \tag{5-23}$$

根据无源滤波器的工作原理，因为谐波电流呈现出低阻抗状态，而电流又主要向低阻抗流，所以谐波电流主要流入那些带滤波器的支路，也就是图 5-9（b）所示的电容支

路，通过该支路可很好地减少注入电力系统的谐波电流，从而减少谐波干扰达到目的。

三、谐波电压传递特性分析

式（5-24）是一个谐波导纳矩阵，在本章中所分析的变压器和负载均可认为是谐波源 S

$$Y_{\rm h} = \begin{bmatrix} Y_{n11} & \cdots & Y_{n1i} & \cdots & Y_{n1N} \\ \cdots & \cdots & \cdots & \cdots & \cdots \\ Y_{ni1} & \cdots & Y_{nii} & \cdots & Y_{niN} \\ \cdots & \cdots & \cdots & \cdots & \cdots \\ Y_{nN1} & \cdots & Y_{nNi} & \cdots & Y_{nNN} \end{bmatrix} \tag{5-24}$$

式中：$n \subset h$（h 为最高次谐波分析的次数）。

在分析谐波传递电缆中，线路必须考虑的部分就是电缆。我们可用长线方程导出电缆模型的 π 形等效电路，即采用分布模型来进行等效计算

$$Z_{\rm n} = Z_{\rm ch} sh\gamma nl \tag{5-25}$$

$$Y_{\rm n} = 2 \frac{ch\gamma n - 1}{Z_{\rm ch} sh\gamma l} \tag{5-26}$$

式（5-25）、式（5-26）中，$Z_{\rm ch} = \sqrt{Z_{\rm on}/Y_{\rm on}}$、$Y_{\rm ch} = \sqrt{Z_{\rm on}/Y_{\rm on}}$ 分别表示电缆线路的特征阻抗和传递系数，l 为线路单位长度

$$Z_{\rm on} = R_{\rm on} + jn \times x \tag{5-27}$$

$$Y_{\rm on} = jn \times b_{\rm on} \tag{5-28}$$

式中：$Z_{\rm on}$、$Y_{\rm on}$ 是阻抗和导纳；$R_{\rm on}$ 为单位长度的基波电阻；x 为单位长度的基波电抗；$b_{\rm on}$ 为单位长度的基波电纳，通过上面两式可算出基波阻抗和基波导纳，然后再代入式（5-27）、式（5-28）即可算出电缆的特征阻抗和传递系数。

四、电网中谐波电压的传递特性

对于某一用户，需要关注谐波电压的来源，主要来自两处：上级电网的谐波电压渗透和系统中其他功率用户产生的谐波电压。

上级电网谐波电压的传递过程如图 5-10（a）所示，为上级系统谐波电压向本级电网负荷侧传递的过程，可很明了地判断是传递方向与谐波电流在配电网中的传递方向相反。

另外，还需考虑一种情况，即当传输非工频的谐波电压时，可判断无源滤波器的等效谐波阻抗与负载的等效谐波阻抗并联，但与系统等效谐波阻抗是分开的，如图 5-10（b）所示，其传递特性的分析方法与谐波电流在配电网中的传递方法相似。

五、谐波渗透率计算

电力系统存在较多电压等级的网络，从 220V～1000kV，谐波源与分析对象之间可能存在不止一级，而以上内容分析是单级传递，如何分析多级传递呢？一般采用逐级计数与渗透计算法的统计原则进行计数处理。下面以图 5-11 来详细分析各个不同电压

等级的谐波电压在中高电压电流渗透之间的相互关系，即 U'_n/U_n。如图 5-11 所示，电路右侧为一个谐波信号注入负载点，左侧为一个谐波注入电压，谐波负载中在左处产生一个谐波注入电压 U'_n。R_L 为线性负荷的等效级间电阻部分，X_L 为线性负荷的等效级间电抗部分，X_m 为等效负荷级间阻抗电阻，X 为系统阻抗。

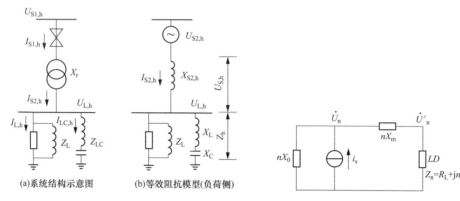

图 5-10　上级电网谐波电压向负荷侧传递示意图　　图 5-11　供配电系统等值计算电路

由图 5-11 可知

$$U'_n = \frac{R_L + jnX_L}{R_L + jn(X_m + X_L)}U_n \tag{5-29}$$

整理上式得

$$U'_n = \frac{R_L^2 + n^2 X_L(X_m + X_L) - jnX_mX_L}{R_L^2 + n^2(X_m + X_L)^2}U_n = \frac{1 + n^2\left[\frac{X_m}{R_L}\cdot\frac{X_L}{R_L} + \left(\frac{X_L}{R_L}\right)^2\right] - jn\frac{X_m}{R_L}}{1 + n^2\left(\frac{X_m + X_L}{R_L}\right)^2}U_n \tag{5-30}$$

令

$$M = \frac{X_m}{R_L}\cdot\frac{X_L}{R_L} + \left(\frac{X_L}{R_L}\right)^2 \tag{5-31}$$

$$N = \frac{X_m}{R_L} \tag{5-32}$$

$$P = \left(\frac{X_m + X_L}{R_L}\right)^2 \tag{5-33}$$

$$U'_n = \frac{1 + n^2 M - jnN}{1 + n^2 P}U_n \tag{5-34}$$

若用 $\left|\dfrac{U'_N}{U_n}\right|$ 表示一级电压的渗透系数，则有

$$\left|\frac{U'_n}{U_n}\right| = \frac{\sqrt{(1 + n^2 M)^2 + n^2 N^2}}{1 + nP^2} \tag{5-35}$$

由式（5-30）～式（5-35）可看出，只要知道$\dfrac{X_m}{R_L}$和$\dfrac{X_L}{R_L}$就可以得到各级的电压系数。

第三节　实　例　分　析

一、电力系统模型介绍

电力系统模型由两个理想电压源、若干变电站、若干线路以及一个谐波电压源组成。该谐波电压源会向系统输入 5 次谐波且谐波从电压等级最高的卓然站 220kV 侧向下级进行谐波传递，其效果如图 5-12 所示。

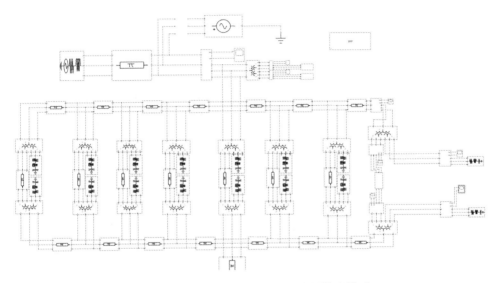

图 5-12　220kV 带谐波电压源的电网仿真模型

二、谐波潮流计算理论值

使用由第四节中提到的计算公式算出谐波潮流，结果见表 5-1～表 5-5。

表 5-1　　　　　　　　　　　谐波含有率 *HRU* 计算结果一

母线 （kV）	谐波畸变率 （%）	各次谐波电压含有率（%）					
		2	3	4	5	6	7
220	1.01	0.56	0.44	0.27	0.42	0.17	0.28
110	2.60	0.94	0.89	0.63	1.10	0.50	0.90
35	3.22	1.29	1.25	0.89	1.50	0.66	1.17
10	4.30	1.72	1.66	1.19	1.98	0.87	1.53

表 5-2   谐波含有率 *HRU* 计算结果二

母线 (kV)	谐波畸变率 (%)	各次谐波电压含有率（%）					
		2	3	4	5	6	7
220	0.64	0.4	0.23	0.03	0.19	0.11	0.23
110	2.47	0.57	0.62	0.59	1.15	0.53	0.97
35	3.17	1.01	1.11	092	1.60	0.71	1.23
10	4.31	1.51	1.61	1.27	2.10	0.90	1.57

表 5-3   谐波含有率 *HRU* 计算结果三

母线 (kV)	谐波畸变率 (%)	各次谐波电压含有率（%）					
		2	3	4	5	6	7
220	1.09	0.42	0.94	0.02	0.05	0.11	0.11
110	2.36	0.57	0.56	0.58	1.03	0.53	0.50
35	3.02	1.00	0.78	0.91	1.54	0.70	1.21
10	4.17	1.50	1.24	1.26	2.07	0.90	1.58

表 5-4   由下级电网系统向上级电网系统传递系数 *Th* 的计算结果

谐波传递范围 (kV)	各次谐波传递系数						
	1	2	3	4	5	6	7
10~35	0.75	0.75	0.75	0.75	0.76	0.77	0.77
35~110	0.81	0.73	0.71	0.71	0.73	0.75	0.77
110~220	0.39	0.60	0.50	0.43	0.38	0.34	0.32
10~220	0.24	0.32	0.27	0.23	0.21	0.20	0.19

由表 5-1～表 5-4 知在 10kV 母线上注入谐波电流时，10kV 母线到 220kV 母线的传递系数在 0.19～0.32。

表 5-5   由上级电网系统向下级电网系统传递系数 *Th* 的计算结果

谐波传递范围 (kV)	各次谐波传递系数						
	1	2	3	4	5	6	7
220~110	0.78	0.84	0.79	0.75	0.73	0.69	0.67
110~35	0.76	0.83	0.78	0.73	0.68	0.64	0.60
35~10	0.86	0.90	0.87	0.83	0.80	0.76	0.72
220~10	0.51	0.67	0.54	0.45	0.40	0.34	0.29

由表 5-5 知在 220kV 母线上注入谐波电流，则 220kV 母线到 10kV 母线的传递系数在 0.29～0.67。

三、功率计算

使用 A 相数据进行计算，以此为例，为了保证计算的准确性，本文所建立的负载模型取变压器容量的一半

$$P = 3V_a I_a \cos\varphi \qquad Q = 3V_a I_a \sin\varphi$$

式中：φ 是电压相位减电流相位。

四、谐波源的建模

谐波源的特性表示为

$$\dot{I}_h = F_h(\dot{V}_1, \dot{V}_2, \dot{V}_3, \cdots, \dot{V}_h, C), h = 1, 2, \cdots, N \tag{5-36}$$

式中：$\dot{I}_h$ 为流向负荷谐波电流；$\dot{V}_h$ 为谐波电压；C 为负荷的特征集合。

通过式（5-36）表明，如何知道供电电压幅值和负荷各项参数是计算出谐波电流的关键，一般我们可直接从供电侧了解到这些参数，即可计算出由负荷流入谐波源的谐波电流 I_h。

（1）恒流源原理模型。在供电系统内部谐波电流源的电路通常是由外部谐波源和恒定电流产生的，其主要原理是根据内部谐波源在外部谐波状态以及其他供电状态下附加到外部谐波电路上决定且外部谐波电路的阻抗对其影响可以忽略。因此，我们通常可把谐波源当作是具有无限内阻的电流源，并且谐波源设备的频率是确定谐波源与电流之间相位角和幅度的主要因素

$$I_n = I_1 \cdot \frac{I_{n-spectrum}}{I_{1-spectrum}} \tag{5-37}$$

$$\theta_n = \theta_{n-spectrum} + n(\theta_1 - \theta_{1-spectrum}) \tag{5-38}$$

式中：I_n、θ_n 分别为电流幅值和相角；N 次谐波电流频谱的幅度和相位角分别是 $I_{n-spectrum}$、$\theta_{n-spectrum}$。

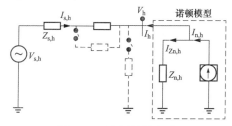

图 5-13　诺顿等效电路

（2）诺顿等效模型。当电力系统运行状态发生改变导致系统谐波源不明确时，恒流源模型将不再适用，这时就可以考虑建立诺顿等效模型来取代恒流源模型，如图 5-13 所示。

图 5-13 中的 $Z_{n,h}$ 等效电阻通过开关的打开和闭合状态来控制电源端子的操作，从而使 h 次谐波电压 V_{h1}，V_{h2} 和 h 次谐波电流 I_{h1}，I_{h2} 返回到测量电源系统

$$Z_{n,h} = \frac{V_{h,1} - V_{h,2}}{I_{h,2} - I_{h,1}} \tag{5-39}$$

$$I_{n,h} = I_{h,1} + \frac{V_{h,1}}{Z_{n,h}} \tag{5-40}$$

通过式（5-39）和式（5-40），可计算出由负载引起的 h 次谐波电流 $I_{n,h}$。

（3）理想电流源。当电机运行在稳定状态时，其电枢电流 I_a 由电流环控制为期望恒定值。则整流桥交流侧相电流波形为矩形方波且幅值保持不变。因此整流桥注入电网的谐波电流会受到直流侧电枢电流的大小和各半导体器件切换方式的较大影响，而与交流侧参数关系不大，具有理想电流源的特性，因此可以看成是一个理想谐波电流源，如图 5-14 所示。

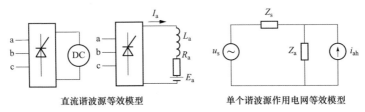

直流谐波源等效模型　　　　　单个谐波源作用电网等效模型

图 5-14　谐波源模型

五、谐波电压的传递仿真分析

谐波电压潮流仿真分析结果如图 5-15～图 5-22 所示。

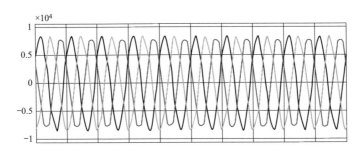

图 5-15　卓然站 220kV 侧电压输出波形

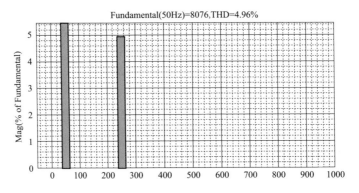

图 5-16　卓然站 220kV 侧电压频谱图

由图 5-16 可知卓然站 220kV 侧的总谐波电压畸变率为 4.96％，5 次谐波的电压幅值约为 5V。

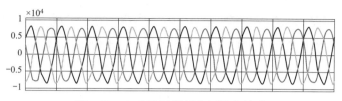

图 5-17　220kV 母线侧电压输出波形

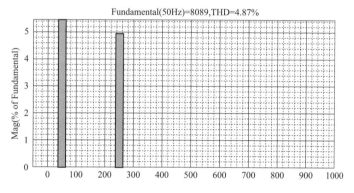

图 5-18　220kV 母线侧电压频谱图

由图 5-18 可知邻近 220kV 侧的总谐波电压畸变率为 4.87％，5 次谐波的电压幅值约为 5V。

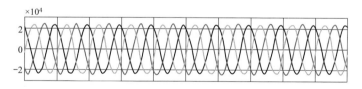

图 5-19　110kV 侧电压输出波形

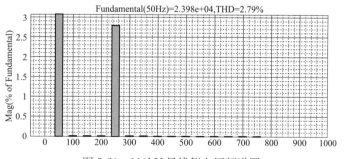

图 5-20　110kV 母线侧电压频谱图

由图 5-20 可知 110kV 侧的总谐波电压畸变率为 2.79％，5 次谐波的电压幅值约为 2.8V。

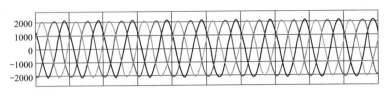

图 5-21　10.5kV 侧电压输出波形

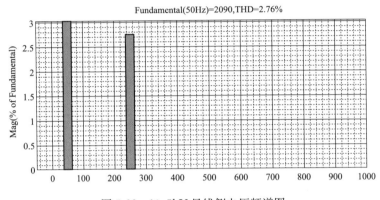

图 5-22　10.5kV 母线侧电压频谱图

由图 5-22 可知 10.5kV 侧的总谐波电压畸变率为 2.76％，5 次谐波的电压幅值约为 2.79V。由表 5-6 可知，仿真结果与理论值基本一致。

表 5-6　　　　　　　　　　　　　　5 次电压谐波参数计算

母线（kV）	谐波畸变率（％）	5 次谐波电压（V）	谐波传递系数	
卓然 220	4.96	5	卓然 220～220（邻）	0.98
220（邻）	4.87	4.9	220～110	0.57
110	2.79	2.8	110～10.5	不做计算
10.5	2.76	2.79	220～10.5	0.55

六、谐波电流的传递仿真分析

该模型由两个理想电压源、若干变电站、若干线路、一个谐波电流源组成，该谐波电流源输入系统的是 5 次谐波，该谐波从 10.5kV 侧由下级向上级进行谐波传递，如图 5-23 所示。

谐波电流潮流仿真结果如图 5-24～图 5-31 所示。

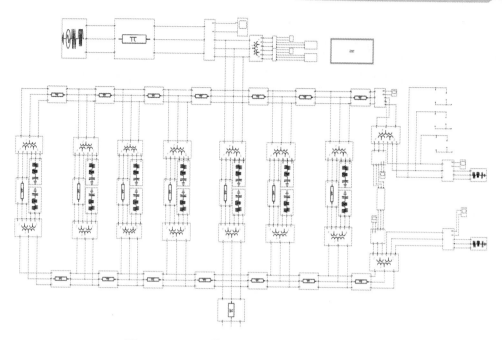

图 5-23 220kV 带谐波电流源的电网仿真模型

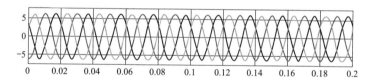

图 5-24 10.5kV 侧电流输出波形

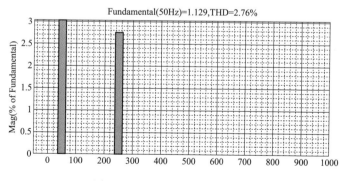

图 5-25 10.5kV 侧电流频谱图

由图 5-25 可知 10.5kV 侧的总谐波电流畸变率为 2.76%，5 次谐波的电流幅值约为 2.79A。

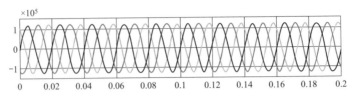

图 5-26　110kV 母线侧电流输出波形

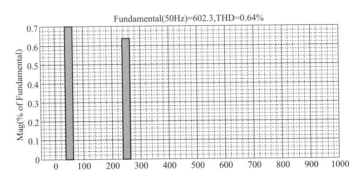

图 5-27　110kV 母线侧电流频谱图

由图 5-27 可知 110kV 侧的总谐波电流畸变率为 0.64%，5 次谐波的电流幅值约为
0.63A。

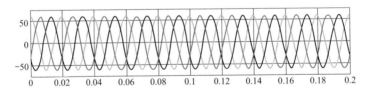

图 5-28　220kV 侧电流输出波形

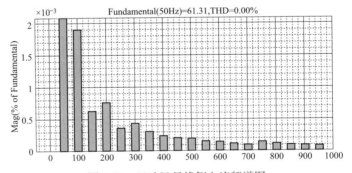

图 5-29　220kV 母线侧电流频谱图

由图 5-29 可知邻近 220kV 侧的总谐波电流畸变率为 0%，5 次谐波的电流幅值约
为 0.48e-3A。

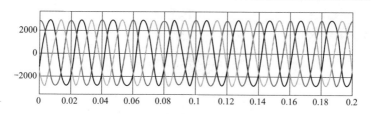

图 5-30 卓然站 220kV 侧电流输出波形

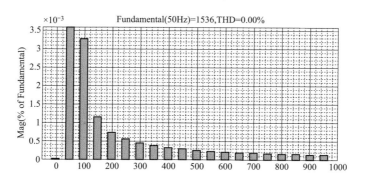

图 5-31 卓然站 220kV 母线侧电流频谱图

由图 5-31 可知 220kV 侧的总谐波电流畸变率为 0，5 次谐波的电流幅值约为 0.6e-3A。由表 5-7 可知，仿真结果与理论值基本一致。

表 5-7　　　　　　　　　　　5 次电流谐波参数计算

母线（kV）	谐波畸变率（%）	5 次谐波电流（A）
10.5	2.76	2.79
110	0.64	0.63
220（邻）	0	0.48e-3
卓然 220	0	0.6e-3

第六章

多谐波源的责任评估

第一节　责任评估方法介绍

谐波责任研究一般是从电力系统侧和用户侧的公共连接点这两方面入手，运用诺顿等效电路、电压电流叠加定理等方法，对公共连接点上的谐波电压电流进行解耦计算，分析其畸变情况，判定谐波源的位置，确定系统及用户的谐波责任。其中对系统谐波阻抗正确的测量将直接影响最后划分责任的准确性，并且以此为基础，提出一系列对谐波责任定量的指标。

系统谐波阻抗的测量主要分为干预法和非干预法。干预法的原理是向电网注入谐波电流或改变电网的拓扑结构来计算出谐波阻抗，这种方法的最大优点是得出的谐波阻抗较为准确，缺点也是显而易见的：通过向电网注入谐波电流或改变电网的拓扑结构会给电网的稳定性带来负面影响。在多数情况下劣大于优，故此方法使用范围相对有限。非干预法的原理是以系统和用户公共连接点上测量出的谐波电压及电流为参数计算出谐波阻抗，主要适用于分析单个谐波源系统。其诺顿等效电路图如图 6-1 所示，电力系统等效为电压源串联一个阻抗，用户等效为电流源并联一个阻抗。

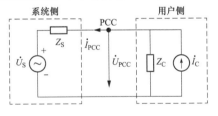

图 6-1　诺顿等效电路

通过对比分析这两种方法，可看出非干预法优缺点与干预法正好相反且非干预法对系统的影响较小，是目前使用较为普遍的方法，主要算法包括线性回归法和波动量法。

线性回归法适用于背景谐波波动情况较小的情况，例如二元回归法、秩次回归法、最小二乘法等。但其缺点是因为回归系数的误差会随着背景谐波波动的增大而增大，甚至大到变得不可接受，因此在背景谐波变化较大的情况下这种方法就不太不适用了。

背景谐波波动较大情况下，需要使用一种基于用户量主导的波动量法，能很好地解决此问题，且能很好地测量出系统谐波阻抗。但这种方法在背景谐波波动不大的情况下其精度难以保证。可见线性回归法和波动量法是互补性较强，使用范围较为广泛。当然还有学者提出了许多其他方法，例如波形匹配法、联合对角法等。

目前的电力系统已经非常庞大，很多时候很少存在单个谐波源系统，所以在公共连接点上的谐波污染基本都是由多个谐波源共同叠加作用所产生的。因此有必要对各个谐波源的责任进行划分评估。

一、SP 投影法介绍

SP 即叠加投影，其原理就是将母线谐波成系统侧谐波和用户侧谐波两部分。从而根据在母线总谐波上的两部分谐波向量投影来确定其谐波责任。通常 SP 投影法适用于衡量谐波电压责任和谐波电流责任。

二、SP 投影法推导

本节将讨论基于 SP 投影法来计算多个谐波源情况下每个谐波源的谐波责任指标 HI。其具体推导过程如下

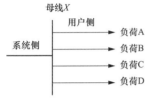

图 6-2　多谐波源配网

如图 6-2 所示，从母线 X 处分为系统侧和用户侧，用户侧带有负荷 A、B、C、D。母线 X 处的电压畸变情况是由负荷 A、B、C、D 及系统侧所共同作用的结果，所以可将这些负荷当作谐波源，因此有必要准确求出每个谐波源对母线 X 的电压畸变贡献责任指标，并以此来确定相应的整治方案。

本节以对负荷 C 的 h 次谐波进行谐波责任评估为例，用户侧各谐波源的谐波电流为 $\vec{I}_{hA}$、$\vec{I}_{hB}$、$\vec{I}_{hC}$、$\vec{I}_{hD}$，系统侧的谐波电流为 $\vec{I}_{hS}$，其值均可由谐波分析仪测出。母线 X 处的谐波电压 $\vec{U}_{Xh}$ 可表示为

$$\vec{U}_{Xh} = \vec{I}_{hS} \cdot Z_{hS} + \vec{I}_{hA} \cdot Z_{hA} + \vec{I}_{hB} + Z_{hB} + \vec{I}_{hC} \cdot Z_{hC} + \vec{I}_{hD} \cdot Z_{hD} \quad (6\text{-}1)$$

式中：Z_{hX} 为各谐波源到母线 X 处的谐波阻抗。

为了进一步分析谐波源负荷 C 对母线 X 的谐波电压的责任，有必要将式（6-1）中 $\vec{U}_{Xh}$ 进一步分解为谐波源负荷 C 在母线 X 产生的谐波电压 $\vec{U}_{Ch}$ 和其他谐波源在母线 X 产生的谐波电压 $\vec{U}_{Oh}$，表达式为

$$\vec{U}_{Xh} = \vec{I}_{hC} \cdot Z_{hC} + \vec{U}_{Oh} = \vec{U}_{Ch} + \vec{U}_{Oh} \quad (6\text{-}2)$$

根据电压投影法的原理，将谐波源负荷 C 对母线 X 的责任通过 $\vec{U}_{Oh}$ 在 $\vec{U}_{Xh}$ 上的投影向量来具体量化，具体分解情况如图 6-3 所示。

根据图 6-3 和式（6-2）评估谐波源负荷 C 在 h 次谐波下对母线 X 的量化谐波责指标 HI 的计算公式为

$$HI_C = \frac{|Z_{hC} \vec{I}_{hC}|}{|\vec{U}_{Xh}|} \cdot \cos\gamma \times 100\%$$

$$= \frac{|\vec{U}_{Ch}|}{|\vec{U}_{Xh}|} \cdot \cos\gamma \times 100\% \quad (6\text{-}3)$$

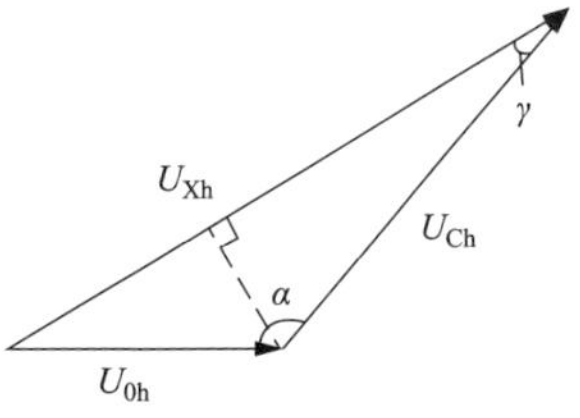

图 6-3　母线 X 的电压投影

谐波监测系统通常以秒为间隔来采集数据，这种时间间隔较大，不能满足量与量之间的相位精度。因此可用于谐波责任指标评估的只有谐波电压和电流的幅值。那么在电力系统稳态运行下，假定谐波源负荷的变化是相对较为缓慢的，因而每隔几秒采

集一个样本的数据分辨率是可满足测量要求的。

假设谐波在线监测网有 n 个采样点，对于单个采样点 i，可把式（6-2）改写为

$$|U_{Xh}(t_i)|^2 = |I_{hC}(t_i)|^2 \cdot |Z_{hC}(t_i)|^2 + |U_{Oh}(t_i)|^2 - 2|I_{hC}(t_i)| \cdot |Z_{hC}(t_i)| \cdot |U_{Oh}(t_i)| \cdot \cos(\alpha(t))$$

但由于实际情况下系统总是会波动，所以式（6-3）中的各个量都会变化。但有些量的变化较小，可以假设 U_{Oh} 和 Z_{hC} 在采样时间内保持稳定，$\alpha(t)$ 在采样时间内取均值 α_{eq}，则出现误差 ε_i，则可将式（6-3）改为

$$|U_{Xh}(t_i)|^2 = |I_{hC(t_i)}|^2 \cdot |Z_{hC}|^2 + |U_{Oh}|^2 - 2|I_{hC}(t_i)| \cdot |Z_{hC}| \cdot |U_{Oh}| \cdot \cos(\alpha_{eq}) + \varepsilon_i$$

$$(6\text{-}4)$$

定义 θ_0、θ_1、θ_2 为

$$\begin{cases} \theta_0 = |U_{Oh}|^2 \\ \theta_1 = -2|Z_{hC}| \cdot |U_{Oh}| \cdot \cos(\alpha_{eq}) \\ \theta_2 = |Z_{hC}|^2 \end{cases} \quad (6\text{-}5)$$

把式（6-5）带入式（6-4）可得

$$Y = X\theta + \varepsilon \quad (6\text{-}6)$$

其中

$$Y = [|U_{Xh}(t_1)|^2, |U_{Xh}(t_2)|^2, \cdots |U_{Xh}(t_n)|^2]^T \quad (6\text{-}7)$$

$$\theta = [\theta_0, \theta_1, \theta_2]^T \quad (6\text{-}8)$$

$$X = \begin{bmatrix} 1, |I_{hC}(t_1)|, |I_{hC}(t_1)|^2 \\ 1, |I_{hC}(t_2)|, |I_{hC}(t_2)|^2 \\ \vdots, \vdots, \vdots \\ 1, |I_{hC}(t_n)|, |I_{hC}(t_n)|^2 \end{bmatrix} \quad (6\text{-}9)$$

对 θ 进行最小二乘估计算法，可以得

$$\theta = (X'X)^{-1}X'Y \quad (6\text{-}10)$$

HI 计算公式可改为

$$HI = \left(\frac{1}{2} + \beta\theta\right) \times 100\% \quad (6\text{-}11)$$

其中

$$\beta = \left[-\frac{1}{2}\sum_{i=1}^n \frac{1}{|U_{Xh}(t_i)|^2}, 0, \frac{1}{2}\sum_{i=1}^n \frac{|I_{hC}(t_i)|^2}{|U_{Xh}(t_i)|^2}\right] \quad (6\text{-}12)$$

从式（6-12）可看出，只要知道采样序列 I_{hC} 和 U_{Xh} 就能计算出谐波源负荷 C 的谐波责任。

同理，继续使用该方法可求得谐波源负荷 A、B、D 及系统侧对母线 X 的谐波责任。求出 HI 指标值可能为 0、正数或负数。若 HI 为 0，则表示该谐波源不影响母线 X 的 h 次电压畸变；若 HI 指标为正数，即表示该谐波源加大了母线 X 的 h 次电压畸变；若 HI 指标为负数，则表示该谐波源起了一个消谐的作用，降低了母线 X 的 h 次电压畸变。

第二节　灰色关联度模型的运用

灰色关联度模型的核心是凭借一定的计算方法，试图找到各个指标因素之间的数值量化关系。一般首先需要构造参考数列和比较数列，然后比较其向量的相似度，再使用灰色关联度去衡量数列之间的关联性。由于灰色关联度模型能量化分析研究对象变化情况，所以非常适用于动态指标的研究分析。本节将使用该模型运用到谐波分析定权中上，能客观的分配各次谐波的责任权重，相较于熵权法，该方法还能承受一定的异常数据干扰。

一、灰色关联度模型计算方法

目前常用的灰色关联度计算方法有：邓氏关联度、速度关联度、斜率关联度、B型关联度、绝对关联度等。其中邓氏关联度是最典型的，本节以此法为基础，构建灰色关联度模型，确定各次谐波责任权重，详细过程如下：

第一步，根据谐波指标数据构建数据矩阵，即比较矩阵

$$A = \left\{ \begin{matrix} a_{11} & a_{12} & \cdots & a_{1n} \\ a_{21} & a_{22} & \cdots & a_{2n} \\ \vdots & \vdots & & \vdots \\ a_{m1} & a_{m2} & \cdots & a_{mn} \end{matrix} \right\} \tag{6-13}$$

式中：行为每次样本数据，列为各次谐波指标，a_{mn} 表示第 m 组样本数据的第 n 次谐波指标值。

第二步，以各次谐波的特征数据构建参考矩阵 $A_0 = \{a_{01}, a_{02}, \cdots, a_{0n}\}$，并将矩阵 A_0 与 A 综合为

$$A = \left\{ \begin{matrix} a_{01} & a_{02} & \cdots & a_{0n} \\ a_{11} & a_{12} & \cdots & a_{1n} \\ a_{21} & a_{22} & \cdots & a_{2n} \\ \vdots & \vdots & & \vdots \\ a_{m1} & a_{m2} & \cdots & a_{mn} \end{matrix} \right\} \tag{6-14}$$

第三步，为了避免不同指标之间的量纲差异及异常值影响，对矩阵 A 进行无量纲化处理，得出矩阵 B 为

$$b_{ij} = \frac{a_{ij}}{\frac{1}{n} \sum_{i=0}^{n} a_{ij}}, j = 1, 2, 3, \cdots n \tag{6-15}$$

$$B = \left\{ \begin{matrix} b_{01} & b_{02} & \cdots & b_{0n} \\ b_{11} & b_{12} & \cdots & b_{1n} \\ b_{21} & b_{22} & \cdots & b_{2n} \\ \vdots & \vdots & & \vdots \\ b_{m1} & b_{m2} & \cdots & b_{mn} \end{matrix} \right\} \tag{6-16}$$

第四步，计算 b_{0j} 与 b_{ij}（$i=1, 2, 3, \cdots, m$；$j=1, 2, 3, \cdots, n$）的相关系数，其公式为：

$$\zeta_{ij} = \frac{\min\limits_{\substack{1 \leqslant i \leqslant m \\ 1 \leqslant j \leqslant n}} |b_{0j} - b_{ij}| + \rho \max\limits_{\substack{1 \leqslant i \leqslant m \\ 1 \leqslant j \leqslant n}} |b_{0j} - b_{ij}|}{|b_{0j} - b_{ij}| + \rho \max\limits_{\substack{1 \leqslant i \leqslant m \\ 1 \leqslant j \leqslant n}} |b_{0j} - b_{ij}|} \qquad (6\text{-}17)$$

令 $\Delta_{ij} = |b_{0j} - b_{ij}|$，则式（6-17）可以转化为

$$\zeta_{ij} = \frac{\min\limits_{\substack{1 \leqslant i \leqslant m \\ 1 \leqslant j \leqslant n}} \Delta_{ij} + \rho \max\limits_{\substack{1 \leqslant i \leqslant m \\ 1 \leqslant j \leqslant n}} \Delta_{ij}}{\Delta_{ij} + \rho \max\limits_{\substack{1 \leqslant i \leqslant m \\ 1 \leqslant j \leqslant n}} \Delta_{ij}} \qquad (6\text{-}18)$$

式中：ρ 为分辨系数，作用是削弱最大绝对值对该组数据关联度的影响，取值范围为 $(0, +\infty)$。一般实际使用时 ρ 越小越好，当 $\rho < 0.5463$ 时分辨能力最好，本节模型中 ρ 取 0.5。计算完成后将得出关联度矩阵 C 为

$$C = \left\{ \begin{matrix} \zeta_{11} & \zeta_{12} & \cdots & \zeta_{1n} \\ \zeta_{21} & \zeta_{22} & \cdots & \zeta_{2n} \\ \vdots & \vdots & & \vdots \\ \zeta_{m1} & \zeta_{m2} & \cdots & \zeta_{mn} \end{matrix} \right\} \qquad (6\text{-}19)$$

第五步，关联度分析，即计算各谐波指标之间的关联度为

$$C_j = \frac{1}{m} \sum_{i=1}^{m} \zeta_{ij}, i = 1, 2, 3, \cdots, m \qquad (6\text{-}20)$$

第六步，归一化处理，即将各个谐波指标的关联度归一化，以此计算出各指标权重为

$$W_j = \frac{C_j}{\sum\limits_{j=1}^{n} C_j} \qquad (6\text{-}21)$$

综上所述，灰色关联度模型流程如图 6-4 所示。

构造综合矩阵的及计算各指标之间的灰色关联度是流程中的关键步骤，也是直接关系到权重可信度。

二、模糊综合评价算法

20 世纪 60 年代美国查德（L. A. Zadeh）教授提出了一种用以表达不确定性事物的理论，即模糊集合理论。模糊综合评价算法就是隶属于该理论。模糊综合评价算法是建立在人为主观因素上的算法，例如人们对夏天的描述，闷、很热、炎热、酷热等，这些都是比较模糊的评价。模糊综合评价算法运用模糊数学模型来评价那些被多种

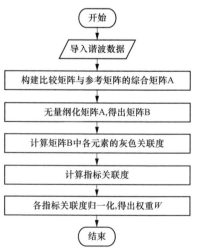

图 6-4　灰色关联度模型流程图

因素影响的不确定系统，本节将其运用在谐波在线监测数据的责任评价上。

模糊综合评价算法一般需要构造评价层和标准层，通过计算评价层和标准层的模糊关系，可得到评价层对于标准层的具体隶属度向量，进而得到评价层的综合评价值。

（一）隶属度函数

模糊综合评价算法中最重要的步骤就是确定隶属度函数，该函数既要体现算法中模糊的概念，还能很好地描述出事物的不确定性，一般做法是将普通关联集合值 0（非关联）、1（关联）扩展到了一个连续的闭区间 $[0，1]$ 上。如果隶属度取值接近 1，则表示该元素隶属于该模糊集合的情况越大；反之如果隶属度取值接近 0，则表示该元素隶属于该模糊集合的情况越小。

目前已知的隶属度函数有很多种，较为常用的有以下几种：

（1）广义钟形隶属度函数。其参数 a、b 一般为正数，参数 c 主要用以确定曲线中心

$$f(x,a,b,c) = \frac{1}{1 + \left| \dfrac{x-c}{a} \right|^{2b}} \tag{6-22}$$

（2）S 型隶属度函数。其参数 a 的取值决定了函数的开口方向

$$f(x,a,c) = \frac{1}{1 + e^{-a(x-c)}} \tag{6-23}$$

（3）高斯型隶属度函数。参数 σ 一般为正数，参数 c 主要用以确定曲线中心

$$f(x,\sigma,c) = e^{\frac{-(x-c)^2}{2\sigma^2}} \tag{6-24}$$

（4）三角形隶属度函数，参数 a 和参数 c 为三角形的两个"角"，参数 b 为三角形的"头"为

$$f(x,a_1,a_2,a_3) = \begin{cases} 0 & x < a_1 \\ \dfrac{x-a_1}{a_2-a_3} & a_1 \leqslant x \leqslant a_2 \\ \dfrac{x-a_3}{a_2-a_3} & a_2 \leqslant x \leqslant a_3 \\ 0 & x > a_3 \end{cases} \tag{6-25}$$

本节采用三角形隶属度函数，原因是它适用于参数值越小越好，这点符合谐波在线监测数据的特点，其函数图如图 6-5 所示。

根据图 6-5，式（6-25）可转化为

$$\mu_1(x) = \begin{cases} 1 & x \leqslant a_1 \\ \dfrac{x-a_2}{a_1-a_2} & a_1 < x \leqslant a_2 \\ 0 & x > a_2 \end{cases} \tag{6-26}$$

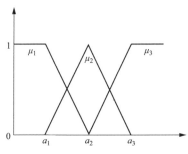

图 6-5 三角形隶属度函数图

$$\mu_2(x) = \begin{cases} 0 & x \leqslant a_1, x \geqslant a_3 \\ \dfrac{x-a_1}{a_2-a_1} & a_1 < x \leqslant a_2 \\ \dfrac{x-a_3}{a_2-a_3} & a_2 < x < a_3 \end{cases} \quad (6\text{-}27)$$

$$\mu_3(x) = \begin{cases} 0 & x \leqslant a_2 \\ \dfrac{x-a_2}{a_3-a_2} & a_2 < x \leqslant a_3 \\ 1 & x > a_3 \end{cases} \quad (6\text{-}28)$$

（二）模糊综合评价算法计算推导

模糊综合评价算法具体步骤如下：

第一步，确定标准层。即确定各指标的参考标准。现行的谐波限值国家标准有 GB/T 14549—1993《电能质量　公用电网谐波》，规定了各个电压等级节点所允许的谐波电压电流值，谐波电流是以绝对值表示，谐波电压是以百分数表示见表 6-1 和表 6-2。

表 6-1　　　　　　　　　　　公网谐波电流国标

标准电压 （kV）	基准短路容量 （MVA）	谐波次数及谐波电流允许值（A）									
		2	3	4	5	6	7	8	9	10	11
0.38	10	78	62	39	62	26	44	19	21	16	28
6	100	43	34	21	34	14	24	11	11	8.5	16
10	100	26	20	13	20	8.5	15	6.4	6.8	5.1	9.3
35	250	15	12	7.7	12	5.1	8.8	3.8	4.1	3.1	5.6
66	500	16	13	8.1	13	5.4	9.3	4.1	4.3	3.3	5.9
110	750	12	9.6	6	9.6	4	6.8	3	3.2	2.4	4.3

表 6-2　　　　　　　　　　　公网谐波电压国标

电网标称电压 （kV）	电压总谐波畸变率 （%）	各次谐波电压含有率（%）	
		奇次	偶数
0.38	5	4	2
6	4	3.2	1.6
10	4	3.2	1.6
35	3	2.4	1.2
66	3	2.4	1.2
110	2	1.6	0.8

本节所研究的谐波责任指标 HI 并未有国家标准和行业标准规定。因此采用一个基于主观经验的测试标准，见表 6-3，用以论证模糊综合评价算法的可行性。

表 6-3 谐波责任测试标准

谐波次数	严重污染源责任（％）	较大污染源责任（％）	轻微污染源责任（％）
n	＞20	<＝20	＜10

其中 n 的取值为 2，3，4，…，谐波责任取值为 HI 指标绝对值。

第二步：确定评价层。首先计算样本（谐波在线监测数据）与标准层的隶属度，构建隶属度矩阵 $R=u_{ij}$，其中 i 代表第 h 次谐波的谐波数据，j 代表其对于严重污染源、较大污染源、轻微污染源责任的隶属度为

$$R=\begin{bmatrix} u_{11} & u_{12} & u_{13} \\ u_{21} & u_{22} & u_{23} \\ u_{31} & u_{32} & u_{33} \\ \vdots & \vdots & \vdots \\ u_{i1} & u_{i2} & u_{i3} \end{bmatrix} \tag{6-29}$$

第三步，根据权重和隶属度矩阵计算隶属度向量 B 为

$$B=W \cdot R=\{b_1 \quad b_2 \quad b_3\} \tag{6-30}$$

第四步，根据最大隶属度原则 $\max\{bi\}$，确定谐波源的综合评价等级。

（三）流程构建

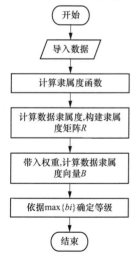

图 6-6 模糊综合
评价算法流程图

构建的模糊综合评价算法流程图如图 6-6 所示，每个样本隶属度都是单独一个矩阵，进行加权后再和其他加权样本构造一个总隶属度矩阵。

目前谐波责任指标研究普遍是基于一个时间点的采样数据来进行研究的，难以只用一个时间点的数据评价整体谐波责任情况。但对于谐波源一个时间段内的多组实测数据对进行处理和谐波责任评估的研究很少。针对这个问题，本节将采用数学统计方法来统筹评价一个时间段内的谐波源责任。

对于公共耦合点的数据采集，假设间隔时间为 3s 且一个测量周期为 1h，那么也就是说一个周期将会有 1200 个采样数据，我们把 10min 的数据归为一组，将 1200 个采样数据分为六组。分组后，对每组数据先对其进行谐波责任 HI 指标计算，然后再进行排序，取 95％的概率大值作为每组谐波责任指标的 HI 指标。然后对六组数据进行排序计算，可得出 95％的概率最大值作为一个测量周期的谐波责任 HI 指标。假设需要评估某谐波源某天的谐波责任，则需要以本节算法先计算出每个测量周期的综合谐波责任，一天二十四个谐波责任，再根据最长时间的等级责任给谐波源评估时间段内的谐波责任定级，并给出评估时间段内各次谐波责任指标 HI 的波动范围来体现波动情况。

第三节 算 例 仿 真

一、谐波源 *HI* 数据获取

为验证本章原理通过 MATLAB 软件搭建含多个谐波源的电力系统，如图 6-7 所示。

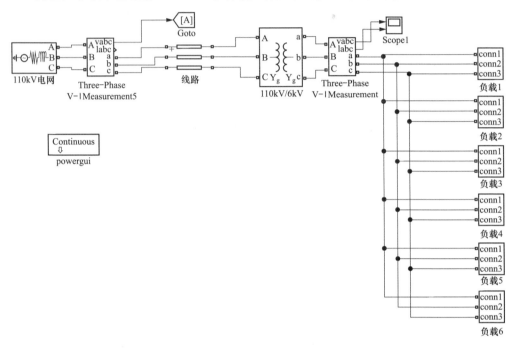

图 6-7 仿真系统图

系统由两个部分组成，110kV/6kV 变压器左侧为 110kV 电网侧，使用一个三相无穷大电源进行模拟。110kV/6kV 变压器右侧为 6 个谐波源负载，其中包含一个不可控整流负载模块（见图 6-8）、一个三相负载模块（见图 6-9）、两个可控整流负载模块（见图 6-10）和两个六脉冲整流负载模块（见图 6-11）。谐波在线监测点设在变压器 6kV 的母线侧。

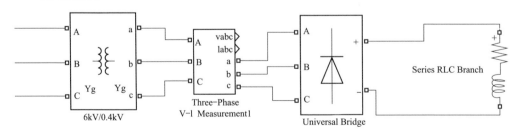

图 6-8 不可控整流负载

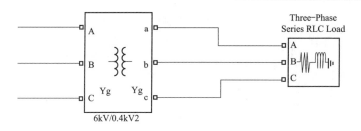

图 6-9 三相负载

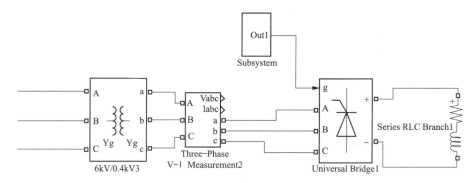

图 6-10 可控整流负载

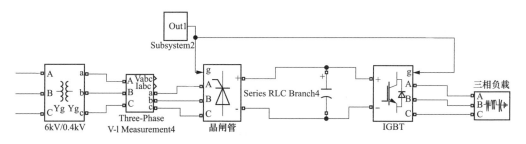

图 6-11 六脉冲整流负载

通过仿真，可从示波器 Scope1 中可测量到 6kV 母线电压电流、示波器 Scope2 中可测量到谐波源负载电压电流。将示波器中的写数据导入到 powergui 中的傅里叶分析模块，如图 6-11 所示。

其中 input 分别为示波器 Scope 测量的电压（input1）、电流（input2）波形，Fundament 为基波值，THD 为母线总畸变率，可直接通过改变测量时间、周期和基波频率来得出谐波源各次的谐波电压电流值。从图 6-12 中可以看出 6kV 母线主要受 5、7、11、13 次谐波污染。

二、仿真计算

第一步，利用仿真系统产生谐波数据并计算 HI 值，谐波源 6 的谐波责任 HI 指标数据见表 6-4，每小时一个周期一组数据，一天 24 组数据。

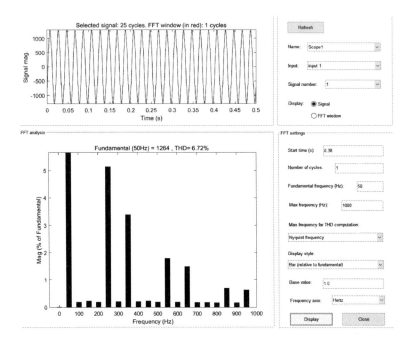

图 6-12 FFT 分析模块

表 6-4 初始 HI 数据

时间（h）	5 次责任（%）	7 次责任（%）	11 次责任（%）	13 次责任（%）
1	7.68	6.36	16.01	31.54
2	11.51	4.34	25.56	30.78
3	9.27	6.87	20.23	28.88
4	10.45	4.22	24.23	40.66
5	12.05	6.98	25.34	44.08
6	12.26	6.25	23.79	28.88
7	13.75	6.31	22.23	33.44
8	10.98	4.79	20.01	47.88
9	8.00	4.90	22.45	48.64
10	10.98	6.70	22.45	33.82
11	12.05	6.36	20.67	28.50
12	12.79	6.92	19.34	37.62
13	8.85	3.94	27.34	48.26
14	8.74	5.18	18.90	27.36
15	10.13	4.90	15.78	27.36
16	13.11	4.28	26.68	32.68
17	13.11	3.94	16.45	38.00
18	10.98	5.46	20.01	45.60

时间(h)	5次责任(%)	7次责任(%)	11次责任(%)	13次责任(%)
19	9.38	5.07	22.45	39.52
20	9.70	4.22	16.67	38.76
21	13.43	4.05	25.79	46.36
22	13.54	4.17	19.12	31.54
23	9.27	4.62	17.12	42.18
24	7.89	7.15	22.90	42.56

第二步，根据灰色关联度的计算公式，得出这组数据的灰色关联度，见表6-5。

表6-5 灰色关联度数据

时间(h)	5次关联度	7次关联度	11次关联度	13次关联度
1	0.38	0.49	0.42	0.55
2	0.76	0.50	0.47	0.51
3	0.56	0.39	0.80	0.45
4	0.86	0.47	0.57	0.68
5	0.62	0.37	0.49	0.50
6	0.58	0.52	0.62	0.45
7	0.39	0.51	0.83	0.65
8	0.97	0.66	0.77	0.39
9	0.40	0.71	0.79	0.37
10	0.97	0.42	0.79	0.68
11	0.62	0.49	0.89	0.44
12	0.50	0.38	0.67	1.00
13	0.49	0.42	0.39	0.38
14	0.48	0.90	0.62	0.40
15	0.75	0.71	0.41	0.40
16	0.46	0.49	0.41	0.60
17	0.46	0.42	0.44	0.94
18	0.97	0.92	0.77	0.45
19	0.58	0.82	0.79	0.77
20	0.64	0.47	0.45	0.85
21	0.42	0.44	0.46	0.43
22	0.41	0.46	0.65	0.55
23	0.56	0.59	0.48	0.59
24	0.39	0.35	0.72	0.57

第三步，归一化处理，再计算的各次谐波的责任权重，见表6-6。

表 6-6   权重数据

配权方法	5 次权重	7 次权重	11 次权重	13 次权重
灰色关联度	0.256	0.233	0.265	0.245

第四步，根据模糊综合评价的结果来对谐波源划分综合责任等级，其各个等级测试标准见表 6-7。

表 6-7   等级标准   （%）

谐波次数	严重污染源责任	较大污染源责任	轻微污染源责任
5	>20	<=20	<10
7	>20	<=20	<10
11	>20	<=20	<10
13	>20	<=20	<10

第五步，在三角形隶属度式（6-30）中带入 $a_1=10$，$a_2=15$，$a_3=20$，可得

$$\mu_1(x)=\begin{cases}1 & x\leqslant 10 \\ \dfrac{x-15}{-5} & 10<x\leqslant 15 \\ 0 & x>15\end{cases} \tag{6-31}$$

$$\mu_2(x)=\begin{cases}0 & x\leqslant 10,x\geqslant 20 \\ \dfrac{x-10}{5} & 10<x\leqslant 15 \\ \dfrac{x-20}{-5} & 15<x<20\end{cases} \tag{6-32}$$

$$\mu_3(x)=\begin{cases}0 & x\leqslant 15 \\ \dfrac{x-15}{5} & 15<x\leqslant 20 \\ 1 & x>20\end{cases} \tag{6-33}$$

第六步，根据式（6-31）～式（6-33）算出 24 个样本所对应各等级的隶属度矩阵，见表 6-8。

表 6-8   样本隶属度矩阵

时间（h）	轻微污染源	较大污染源	严重污染源
1	0.49	0.21	0.30
2	0.41	0.08	0.51
3	0.49	0.00	0.51
4	0.47	0.02	0.51
5	0.38	0.10	0.51
6	0.37	0.12	0.51
7	0.30	0.19	0.51

续表

时间(h)	轻微污染源	较大污染源	严重污染源
8	0.44	0.05	0.51
9	0.49	0.00	0.51
10	0.44	0.05	0.51
11	0.38	0.10	0.51
12	0.35	0.18	0.48
13	0.49	0.00	0.51
14	0.49	0.06	0.45
15	0.48	0.23	0.29
16	0.33	0.16	0.51
17	0.33	0.35	0.32
18	0.44	0.05	0.51
19	0.49	0.00	0.51
20	0.49	0.18	0.33
21	0.31	0.18	0.51
22	0.31	0.23	0.46
23	0.49	0.15	0.36
24	0.49	0.00	0.51

第七步，根据最大隶属度原则来确定谐波源 6 每小时的综合谐波等级，并以此根据统计得出一天的等级分布饼状图，见表 6-9 和图 6-13。

表 6-9　　　　　　　　　　　　　一天等级统计

等级	严重污染源	较大污染源	轻微污染源
时间(h)	18	1	5

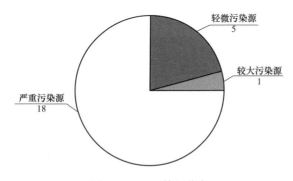

图 6-13　一天等级分布

从表 6-9 中可看出这一天中，在谐波源 6 的一天等级中统计里被评估为较大污染源的时间最短的，其次是轻微污染源，严重污染源存在的时间最长。对于该谐波源一天内的责任评估为严重污染源。

以下是 24h 的责任排序及各次谐波波动情况输出见表 6-10。

表 6-10 一天情况输出

主导责任	第 13 次谐波			
谐波次数	5	7	11	13
波动范围(%)	7.67~13.75	3.94~7.15	15.78~27.34	27.36~48.64
时间段责任排序 (小到大)	15，14，1，3，11，22，20，17，6，2，23，10，7，19， 12，16，4，24，18，8，9，5，13，21			

因为谐波源 6 的 13 次谐波电压 HI 指标最高，所以其谐波责任为 13 次。

谐波源 6 一个月时间内的仿真结果见表 6-11 和表 6-12。

表 6-11 一个月等级统计

等级	严重污染源	较大污染源	轻微污染源
时间/h	446	7	267

表 6-12 一个月情况输出

谐波次数	波动范围/%	最大波动时间	最大波动量/%
5	7.46~13.85	第 11 和 12 天之间	0.73
7	3.94~7.31	第 29 和 30 天之间	0.54
11	15.56~28.90	第 10 和 11 天之间	2.97
13	26.6~49.4	第 16 和 17 天之间	4.96

从表 6-11 和表 6-12 中可看出该谐波源一个月的谐波综合评估等级应为严重污染源，通过本节算法，能很好地定位出各次谐波的最大波动范围及出现的具体时间。

第七章

谐波污染水平评估

第一节 短时谐波污染水平评估

谐波源对公共节点的污染水平评估一直是工业界关心的重点。本节借鉴参考文献[39]的思路并进行改进,重点讨论基于短时监测数据的谐波污染评价体系,明确污染的严重程度。该评价体系的算法流程由多个阶段组成,如图7-1所示。首先获取谐波测试数据,组成原始矩阵;然后处理高维度数据集;再将得到的降维矩阵结合模糊C-均值聚类算法构建谐波典型模态;最后采用熵权法计算出权重系数,将得到的权重系数代入秩和比综合评价法分析每一个模态下的数据,从而明确谐波危害的分级评价体系。

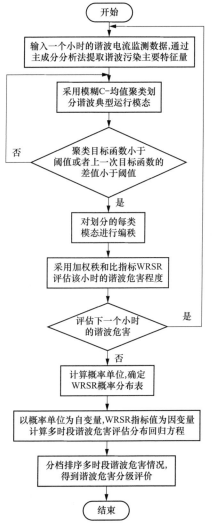

图 7-1　谐波污染评价体系流程图

一、谐波数据监测

以试验教室空调为测量对象,如图7-2所示。将分析对象设定为谐波电流有效值,采取每间隔1min的频率采样2~25次的谐波电流A相的95%概率值。按时间间隔将数据划分成5个60×24的初始谐波含量矩阵。

二、基于PCA降维与数据挖掘

（一）数据的降维处理

由于难以评估谐波数据含量矩阵的时变性与稳定性,所以可能会与实际情况产生较大的误差,或是分析出来数据结果偏主观片面,最后导致评价体系可靠性难以达到标准。所以,一般不直接进行初始数据的特征分析。为了有效规避该问题,需要使用可将数据集减少到较低维度的主成分分析法（PCA）,可确保信息丢失最少的,并为聚类提供更好的质心点。

选择主成分分析法（principal component analysis，简称 PCA）是一种现在较流行且有效的线性流形建模和结合降维的技术，属于一种简单的非参数方法，可用于从混乱的数据集中提取相关信息。

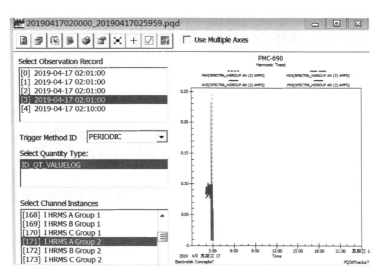

图 7-2　PQDiffractor 谐波数据提取界面

在进行数据分析期间，通常难以找到属性之间的所有关系。PCA 允许将初始相关数据中包含的大量信息转换为一组全新的正交分量，从而发现其中隐藏的关系，以此增强数据的可视化且还能检测异常值，并在新定义的维度内进行分类。PCA 是一种用于减少初始局部特征相关性和维数，能从原始数据中找到并捕获最高方差方向的向量基础，同时还便于后续步骤的数据分析。PCA 法有助于过滤掉不相关的信息，从而减少培训时间，降低时间成本，并提高模型性能。PCA 法的流程如图 7-3 所示，实施步骤和过程描述如下：

如果样本数目用 n 表示，评价指标用 p 表示，谐波电流矩阵可定义为 $X=(x_{ij})_{p\times p}$。该矩阵还可详细地写作

$$\begin{cases} X=\{x_1,x_2,x_3,\cdots,x_n\} \\ x_i=(x_{1i},x_{2i},\cdots,x_{ni})^T \\ i=1,2,\cdots,n;j=1,2,\cdots,p \end{cases} \tag{7-1}$$

主成分分析法的准确性通常会不同程度地受到评价指标的维度和大小的影响，从而造成偏差，这时若将主分量作为因变量，有可能会遗失一些重要的数据信息。此时，需要利用一些方法规避这一问题，比如利用 Z-Score 法消除谐波矩阵的量纲，不仅可有效减小评价指标维度和大小造成的偏差，还可让降维后的矩阵能保持原始矩阵的绝大部分信息，有效促进后续聚类过程。

设均值为 μ，标准差为 σ，观测值为 x，则计算公式为

$$z = \frac{x - \mu}{\sigma} \tag{7-2}$$

标准化处理后的归一化矩阵的样本均值计算公式为

$$\bar{x} = \frac{1}{n} \sum_{i=1}^{n} x_{ij} \tag{7-3}$$

输入矢量的样本方差为

$$s^2 = \frac{1}{n} \sum_{i=1}^{n} (x_{ij} - \bar{x}_i)^2 \tag{7-4}$$

根据式（7-3）和式（7-4）计算样本的协方差矩阵，公式为

$$\sum = (s_{ij})_{p \times p} = \frac{1}{n} \sum_{i=1}^{n} (x_{ij} - \bar{x}_i)(x_{ij} - \bar{x}_i)^T \tag{7-5}$$

然后分解式（7-5）中生成得到的矩阵分解来获得协方差矩阵的特征值，表达式可写为连续不等式 $\hat{\omega}_1 \geqslant \hat{\omega}_2 \geqslant \cdots \geqslant \hat{\omega}_p \geqslant 0$，其对应的正交特征向量表示为 $\hat{e}_1$，$\hat{e}_2$，$\cdots$，$\hat{e}_p$。则特征根的主分量贡献率可表示为

$$\varphi_k = \hat{\lambda}_k \Big/ \sum_{i=1}^{p} \lambda_i \tag{7-6}$$

最后，可根据累计贡献率来决定需要多少主分量，前 m 个特征根的主分量累积贡献率 $\phi(m)$ 为

$$\phi(m) = \sum_{k=1}^{m} \hat{\lambda}_i \Big/ \sum_{i=1}^{p} \lambda_i \tag{7-7}$$

一般 $\phi(m)$ 与剩余的信息呈正相关关系，比如，将累计贡献率根据经验设定为 $\phi(m) \geqslant 85\%$，此时可认为选取的主分量能足够反映原来变量的信息。当然，可根据特定的情况确定这一值的大小。然后，对应所选择的从大到小排序的 m 个特征向量的主分量，构造 $n \times m$ 大小的主成分矩阵，当特征值个数为 k 时，其主分量为

$$Y_k = \hat{e}_k^T \cdot X = \hat{e}_{k1} \cdot x_1 + \hat{e}_{k2} \cdot x_2 + \cdots + \hat{e}_{kp} \cdot x_p \tag{7-8}$$

PCA 的主要优点是：假如我们从数据中找到了这些主成分，就可以压缩数据，既通过减少维数而不会丢失太多信息。完成这一步之后下一阶段新主成分将用作模糊 C-均值聚类的输入。从 PCA 的原理可看出，该过程有助于最大限度地减少冗余。又因为原始数据集中变量的干扰和异常数据得到有效减少，因此 PCA 改善了我们的 C 均值结果。

（二）谐波数据的挖掘

使用 PCA 法对原始数据进行预处理，降维矩阵由累计贡献率抽出的 m 个主分量构成，虽然该矩阵包括原始矩阵的绝大部分信息。但对处理后的降维矩阵，其具有相似值的预测误差倾向于混合在一起并且没有明确分离的趋势，从而使得算法的分析工作量还是较为庞大。为解决这一问题，可使用数据挖掘技术，提高谐波危害评估的快速性。

1. 选择合适的典型模态挖掘方法

聚类分析广泛使用在无监督识别的数据挖掘中，有效且快速。这种分析方法尽可

能地将拥有雷同点的样本构成一个集合，而剩余的没有雷同点的样本则构成其他的集合。聚类分析中主要使用基于模糊聚类中的模糊 C-均值聚类算法（fuzzyc-means，FCM），目的是利用基于计算所有指标对某一模糊集合的隶属度，并依据它们的特征向量相似性将这些大小样本划分为 C 类的聚类概念，再分别对挖掘出的各典型模态进行分析。

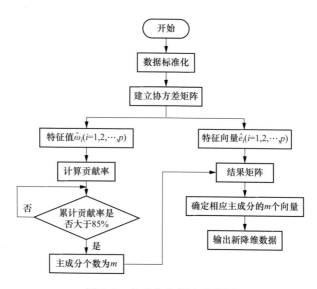

图 7-3 主成分分析法流程图

2. 模糊 C-均值聚类算法的基本原理与步骤

定义降维矩阵为 $X = \{x_1, x_2, x_3, \cdots, x_n\}^T$，其中 $x_i = (x_{i1}, x_{i2}, \cdots, x_{im})$，$i = 1, 2, \cdots, n$。首先，对降维矩阵 X 进行标准化处理，该步骤的目的是防止量纲不一致使结果产生误差，计算公式为

$$x_{ij} = \frac{x_{ij} - \bar{x}_j}{s_j}, 1 \leqslant i \leqslant n, 1 \leqslant j \leqslant m \tag{7-9}$$

其中

$$\begin{cases} \bar{x}_j = \dfrac{1}{n} \sum_{i=1}^{n} x_{ij} \\ s_j = \sqrt{\dfrac{1}{n} \sum_{i=1}^{n} (x_{ij} - \bar{x}_j)^2} \end{cases} \tag{7-10}$$

设隶属度是 u，质心到簇的平均值是 ν，矩阵在模糊聚类的作用下归为了 c 簇，写作 $F = (F_1, F_2, \cdots, F_c)^T$，该步骤计算公式如下

$$V_{ab} = \frac{\sum_{i=1}^{c} \sum_{j=1}^{n} u_{ij} d(x_j, \nu_i)}{n \times \min_{i \neq j} d(\nu_i, \nu_j)} \tag{7-11}$$

当 V_{db} 取值为最小，此时则是最佳聚类数。

然后，通过欧几里得度量算出相似系数，建立模糊相似矩阵 R，定义为

$$r_{ij} = 1 - c \sqrt{\sum_{k=1}^{m} (x_{ik} - x_{jk})^2} \tag{7-12}$$

可用平方差的加权和来表示谐波估计问题的目标函数，记为 J，将其写为

$$J = J_m(U,V) = \sum_{i=1}^{n} \sum_{j=1}^{n} u_{ij}^m \| x_i - \nu_j \|^2 \tag{7-13}$$

通过谐波监测设备测量的实际谐波信号，其隶属度矩阵 U 可表示为

$$U = (u_{ij})_{c \times n} = \left[\sum_{k=1}^{c} \left(\frac{\| x_j - \nu_i \|^2}{\| x_j - \nu_k \|^2} \right)^{\frac{1}{m-1}} \right]^{-1}, 1 \leqslant i \leqslant c, 1 \leqslant j \leqslant n \tag{7-14}$$

式中：u_{ij} 表示概率，该值应满足 $u_{ij} \in [0, 1]$ 且 $\sum_{i=1}^{c} u_{ij=1}$ 这两个约束条件。

计算 C 簇的聚类中心 V 的公式如下

$$V = \nu_i \frac{\sum_{j=1}^{n} (u_{ij})^m x_j}{\sum_{j=1}^{n} (u_{ij})^m} \tag{7-15}$$

总结上述步骤，流程图绘制如图 7-4 所示。

3. 基于 FCM 聚类算法的隶属度迭代

FCM 可以通过（7-14）和式（7-15）进行若干次迭代实现，以生成最终隶属矩阵，直到分区结果保持稳定。具体实现的步骤描述如下：

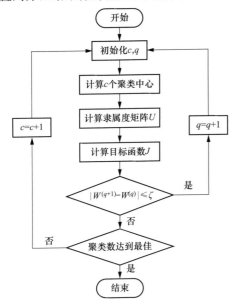

图 7-4　模糊 C-均值算法流程图

首先，为第一次迭代设置聚类数 c，模糊加权指数 b 和初始聚类中心，用 $W^{(0)}$ 表示；计算每个样本与第 q 次迭代的当前聚类中心之间的距离 d_{is}，用 $W^{(q)}$ 表示，其中 $q \geqslant 0$；然后通过式（7-14）更新下一次迭代的隶属度矩阵，表示为 $U^{(q+1)}$，并更新该次迭代的聚类中心，写作 $W^{(q+1)} = \{W_1^{q+1}, W_2^{q+1}, \cdots, W_c^{q+1}\}$；如果 W^{q+1} 与 $W^{(q)}$ 之间的距离大于预定阈值 ζ，即 $|W^{(q+1)} - W^{(q)}| = \sum_{i=1}^{c} |W_i^{(q+1)} - W_i^{(q)}| > \zeta$，则使 $q = q+1$ 并转到第二步进行下一次迭代，否则停止进程。在该过程中，ζ 是用于控制收敛的预设参数。

4. 创建谐波典型模态

样本指标的雷同点聚类，其目的是挖掘出在电网中危害程度较为雷同的典型模态，

表达方式为

$$H = \begin{pmatrix} H_{1,2} & H_{1,3} & \cdots & H_{1,m} \\ H_{2,2} & H_{2,3} & \cdots & H_{2,m} \\ \vdots & \vdots & \ddots & \vdots \\ H_{n,2} & H_{n,3} & \cdots & H_{n,m} \end{pmatrix} \tag{7-16}$$

理论上在原始矩阵的基础上进行模糊 C-均值处理，以此划分出不同严重程度的电网谐波模型，再通过对各模型的谐波危害严重程度及该模型出现频率进行分析，可大幅增加评价体系的可靠性。

（三）基于 FCM 聚类算法构造直方图

本节提出了一种基于模糊 C-均值聚类算法的多直方图嵌入和提取方案，对由 FCM 处理后得到的若干类谐波严重程度进行辨识。该方法细节描述如下：

1. 辅助参数

为了确保参数识别度达到较高的准确度要求，需要收集一些辅助信息，然后将其作为有效载荷的一部分体现在直方图中，辅助参数包括：

（1）簇数 c，且 $c \in [1, 25]$。

（2）初始聚类中心 $W^{(0)}$ 和收敛阈值 ζ。

（3）在每个直方图中嵌入不同谐波危害模型数据的峰值和零点，表示为 $[P_t, Z_t]$，其中，$t \in [1, c]$。峰值和零点选择方案可以依据经验，即每个直方图中只有两个峰值区域被确定，用于在一些经验条件下的数据隐藏。

2. 求取概率直方参数

根据模型中的峰值与谷值确定范围，表示为 $[H_{c,y}^{min}, H_{c,y}^{max}]$，其中 $y \in [2, 25]$ 且 $h = H_{c,y}^{max} - H_{c,y}^{min}$。再将 $[H_{c,y}^{min}, H_{c,y}^{max}]$ 均匀切割为 q 段（$q \in [5, 12]$），由组距可知

$$I_{c,y} = \{[i_{0,y}^c, i_{1,y}^c][i_{1,y}^c, i_{2,y}^c]\cdots[i_{q-1,y}^c, i_{q,y}^c]\} \tag{7-17}$$

将切割的区间作直角坐标系的模轴 x，再把计算得到每段的频率作为纵轴 y，设频率为 P，则每段的 P 可写为

$$P_{x,y}^c = [P_{1,y}^c; P_{2,y}^c; \cdots; P_{q,y}^c]$$
$$= \frac{n_x \times m}{n_c \times h}, 1 \leqslant x \leqslant q \tag{7-18}$$

计每一分段中点坐标的公式如下

$$\begin{cases} J_{c,y} = [j_{1,y}^c j_{2,y}^c; \cdots; j_{q,y}^c] \\ j_{x,y}^c = \dfrac{i_{x-1,y}^c + i_{x,y}^c}{2}, 1 \leqslant x \leqslant q \end{cases} \tag{7-19}$$

最后，所得出模型辨识公式如下

$$K_{c,y} = \sum_{x=1}^q j_{x,y}^c P_{x,y}^c \tag{7-20}$$

三、基于 RSR 法的谐波危害分级评估

（一）评价体系构建原理

通过 PCA 法与模糊 C-均值算法，根据谐波数据的相似度量，将其划分成了不同的类别，又通过参数辨识大致估计了不同类别下的污染程度。不过，为了保证评价体系更加直观地反映谐波危害程度，还需要一种可对严重程度进行描述量化的方法，即将多层严重信息指标组合成一个整体指标。本节选择采用秩和比法进一步对体系进行研究，包括计算权重系数的部分，如图 7-5 所示。

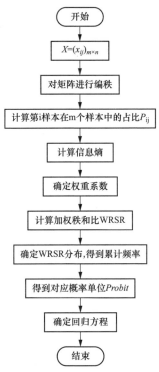

图 7-5 结合权重系数的 RSR 法流程图

（二）秩和比综合评价法原理与步骤

秩和比值就是指决策属性排名的平均值，指的是基于指标的值变为无量纲统计秩和比的概念，这是一个非参数度量且具有 0-1 的特征区间连续变量通过秩变换过程。计算过程会使用统计分布、概率论和回归分析的方法，是一种基于 RSR 值评估和分类的方案。具体过程如下：

首先，假设模型中有 m 个样本，每个样本都包含 n 个主要标准，为了在给定的一组标准上获得样本的污染程度信息，构造一个 m 维的矩阵 X，可用下式表示

$$X = (x_{ij})_{m \times n} = \begin{bmatrix} x_{11} & x_{12} & \cdots & x_{1n} \\ x_{21} & x_{22} & \cdots & x_{2n} \\ \vdots & \vdots & \ddots & \vdots \\ x_{m1} & x_{m2} & \cdots & x_{mn} \end{bmatrix},$$

$$1 \leqslant i \leqslant m, 1 \leqslant j \leqslant n \tag{7-21}$$

然后，编秩矩阵，其计算公式为

$$R = 1 + (n-1) \frac{X - X_{\min}}{X_{\max} - X_{\min}} \tag{7-22}$$

再计算加权秩和比指标 WSR，公式如下

$$WSR_i = \frac{1}{n} \sum_{j=1}^{m} W_j R_{ij} \tag{7-23}$$

其中，需要采用熵权法计算 W 指权重系数。熵权法原理与步骤将在下一小节中详细介绍。得到秩和比或加权秩和比后，需要再进一步确定每个样本的 WRSR 分布情况。将其按升序排列，得到每组频数 f 与累计频数 $\sum f$。

再次，计算累计频率（即百分位数），公式如下

$$P_i = \sum f/n, 1 \leqslant i \leqslant n-1 \tag{7-24}$$

最后，确定最终的累计频率方式如下

$$P_n = \left(1 - \frac{1}{4n}\right) \times 100\% \tag{7-25}$$

确定对应于百分位数 P 相应的概率单位 $Probit$，即计算标准正太分布的 p 分位数。a、b 是回归系数，回归方程式可写为

$$D = a + b \times Probit \tag{7-26}$$

1. 权重系数的确定

信息理论中，当某样本中存在较多信息时，其权重系数将会表现得很大，同时该样本对体系的影响也会较大。熵权是指待测样本与样本分数都明确的基础上，能反映每一个样本激烈程度的值。熵权法则可整合 n 维的数据并用某一数值表示。权重系数计算的基本过程如下：

首先在 m 个样本中第 i 样本的占比是

$$P_{ij} = r_{ij} \Big/ \sum_{i=1}^{m} r_{ij} \tag{7-27}$$

其中，当 $P_{ij}=0$ 时，则可确定

$$\lim_{P_{ij} \to 0} P_{ij} \ln P_{ij} = 0 \tag{7-28}$$

将 e 设为信息熵值，则按下式可得到不同样本的 e 值，有

$$\begin{cases} e_j = -k \sum_{i=1}^{m} P_{ij} \cdot \ln p_{ij} \\ k = 1/\ln m \end{cases} \tag{7-29}$$

然后即可确定不同样本的权重系数 W，计算公式如下

$$W_j = \frac{1 - e_j}{\sum_{j=1}^{n} (1 - e_j)} \tag{7-30}$$

2. 谐波严重程度等级划分

在本节中，把结合使用了熵权法与 RSR 法得到的概率单位 $Probit$ 进行排名，并把最严重到最不严重分为 n 个等级。得到的结果更直观地描述了电网谐波危害程度，同时还可帮助供电公司更好地完成等级评估。

另外，还需要说明的是，如果分挡过少，将导致不能有效体现各时段谐波污染程度；而当分挡过多时，也会使评价的指导意义下降，所以本节选择将评价体系分为五挡，其等级与严重程度关系见表 7-1。

表 7-1　　谐波污染等级和分挡

等级	概率单位	分挡
1	<3.20	优质
2	$[3.20，4.40)$	良好
3	$[4.40，5.60)$	中等
4	$[5.60，6.80)$	合格
5	≥ 6.80	不合格

四、实测数据分析

以试验教室空调谐波测量的 9~13 点数据为原始数据，利用 PCA 法提取数据主分量的特征值、贡献率及累计贡献率。表 7-2 显示的是 10~11 点的计算结果。

表 7-2　　　　　　　　　　　　　试验教室空调谐波含量主成分信息

主分量序号	特征值	单个特征贡献率	累计贡献率
1	0.0013	79.1369	0.7914
2	0.0003	19.2929	0.9843

采用模糊 C-均值聚类算法对该矩阵进行聚类分析，取前两个主分量作为降维后的矩阵数据，分析后的目标函数变化曲线如图 7-6 所示。

最佳聚类数需要通过 V_{xb} 值与运行模态矩阵的关系得到，如图 7-7 所示。当将数据划分成 4 类时，此时 V_{xb} 最小，所以最佳聚类数是 4。

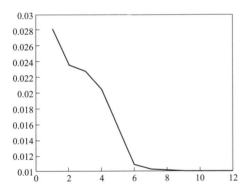

图 7-6　聚类目标函数变化曲线图

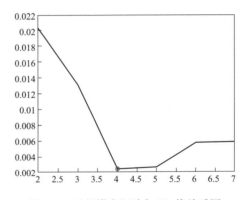

图 7-7　运行模态矩阵与 V_{xb} 值关系图

采用 2D 图像显示此时的聚类结果，如图 7-8 所示。当然，在某些情况下聚类结果图可能为 3D 图像，例如 9~10 点的数据聚类分析后，如图 7-9 所示。

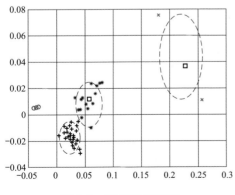

图 7-8　2D 聚类结果图

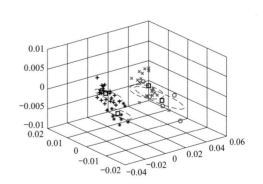

图 7-9　3D 聚类结果图

通过模糊 C-均值聚类算法随机模糊权重，画出参数直方图，量化谐波严重程度，如图 7-10 所示。

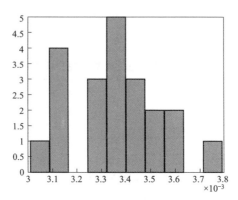

图 7-10　谐波运行模态参数直方图

则谐波的概率参数 K 为

$$K = \begin{bmatrix} 3.0513 & 3.2468 & \cdots & 3.1736 \\ 3.1677 & 3.1892 & \cdots & 3.0193 \\ 3.2888 & 3.3065 & \cdots & 3.2507 \\ 3.0997 & 3.0766 & \cdots & 3.1986 \end{bmatrix}_{4 \times 24} \tag{7-31}$$

在式（7-31）里使用秩和比综合评价法中的原始数据，则编制后的矩阵为

$$R = \begin{bmatrix} 1 & 3.2207 & \cdots & 3.0008 \\ 2.4699 & 2.4700 & \cdots & 1 \\ 4 & 4 & \cdots & 4 \\ 1.6107 & 1 & \cdots & 3.3243 \end{bmatrix}_{4 \times 24} \tag{7-32}$$

权重系数为

$$WR = \begin{bmatrix} 0.2279 & 0.2137 & \cdots & 0.2226 \\ 0.2366 & 0.2100 & \cdots & 0.2118 \\ 0.2456 & 0.2177 & \cdots & 0.2280 \\ 0.2315 & 0.2025 & \cdots & 0.2244 \end{bmatrix}_{4 \times 24} \tag{7-33}$$

$$W = \begin{bmatrix} 0.0747 & 0.0658 & \cdots & 0.0701 \end{bmatrix}_{1 \times 24} \tag{7-34}$$

又此时有

$$ab = \begin{bmatrix} -0.1204 \\ 0.0426 \end{bmatrix} \tag{7-35}$$

则 5 个时间段矩阵数据的概率单位为

$$Probit = \begin{bmatrix} 4.1584 & 4.7467 & 5.2533 & 5.8416 & 6.6449 \end{bmatrix}_{1 \times 5} \tag{7-36}$$

将 $WRSR$ 值为因变量，并将概率单位作为自变量来确定其回归方程，回归方程式为

$$WRSR fit = -0.1204 + 0.0422 Probit \tag{7-37}$$

所以，WRSR 估计值也可写为

$$WRSRfit = \begin{bmatrix} 0.0566 & 0.0819 & 0.1032 & 0.1282 & 0.1624 \end{bmatrix}_{1\times 5} \tag{7-38}$$

根据表 7-3 所示，本文选择根据累计频率 P 与概率单位 $Probit$ 将数据分为 5 挡。由此，可以看出该日 9～14 点谐波污染分级情况见表 7-4。

表 7-3   累计频率及概率单位关系表

时间	WRSR 估计值	频数	累计频数	累计频率	概率单位
12：00～13：00	0.0566	1	1	0.2000	4.1584
13：00～14：00	0.0816	1	2	0.4000	4.7467
10：00～11：00	0.1032	1	3	0.6000	5.2533
11：00～12：00	0.1282	1	4	0.8000	5.8416
9：00～10：00	0.1624	1	5	0.9500	6.6449

表 7-4   空调谐波污染分级表

等级	分挡	概率单位	WRSR 估计值	分级结果
1	优质	<3.20	<0.0566	—
2	良好	[3.20, 4.40)	[0.0566, 0.0816)	12：00～13：00
3	中等	[4.40, 5.60)	[0.0816, 0.1032)	10：00～11：00，13：00～14：00
4	合格	[5.60, 6.80)	[0.1032, 0.1624)	9：00～10：00，11：00～12：00
5	不合格	≥6.80	≥0.1624	—

根据表 7-4 可知，9：00～10：00 与 11：00～12：00 空调谐波污染程度合格；10：00～11：00 与 13：00～14：00 空调谐波污染程度中等；该日 12：00～13：00 空调谐波污染程度良好。

第二节　长期谐波污染水平评估

上一节我们了解到可通过短时监测数据对谐波污染的水平进行评估，但由于在线监测网的大范围使用，可保存长时间的历史谐波数据，而谐波数据会随负荷波动而波动，谐波污染程度也不会一成不变，所以本节基于上节的思路讨论含历史数据的谐波污染体系，直接研究庞大而复杂的谐波数据，通过主成分分析法和模糊聚类算法，将谐数数据处理成适合于秩和比法使用的谐波典型参数，然后进一步的给出直观的污染评估结果。综上所述，该方法具有以下三个优点：

1）为了减小不同谐波次数的影响，将数据从多维的坐标系转移到由几个主成分分量构成的低维坐标系。

2）考虑到谐波工况信息仍特别丰富，进一步细化谐波污染评估，通过模糊聚类算法谐波污染程度不同的样本划分开。

3）为了体现谐波样本数据的差异性，引入非整秩次秩和比法，整合污染程度评估体系。

下面我们将详细说明如何进行基于历史数据的谐波污染水平评估方法。

一、谐波污染体系

（一）谐波污染体系总体流程

基于历史数据的谐波污染水平评估方法工作流程如图 7-11 所示。谐波监测网以一个固定的时间段进行数据记录，为间化数据规模来说明原理，本节假定以每 20min 测一次谐波电流的频率，最终可获得的历史数据为一个月 2～25 次谐波电流的 2160×24 数据矩阵，数据进行降维处理，通过模糊聚类算法聚类划分不同谐波发射水平的样本到不同模态里，并以此为基础重新划分原始数据矩阵，形成多个不同的谐波污染模态。

其次，对每个谐波模态的参数进行辨识，求出每个模态的算术平均值作为代表这一模态的典型参数。

再次，以国家标准或行业标准为基准，确定设备谐波电流发射水平限值或监测点谐波允许水平，并将其导入到谐波模态典型参数中，通过熵权法和非整次秩和比评估法分析谐波模态数据。

最后，以谐波电流限值为参考值对不同的谐波模态数据进行谐波污染程度的分挡，根据分挡得出每天的谐波污染程度并综合评估一个月的谐波污染情况。

（二）主成分分析法

主成分分析法是一种降维的统计方法，同时也是借助于一个正交变换，将其分量相关的原随机向量转化成其分量不相关的新随机向量，则原来的数据点搬移到以主特征量为坐标系。通过几个新坐标信息来表达原来数据的多个指标，对多

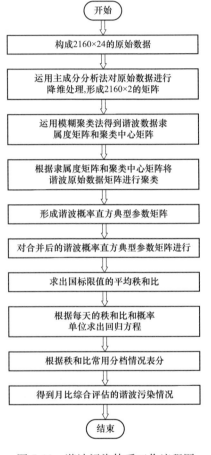

图 7-11　谐波污染体系工作流程图

维变量系统进行了降维处理，使之能以一个较高的精度转换成低维变量系统。

1. 中心化处理

中性化样本数据，方法是将矩阵中的每个元素减去其所在列的列平均值，即

$$\bar{x} = \frac{1}{n}\sum_{i=1}^{n}x_{ij} \tag{7-39}$$

$$S = s_{ij} = x_{ij} - \bar{x} \tag{7-40}$$

2. 协方差矩阵

求解数据矩阵中心化后的协方差矩阵，即

$$C = \frac{1}{n} \sum_{i=1}^{n} (s_{ij} s_{ji}) = \frac{1}{n} SS^{\mathrm{T}} \tag{7-41}$$

求解由式（7-41）所求协方差矩阵的特征值（λ_1、λ_2、$\lambda_3 \cdots \lambda_p$）与对应的特征向量（$\gamma_1$、$\gamma_2$、$\gamma_3 \cdots \gamma_p$），然后将特征值从大到小排序，特征向量进行正交单位化后也按特征值从大到小对应排序，即 X_1、X_2、$X_3 \cdots X_p$ 对应第一、第二到第 p 个主成分。

3. 累积贡献率

根据协方差矩阵特征值计算第 k 个主成分 X_k 的贡献率为

$$P = \frac{\lambda_k}{\sum_{i=1}^{p} \lambda_i} \tag{7-42}$$

则前 $m(m<p)$ 个主成分的累积贡献率为

$$P(n) = \frac{\sum_{i=1}^{n} \lambda_k}{\sum_{i=1}^{p} \lambda_i} \tag{7-43}$$

根据累积贡献率选取合适数量的主成分，能使主成分保留原始数据尽可能多的信息，本文取 85%，能保证选取的主成分包括绝大部分的原始数据信息。

（三）模糊聚类分析

1. FCM 聚类算法流程步骤

FCM 聚类算法是一种聚类为不断最小化目标函数的过程，通过搜索目标函数的最小值，迭代调整聚类中心与隶属度。

（1）目标函数为

$$J = J_{\mathrm{m}}(U, V) = \sum_{i=1}^{n} \sum_{j=1}^{c} u_{ij}^{\mathrm{m}} \| y_i - v_j \|^2 \tag{7-44}$$

式中：u_{ij} 为隶属度；v_i 为聚类中心；c 为聚类数；m 为加权指数。

将由式（7-46）和式（7-47）更新而来的隶属度矩阵和聚类中心矩阵代入式（7-44），当目标函数 J 的值小于确定的阈值 ε 或与上一次的差值小于阈值 ε 时，则停止迭代，否则继续下一轮迭代更新隶属度矩阵和聚类中心矩阵。

（2）聚类数选择。本文通过运用由 Xie 和 Beni 提出的模糊聚类有效性指标来进行聚类数的选择，即 V_{XB} 指标来确定最佳聚类数，公式如下

$$V_{\mathrm{XB}} = \frac{\sum_{i=1}^{c} \sum_{j=1}^{n} u_{ij}^{\mathrm{w}} \| y_j - v_i \|^2}{n \cdot \min_{i \neq j} \| v_i - v_j \|^2} \tag{7-45}$$

式中：u_{ij} 为隶属度；v_i 为聚类中心；c 为聚类数。

将聚类数 $2 \sim \sqrt{n} - 1$ 逐个代入式（7-45）～式（7-47）中，然后取 V_{XB} 最小值时对应的聚类数 c 为最佳聚类数。

（3）聚类中心。聚类中心矩阵计算公式为

$$v_i^{(\mathrm{l})} = \frac{\sum_{j=1}^{n} (u_{ij}^{(\mathrm{l}-1)})_{yj}^{\mathrm{w}}}{\sum_{j=1}^{n} (u_{ij}^{(\mathrm{l}-1)})^{\mathrm{w}}} (i = 1, 2, \cdots, c) \tag{7-46}$$

式中：$u_{ij}^{(1)}$ 为迭代第 1 步的隶属度；v_i 为迭代第 1 步的聚类中心；c 为聚类数。

（4）隶属度

$$u_{ij}^{(1)} = \cfrac{1}{\sum\limits_{k=1}^{c}\left(\cfrac{\parallel y_j - v_i \parallel^2}{\parallel y_j - v_k \parallel^2}\right)^{\frac{2}{w-1}}} \quad (i = 1, 2, \cdots, c; j = 1, 2, \cdots, n) \tag{7-47}$$

式中：$u_{ij}^{(1)}$ 为迭代第 1 步的隶属度；v_i 为迭代第 1 步聚类中心；c 为聚类数。

2. 模态参数辨识

通过 FCM 聚类算法将降维后的谐波数据聚类分析形成了谐波污染模态，根据该运行模态重构历史数据矩阵，解耦各个谐波特征量信息。利用各个特征量在此模态下的分布情况，然后用一个典型参数来描述各个模态中各次谐波的污染程度。本节通过概率分布直方图求取算数平均数来得出各个模态的典型参数。该方法流程如下：

（1）将各次各模态中的谐波电流从小大排列，通过其中的最小值和最大值确定区间 $\left[H_c^{min}, H_c^{max}\right]$，又因为该区间包含该次该模态的所有谐波电流，则极差为

$$h = H_c^{max} - H_c^{min} \tag{7-48}$$

（2）再将区间 $\left[H_c^{min}, H_c^{max}\right]$ 进行等分，本文进行 10 等分，以此确定模态数据区间内的组距。

（3）最后以区间组距为横坐标，而频数为纵坐标绘制频率分布直方图，确定每组直方区间的频率，即

$$P_{c,i} = \frac{d_{c,i}}{d_c}(i = 1, 2, \cdots, 10) \tag{7-49}$$

式中：$P_{c,i}$ 为第 c 模态各数据点落在每组区间的频率；$d_{c,i}$ 为第 c 模态各数据点落在第 i 组区间的频数；d_c 为第 c 模态的数据总数。

则每组直方区间的中点为

$$M_c = \left[M_{c,1}, M_{c,2}, \cdots, M_{c,10}\right] \tag{7-50}$$

将模态 c 的谐波污染典型参数通过算术平均值来定义，即

$$K_c = \sum_{i=1}^{10} P_{c,i} \cdot M_c \tag{7-51}$$

（四）非整秩次秩和比法的谐波污染程度评估

1. 非整秩次秩和比法

为了弥补秩和比法样本数据差异性差，改进后的秩和比法称为"非整秩次秩和比法"。非整秩次秩和比法，方法流程如下：

（1）编秩。对于低优指标

$$R = 1 + (n-1)\frac{X_{max} - X}{X_{max} - X_{max}} \tag{7-52}$$

式中：R 为秩次；n 为样本个数；X 为同一指标下数据值；X_{max}、X_{max} 为同一指标下数据的最大值与最小值。

（2）计算秩和比。公式如下

$$RSR_i = \frac{1}{mn}\sum_{i=1}^{m} R_{ij} \tag{7-53}$$

当评价指标的权重不同时，还需计算加权秩和比（WSRS），公式如下

$$WRSR_i = \frac{1}{n}\sum_{i=1}^{m} W_j R_{ij} \tag{7-54}$$

式中：RSR_i 为样本 i 的秩和比；$WRSR_i$ 为样本 i 的加权秩和比；W_j 为指标 j 的权重，通过之后式（7-54）求出。

（3）计算概率单位。将各样本的秩和比或加权秩和比由小到大排列，然后统计各样本频数 f，并计算其累计频数 $\sum f$，再计算向下累计频率

$$p_i = \frac{\sum f}{n} \tag{7-55}$$

然后将 p_i 换算为概率单位 Probit，Probit 为 p_i 对应的标准正态离差 u 加 5，最后一个累计频率按 $1-\frac{1}{4n}$ 估计。

（4）计算直线回归方程。以概率单位 Probit 为自变量，并且以秩和比或加权秩和比为因变量，以此计算回归方程

$$RSR(WRSR) = a + b \times Probit \tag{7-56}$$

（5）分挡排序。常用分挡见表 7-5，根据回归方程，计算分挡界限概率单位 Probit 对应的 RSR（$WRSR$）值，然后参照表 7-5 进行排序，将每天秩和比放入到秩和比分挡结果中进行统计，并用定义评级数来表示各挡位的等级，然后定位出电流限值的秩和比所在的评级数等级"1、2、3、4、5"，用其余每天的秩和比与电流限值秩和比的评级数等级相减，得出的结果有正有负，以"0"作为谐波合格的分界线，正数为谐波未超标，负数为谐波超标，根据正负的数值对谐波质量进行程度评估。

表 7-5   常用分挡情况下的概率单位 Probit 值分布

分挡数	Probit	分挡数	Probit
3	<4	6	<3
	4~6		3~4
	>6		4~5
4	<3.5		5~6
	3.5~5		6~7
	5~6.5		>7
	>6.5	7	<2.86
5	<3.2		2.86~3.72
	3.2~4.4		3.72~4.57
	4.4~5.6		4.57~5.44
	5.6~6.8		5.44~6.28
	>6.8		6.28~7.14
			>7.14

本文选择分挡数 5。

2. 熵权法

熵权法的基本思路是根据指标数据的差异程度来确定客观权重。算法步骤如下：

设有数据矩阵 $X = (x_{ij})_{n \times m}$，其中有 n 个样本，m 个指标。

(1) 确定各指标的熵值 E_j

$$E_j = -\ln(n)^{-1} \sum_{i=1}^{m} p_{ij} \cdot \ln p_{ij} \tag{7-57}$$

其中

$$p_{ij} = \frac{X_{ij}}{\sum_{j=1}^{m} X_{ij}} \tag{7-58}$$

(2) 计算各指标权重

$$W_j = \frac{1 - E_j}{\sum_{j=1}^{m} (1 - E_j)} \tag{7-59}$$

二、实例分析

（一）试验数据

谐波数据来自电网企业，提取每 20min 测量一次，一共测量 30 天的 2～25 次谐波数据，以谐波电流测量值的 95％ 概率分布值来构成 2160×24 的原始数据矩阵。

根据上述提供的理论和流程，编写程序实现功能，然后将实测而来的一个月历史谐波数据导入。计算结果见表 7-6 和表 7-7。

表 7-6　　　　　　　　　　　　特征值及累计贡献

序号	特征值	主成分贡献率	累积贡献率
1	1.3706	80.8282％	80.83％
2	0.2124	12.5235％	93.35％
3	0.0299	1.7641％	95.12％
4	0.0219	1.2944％	96.41％
5	0.0161	0.9496％	97.37％
6	0.0124	0.7333％	98.09％
7	0.0098	0.5771％	98.68％
8	0.0045	0.2642％	98.93％
9	0.0034	0.2020％	99.14％
10	0.0026	0.1509％	99.29％
11	0.0024	0.1397％	99.43％
12	0.0020	0.1172％	99.54％
13	0.0017	0.0983％	99.64％
14	0.0013	0.0782％	99.72％
15	0.0010	0.0610％	99.78％
16	8.4459e-04	0.0498％	99.83％

续表

序号	特征值	主成分贡献率	累积贡献率
17	8.1853e-04	0.0483%	99.88%
18	5.5627e-04	0.0328%	99.91%
19	4.8045e-04	0.0283%	99.94%
20	3.1055e-04	0.0183%	99.96
21	2.5412e-04	0.0150%	99.97%
22	2.1628e-04	0.0128%	99.99%
23	1.3648e-04	0.0080%	1.0000

表 7-7　　　　　　　　　　　　　降维后的谐波数据

序号	主成分分量1	主成分分量2
1	7.6560e-04	0.0033
2	−5.8321e-04	−8.2156e-04
3	0.0187	0.0192
4	0.0105	0.0024
5	−0.0079	0.0050
…	…	…

见表 7-5，当取两个主特征分量时，累积贡献率为 93.35%，而特征值的累积贡献率超过 85%时，主成分可包含原始数据绝大部分信息，谐波数据被降到 2 维，表 7-7 结果表示的是以两个主特征分量代替 24 次谐波指标表示的谐波电流数据。

通过模糊 C 均值聚类算法处理后，得到的结果是聚类划分的结果见表 7-8，根据聚类的结果重新划分原始数据中的样本，使谐波电流性质相似的样本聚类到一个模态里，见表 7-9，其中一模态的谐波聚类数据。

表 7-8　　　　　　　　　　　　　聚类划分的样本

聚类模态1	聚类模态2	聚类模态3
1×18	1×23	1×31

表 7-9　　　　　　　　　　根据聚类的结果重构原始数据

序号	2 次谐波	3 次谐波	4 次谐波	5 次谐波	…
1	0.04073	0.02596	0.029	0.02608	…
2	0.04259	0.01866	0.02392	0.02737	…
3	0.04476	0.02787	0.02993	0.03082	…
4	0.04878	0.02635	0.02343	0.03171	…
5	0.04981	0.02093	0.02617	0.02400	…
…	…	…	…	…	…

（二）计算结果

为了确定谐波污染典型参数，本文采用频率分布直方图（见图 7-12）求取算术平均值（见表 7-10）获得，然后将事先规定好的电流限值并入到参数矩阵（见表 7-11）中，为了之后谐波污染评估将其作为参考点。

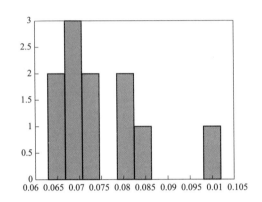

图 7-12 使用频率分布直方图表示模态里的谐波分布

表 7-10 谐波污染典型参数

序号	2 次谐波	3 次谐波	4 次谐波	5 次谐波	...
1	0.0033	0.0022	0.0021	0.0015	...
2	0.0484	0.0253	0.0244	0.0199	...
3	0.0445	0.0235	0.0280	0.0254	...

表 7-11 并入电流限值的谐波污染典型参数

序号	2 次谐波	3 次谐波	4 次谐波	5 次谐波	...
1	0.0033	0.0022	0.0021	0.0015	...
2	0.0484	0.0253	0.0244	0.0199	...
3	0.0445	0.0235	0.0280	0.0254	...
4	1.0800	2.3000	0.4300	1.1400	...

通过非整秩次编秩（见表 7-12），秩和比评估法的结果将更加精确合理，样本秩次之间的差异性得以体现。

表 7-12 编秩结果

序号	2 次谐波	3 次谐波	4 次谐波	5 次谐波	...
1	1	1	1	1	...
2	1.1257	1.0302	1.1563	1.0485	...
3	1.1148	1.0278	1.1858	1.0630	...
4	4	4	4	4	...

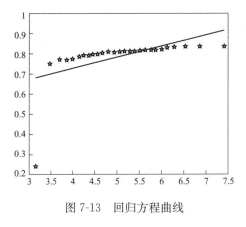

图 7-13 回归方程曲线

计算一天中各时段样本谐波模态的秩和比，再取各时段样本秩和比的平均值计算一天的秩和比。作为参考点的一个月电流限值秩和比，则取自每天电流限值秩和比的平均值，然后将 30 天的秩和比与作为参考点的电流限值秩和比构成一个月的秩和比矩阵。

通过求出上述矩阵秩和比的概率单位 Probit，以一个月秩和比为纵坐标，而 Probit 为横坐标，如图 7-13 所示，则该算例回归方程为

$$y = 0.5128 + 0.0543x \tag{7-60}$$

通过"常用分挡情况下的概率单位 Probit 值分布分挡表"（见表 7-13），根据回归方程中概率单位 Probit 对应的秩和比 WRSR 估计值来的出分挡界限，将每天的秩和比输入，然后再输入作为参考点电流限值的秩和比，给每个秩和比分别统计分挡（见表 7-14），每一挡以自然数表示，本节将其定义为评级数，将每个秩和比的评级数减去参考点评级数，得到一组数字，以这组数字作为谐波质量的划分标准。当某一秩和比的评级数与参考点的评级数相近时，相减之后的得到数字较小，反之较大。所以这里以"0"作为界限，每个评级数与参考点评级数相减之后大于 0 的，其谐波质量一定合格以上，而小于 0 的，其谐波质量一定合格以下，具体程度通过评级数的大小而知。由此得出了每天的谐波质量分布情况（见图 7-15）。

表 7-13   谐波污染分挡

分挡	概率单位	WRSR 估计值	评级数
1	<3.20	<0.68656	0
2	3.20≤probit≤4.40	0.68656≤probit≤0.7517	1
3	4.40≤probit≤5.60	0.75172≤probit≤0.8168	2
4	5.60≤probit≤6.80	0.81688≤probit≤0.8820	3
5	≥6.80	≥0.88204	4

表 7-14   每天谐波污染情况

天数	秩和比	谐波质量	天数	秩和比	谐波质量
1	0.76916	优质	16	0.80876	优质
2	0.79488	优质	17	0.81125	优质
3	0.77571	优质	18	0.79282	优质
4	0.80934	优质	19	0.8366	优质
5	0.82011	优质	20	0.80071	优质

续表

天数	秩和比	谐波质量	天数	秩和比	谐波质量
6	0.75004	良好	21	0.83519	优质
7	0.83514	优质	22	0.77054	优质
8	0.80971	优质	23	0.83107	优质
9	0.80802	优质	24	0.81027	优质
10	0.82172	优质	25	0.79796	优质
11	0.80788	优质	26	0.83585	优质
12	0.80929	优质	27	0.81054	优质
13	0.79796	优质	28	0.80909	优质
14	0.82139	优质	29	0.82102	优质
15	0.78574	优质	30	0.81908	优质

统计计算谐波质量分布概率（见表 7-14）和每天对应的谐波污染情况（见表 7-13），最后求取每天的秩和比平均值表示这一个月的秩和比，通过表 7-15 与上述方法来判断其所在挡位，也可将每天的谐波污染情况用折线图表现其趋势。

通过以上算例结果可知，一个月的谐波污染分布主要集中在"优质"，由平均秩和比确定的一个月评估结果（见表 7-16）也符合直方图与频率表反映的情况。这一结论与实际情况较为符合，该企业谐波污染水平情况也是合格。

（三）其他结果

企业实测得来的历史谐波数据整体呈现"优质"，由于未采集到谐波污染严重

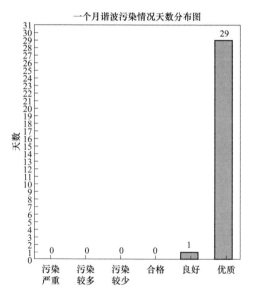

图 7-14　谐波污染分布情况

的数据来验证该方法在不同谐波数据下都能得出谐波污染情况的有效性，在此将该数据进行整体放大处理，谐波数据被放大，谐波含量上升，谐波污染也随之增加，以此来验证设计有效性。这里只关注一个月的谐波污染情况，中间算法的结果细节不再赘述，结果如图 7-15 所示。

表 7-15　　　　　　　　　　谐波评估频率分布

电能质量	优质	良好	合格	污染较少	污染较多	污染严重
频率	96.6667%	3.3333%	0	0	0	0

表 7-16	一个月谐波污染情况
秩和比	0.80689
谐波质量	优质

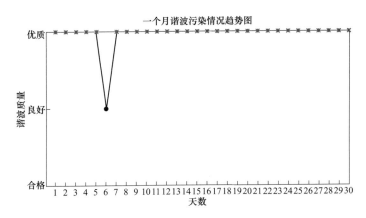

图 7-15　谐波污染情况趋势图

当数据放大到 25 倍时，其结果如图 7-16 所示。

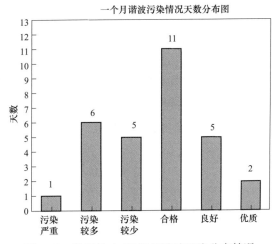

图 7-16　数据放大 25 倍后谐波污染分布情况

　　由算例结果（a）可知，当谐波数据被放大时，谐波污染也随之增加。在数据放大25 倍时，这一个月的谐波污染主要集中于"合格"的挡位，"污染较多""污染较少""良好"分布频数相当，"污染严重"与"优质"则分布频数最少，见表 7-17、表 7-18，可更精确地知道每个挡位的频率分布情况，仍是"合格"占比最多，最终由平均秩和比确定的一个月的评估结果（见表 7-19）也符合直方图与频率表反映的情况，这个月的谐波污染情况为"合格"。

表 7-17　　　　　　　　　　　　　　**数据放大 25 倍后每天谐波污染情况**

天数	秩和比	谐波质量	天数	秩和比	谐波质量
1	0.50869	污染严重	16	0.65488	合格
2	0.75727	优质	17	0.62718	合格
3	0.67056	良好	18	0.64381	合格
4	0.61025	污染较少	19	0.65098	合格
5	0.54132	污染较多	20	0.71764	良好
6	0.58551	污染较少	21	0.64759	合格
7	0.55152	污染较多	22	0.67487	良好
8	0.69927	良好	23	0.62596	合格
9	0.58734	污染较少	24	0.60972	污染较少
10	0.63849	合格	25	0.75834	优质
11	0.58081	污染较多	26	0.57706	污染较多
12	0.67987	良好	27	0.64498	合格
13	0.59626	污染较少	28	0.52582	污染较多
14	0.53097	污染较多	29	0.65337	合格
15	0.62072	合格	30	0.65058	合格

表 7-18　　　　　　　　　　　　　**数据放大 25 倍后谐波评估频率分布**

电能质量	优质	良好	合格	污染较少	污染较多	污染严重
频率	6.6667%	16.6667%	36.6667%	16.6667%	20%	3.3333%

表 7-19　　　　　　　　　　　　　**数据放大 25 倍后一个月谐波污染情况**

秩和比	0.62738
谐波质量	合格

第八章

谐波的治理及管理措施

第一节 谐波源管理

谐波源识别主要包括特征提取和分类两个主要过程，本节将展开介绍谐波指标的特征向量提取与多谐波源分类的研究现状。

一、谐波指标的特征向量提取

随机森林是一种集成学习方法，它通过重采样技术构建多棵决策树，再通过综合多棵决策树的分类结果得到最终的类别标签。随机森林的学习速度较快，在高维数据的特征选择中，一般把算法中的特征重要性度量过程作为工具使用。在常见的数据挖掘与机器学习任务中，一般使用的特征选择方法包含以下三种：①过滤式（Filter）特征选择的数据处理效率高，但由于特征选择独立于后续的学习算法，形成的最优特征子集与最终算法评估的结果差距较大；②封装式（Wrapper）特征选择方法中，通过融合特征搜索策略以此来获得最优特征子集，而特优子集的评价标准是直接以最终学习的性能来确定的，虽然性能不错，但计算量太大；③嵌入式（Embedded）特征选择是把特征选择的过程嵌入到学习算法中的一种方法，实质上还是利用度量指标进行性能评估并形成特征子集，其中决策树算法是最典型的嵌入式特征选择方法，它在每个递归过程中选择一个特征，并对数据样本进行划分。

在特征选择方法中，生成特征子集的方式包含穷举法、启发法和随机法：穷举法能保证结果最优，但计算开销大，时间复杂度高；而后两者牺牲时间性能，以此来换取简单快速地实现。

二、多谐波源分类

近年来，随着科技的快速发展，机器学习和深度学习作为人工智能的核心技术变得越来越热门，循环神经网络（RNN）的应用逐渐广泛，其中由于兼顾数据的时序性和非线性关系，长短期记忆（LSTM）网络被逐渐运用在谐波数据分析领域。

近年来在谐波数据分类问题上，数据挖掘技术的应用越来越广，由于谐波数据是一种典型的时序数据，数据挖掘算法本身对时间相关性的考虑不足，因此不能很好地反应谐波数据的时序性特征。

LSTM 网络模型有效抑制了长序列训练过程中的梯度爆炸和梯度消失，反映了数据中的长期历史过程。通过 LSTM 网络模型进行短期负荷预测，从结果中不难看出，其与 ARIMA 模型相比显著提高了预测准确率，由此证明了 LSTM 网络模型在电网数据分析中的有效性。

三、谐波源分类技术

在谐波数据分类问题上数据挖掘技术的应用越来越广，随着深度学习的热门，越来越多的循环神经网络运用在电网数据分析领域。当谐波数据集经预处理后，即可按普通的多分类学习问题进行学习的训练与预测。下面针对本研究涉及的几种多分类模型进行概述：

1. 决策树

在分类问题中，决策树能从给定的无序样本中形成树形分类模型。如图 8-1 所示，每个非叶子节点（圆点）对应于一个属性测试，记录了使用哪个特征来进行类别的判断；每个叶子节点（方框）则代表了最后判断的类别。应用决策树进行分类的基本过程可概括为两点：

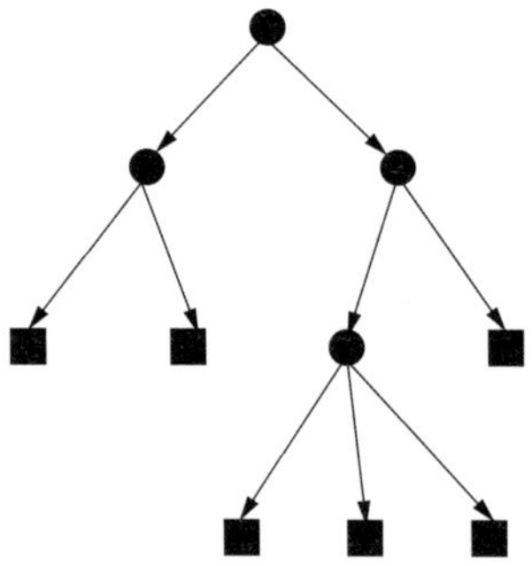

（1）从根节点开始，通过每次选择一个特征量的方式对样本集进行分类。

（2）然后对分类后的子集递归重复步骤。

决策树算法的优点有：分类精度高生成的模式简单，分类速度快，适合高维数据。

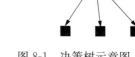

图 8-1　决策树示意图

缺点有：容易过拟合，忽略了属性之间的相关性。

2. 随机森林

随机森林是一种以 Bagging 思想为基础，综合多棵决策树的分类结果来对样本进行分类的算法，它解决了决策树泛化能力弱的特点。随机森林的工作原理一般包含如下 3 个步骤：

步骤 1，利用 Bagging 策略从数据集中随机选择 k 个特征及 m 个样本，根据此 k 个特征及 m 个样本选择合适的决策树算法（ID3/C4.5/CART 等）构建决策树。

步骤 2，将步骤 1 重复 n 次，得到 n 棵决策树及 n 个预测结果。

步骤 3，利用投票法综合 n 棵决策树的预测结果以确定最终的预测类别。

随机森林的优点有：对于样本量大或特征维度较高的数据集表现良好；由于多棵决策树的存在，降低了过拟合的风险，同时稳定性很好，只有大多数决策树出现问题时，才会对结果造成影响；对于不平衡的数据集，可平衡误差。其缺点是：在某些噪声较大的数据集上容易引起过拟合；相对于单颗决策树，多颗决策树虽然提高了性能，但是计算量增大，时间复杂度更高。

3. LSTM 网络

长短期记忆（LSTM）网络是一种时间循环神经网络，因为它可兼顾数据的时序性和非线性，被逐渐运用在电力系统数据分析领域。普通的循环神经网络（RNN）难以处理长序列中的长期数据依赖，LSTM 很好地弥补了该缺陷，有效解决了长序列训练过程中的梯度问题，反映了数据中的长期历史过程。

如图 8-2 所示，原始 RNN 的隐藏层只有一个状态，即 h，LSTM 在此基础上增加一个单元状态 c，并让它来保存长期的状态。在 t 时刻，LSTM 的输入有三个：t-1 时刻的 LSTM 网络单元状态 c、t-1 时刻 LSTM 网络的输出值 h 以及 t 时刻 LSTM 网络的输入值 x。不难发现，t 时刻 LSTM 网络的输出值 h，以及在 LSTM 的输出有两个 t 时刻的单元状态 c。当信息进入 LSTM 网络后，将根据一定的规则来判断其是否有用，最后，符合规则的信息被留下，而作为当前时刻的输出，只要其不符合规则，该信息就会被过滤掉。

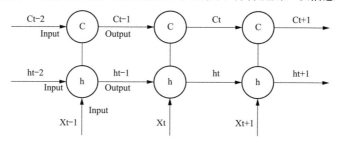

图 8-2 LSTM 单元状态

LSTM 在一定程度上解决了 RNN 的梯度问题，但还是无法处理超长序列。另一方面，每一个 LSTM 的单元状态 c 里面都含有 4 个全连接层，如果 LSTM 的时间跨度很大，则会增加计算量，导致时间复杂度过大。

四、谐波源的管理措施

（1）谐波源参数。包括设备的型号、台数、容量、额定电压、额定电流、接线方式、控制方式、控制角或各次谐波电流的发生量以及电源变压器的台数、容量、额定电压和接线方式等。

（2）系统参数。包括谐波源与系统连接点的额定电压、短路容量、谐波电压和谐波阻抗等。

（3）谐波计算。谐波计算的目的是估计谐波源接入电网的影响以及允许谐波源接入电网时需要采取的措施。具体来说，就是以谐波源注入电网的谐波电流和接入点以前的系统谐波阻抗为具体参数，计算谐波电流在系统中产生的谐波电压。对复杂系统或有多个谐波源的情况，可用谐波潮流计算方法计算电力系统各连接点的电压波形畸变值。对简单的配电网络，使用简易计算方法计算即可。在电网电压含有谐波的情况下，还应计算原有的谐波电压和新接入的谐波源在系统中新增加的谐波电压，最后还得计算合成的电压波形畸变值。在进行谐波计算时，特别要注意校验是否会产生谐波放大和谐振。

（4）核对是否符合限制谐波标准的规定。如果谐波源注入电网的各次谐波电流和系统电压波形畸变率均符合标准的规定值，则允许该谐波源接入电网。

（5）采取限制谐波的措施。如果谐波源注入电网的谐波电流或系统的电压波形畸变率超过了限定标准的规定值，则应研究限制谐波的措施，把谐波电流和谐波电压控制在现有标准规定的范围内，这样才能将该谐波源接入电网。

（6）谐波实测。检测新的谐波源接入电网后，注入的谐波电流和在电网中造成的谐波电压是否符合限制谐波标准的规定。

（7）电网谐波控制的技术措施。谐波控制治理措施分为供电方措施及用户侧措施。

除了上述技术措施，要做好谐波源的治理还需要强化以下几方面的管理措施：

（1）严把谐波源入网关。潜在或实际的谐波源客户申请新建或扩建项目时，要求其提供与谐波注入量有关的设备技术资料，并委托有相关资质单位进行谐波影响评估。在确定谐波源客户的供电方案时，要求客户提供其用电设备对公用电网谐波影响的分析评估报告，对谐波注入量超标的新设备投运时，应同步制订谐波治理方案并投入谐波治理设备。

（2）建立和健全谐波源客户技术档案。技术档案的内容应包括：谐波源设备的类型容量、性质、容量；谐波源设备投运前后对线路线损率的影响等；谐波源设备接入系统点的短路容量；谐波源设备是否采取了滤波措施（包括参数、主接线，有关电容器或滤波器的参数）以及滤波效果分析。以上资料随电网参数改变而同步更新。

第二节 运行调控措施

应从谐波源的具体特点出发，通过主动谐波治理，使谐波源不产生谐波或降低谐波源产生的谐波，它是谐波治理措施的主要方法之一。下面是主动治理谐波的六种措施。

（1）采用多重化技术。将多个变流器联合起来使用，用多重化技术将多个方波叠加，以消除频率较低的谐波，得到接近正弦波的阶梯波，但装置复杂，成本较高。

（2）采用脉宽调制 PWM 技术。使交流器产生的谐波频率较高、幅值较小，波形接近正弦波。这种方法只适用于自关断器件构成的变流器。

（3）采用谐波叠加注入方法。利用三次倍数的谐波和外部三次倍数的谐波源，把谐波电流加到产生的矩形波形上，可用于降低给定的运行点处的某些谐波。缺点是谐波发生器的功率消耗常高达整流器在流功率的 10% 且必须保证三次倍数的谐波源与系统的同步。

（4）配置高功率因数变流器。比如采用矩阵式变频器、四象限变流器等，可以使变流器产生的谐波非常少且功率因数可控制为 1。

（5）合理增加交流装置的相数或脉冲数。改造变流装置或利用相门有一定移相角的换流变压器，可有效减小谐波含量，其中包括多脉波整流和准多脉波整流技术，但是装置更加复杂。

（6）改变谐波源的配置或工作方式。应集中使用具有谐波互补性的装置，否则应适当分散或交替使用，要适当限制会大量产生谐波的工作方式。

通过装设静止无功补偿装置也可取得较好的效果，包括：

1）通过合理设置无功补偿装置中的电感和电容，使某次频率点产生谐振，即可对该频率的谐波实现滤波，可有效减少波动的谐波量，同时，可抑制电压波动、电压闪变、三相不平衡，还可补偿功率因数。另外，一些快速变化的谐波源，如电弧炉、电力机车和卷扬机等，除了产生谐波外，往往还会引起供电电压的波动和闪变，有的还会造成系统电压三相不平衡，严重影响公用电网的谐波。所以在电网侧投入无功补偿装置是用来补偿由谐波造成的无功功率。

2）快速变化的电抗或电容是组成静止补偿装置基本结构的主要元件。目前使用较多的是：①自饱和电抗器 SR：由负荷电流控制饱和电抗器的磁饱和程度，当负荷发生变化时其电抗值随之发生变化，从而调节无功输出的大小；②晶闸管控制电抗器 TCR：通过改变控制角而改变导通时间，相当于调节电抗器电抗实现改变无功输出的目的；③晶闸管控制高漏抗变压器 TCT：工作原理与 TCR 相同，晶闸管断开时呈高电抗特性，接通时根据控制角调节无功输出的大小，因为使用了变压器，故可直接接入高压侧；④晶闸管投切电容器 TSC：它的晶闸管在超前电压 90°时接通并在断开前一直保持该控制角，如果电压是正弦波，则流过 TSC 电流也是正弦波，故没有谐波产生，但这种 TSC 不能在导通期间改变无功输出的大小。

由于 TCR 和 TCT 通过控制晶闸管的开通角度以调节电抗器电抗，在控制角大于90°时不能得到与交流电源对应的完整波形。SR 的谐波来自磁饱和和非线性。所以这三种形式不可避免有谐波产生。因此在使用时必须考虑到对它们自身所产生谐波的抑制，这就增加了结构和设计上的复杂。

第三节　加　装　滤　波　装　置

加装滤波装置属于克服既有谐波问题所采用的技术，包括使用 LC 无源滤波器、使用有源滤波器、电路解谐三种技术。

一、LC 无源滤波器

理论上，滤波器在其调谐频率处阻抗为零，因此可吸收掉要滤出的谐波。但需要注意的是，滤波器对其所调谐的谐波来说是一个低阻抗的"陷阱"。可将电容器和电抗器串联形成无源滤波器，并使其调谐在某个特定谐波频率。虽然无源滤波器具有结构简单、设备造价相对便宜等优点，但它同时存在不少缺点，列举如下：

1）一个无源滤波器只能有效抑制一个谐波分量，并且对某次谐波在一定条件下反而会产生谐振而使谐波放大。

2）只能对固定的无功功率才有补偿效果，对变化的无功负载不能进行精确补偿，对于已进行过无功补偿的通信行业低压系统来说，无源滤波器的这一功能完全是没有效用和益处。

3）其滤波特性受系统参数影响较大，也与电源阻抗的关系很大，并且其滤波特性有时很难与调压要求相协调，当低于最低调谐频率时，阻抗特性变差且不能完全滤出非特征谐波（不同于滤波器调节频率的谐波），例如由变频器产生的谐波。

4）由于其中的元件参数和可靠性要求较高且不能随时间和外界环境变化，故对无源滤波器的制造工艺要求也很高，避免出现谐振点的漂移等现象。

5）过载后容易损坏，从而大大增加了系统内并联的其他滤波器所承受的压力。

6）为了使用多组滤波器以消除各次谐波，设备自重与体积迅速增大。

7）对通信用低压系统等负荷经常变化的系统，无法灵活调整。

8）无源滤波器可治理 UPS 系统前端的谐波，但当 UPS 工作在旁路状态时，由于其谐波含量情况完全不同，因此无源滤波器就无法正常工作，甚至会产生更极端的负面效果。

9）由于开关电源谐波的特点，在进行直流系统前端的谐波治理时，无法使用无源滤波器。

二、有源滤波器

与无源滤波器相比，有源滤波器具有很强的可控特性，并且能跟踪补偿各次谐波，自动产生所需变化的无功功率，其特性不受系统影响且消除了谐波放大危险，同时还具备了相对体积和自重较小等突出优点，因而已成为抑制电力谐波的重要手段。

有源滤波器系统主要由两大部分组成，即指令电流检测电路和补偿电流发生电路。指令电流检测电路的功能主要是从负载电流中分离出谐波电流分量和基波无功电流，然后将其反极性作用后发出补偿电流的指令信号。电流跟踪控制电路的功能是根据主电路产生的补偿电流，计算出主电路各开关器件的触发脉冲，在进入主电路之前，此脉冲先经驱动电路，之后再作用于主电路。这样电源电流中就只含有基波的有功分量，从而达到消除谐波与进行无功补偿的目的。根据同样的原理，在对不对称三相电路的负序电流分量进行补偿时也会用到电力有源滤波器。

三、谐振评估

电容和电感不同的连接方式有不同的体现形式，串联产生过电压，并联产生过电流，而二者所导致的结果却不大一样。谐振电路一般是由电路中的电容和电感组成的，当电路中的感抗等于容抗时，电路呈现电阻性，发生谐振。谐振的分析一般从其的谐波电流入手，运用傅里叶级数对这部分的周期性非正弦交流量分解，分解得到的波为基波的整数倍，因此成为多次谐波。而我们希望可通过计算，更好地控制电路中的电容和电感大小，尽量降低可能出现谐振的概率，进而避免或降低其危害的产生。而且，谐波谐振的含量已经是各设备生产商的一个重要指标，所以对于不同装置的谐波分析是一个必须要做的研究。但也要注意当谐振时间过长，由于其产生的大电流或大电压会导致膨胀、碳化、爆炸等现象的产生。

谐波谐振出现时，可能会导致电压飙升，频率出现波动，波形也不能保持标准的正弦波，使得用户的用电要求不能得到满足，同时也使整个电力系统的电力设备运行在一个复杂且不安全的环境中，严重时会使人民群众的生命财产受到威胁。因此对于整个电力系统来说，需要的是质量良好且稳定的电能，而其评判的标准可由电压、频率和波形来确定。正常情况下，电压是处于规定的范围内，频率符合标准且不变，波形是标准的正弦波。所以对电容器的谐振分析是一个具有相当大现实意义的研究，通过研究可找到出现的原因、影响的范围，方便以后对其进行合理规避，提高供电质量，减少其他各个电力设备的负担。

普通电容器对谐波有放大作用，串联一定数量的电抗器既可保护电容器，又可有效防止系统谐波被放大。根据 GB 50053—2013《20kV 及以下变电所设计规范》规定："当电容器装置附近有高次谐波含量超过规定允许值时，应在回路中设置抑制谐波的串联电抗器。"GB 50227—2017《并联电容器装置设计规范》规定："用于抑制谐波，当并联电容器装置接入电网处的背景谐波为 5 次及以上时，宜取 6%；当并联电容器装置接入电网处的背景谐波为了次及以上时，宜取 12%"。

综上所述，谐波源治理的技术措施针对上述问题和困难，可考虑采取以下技术措施做好谐波源治理工作：

（1）在谐波源就近装设滤波装置是限制谐波超标的主要方法之一。滤波装置分为无源滤波、有源滤波和混合型滤波装置等。用户应根据谐波设备的实际工况特点选择滤波方式，对负荷变化不大、谐波超标次数种类不多的，可采取简单经济的无源 LC 滤波器来滤波，以确保运行工况在低负荷时也不会谐波超标；而相对于负荷变化较大，谐波超标次数种类较多时，可将有源滤波器与 LC 滤波器混合使用。首先使用 LC 滤波器承担大部分补偿消谐任务，降低成本，又因为有源滤波器优良的补偿性能，两者结合，既克服有源滤波容量大、成本高的缺点，又可使整个系统取得良好的性能，从而消除在复杂负荷工况中出现谐波情况。

（2）对谐波源客户安装在线监测系统，这样能连续对监测点的谐波进行实时监控，当超标的谐波问题时发出告警，统计电压的合格率和谐波、闪变等电能质量参数，并自动生成表格和分析报告。管理人员可在局域网内轻松、方便地调用和处理数据，还可在线查看谐波及各种告警，大大提高工作效率，从而有效掌握电网的谐波状况。

（3）为防止客户不投入滤波装置，应要求谐波用户在滤波装置总开关与谐波源设备总开关之间装设连锁装置，达到同时投切功能，确保谐波源设备投入运行时，滤波装置可同时投入运行。

（4）为督促谐波源客户采取治理谐波措施，可谐波监测功能增加在客户的无功补偿装置控制系统中，一旦谐波超标就自动退出无功补偿装置，用功率因数不达标的约束条件促使客户积极使用滤波装置。

（5）增加整流装置的脉动数。整流装置是电网中的主要谐波源，它的特征谐波电流次数与脉动数息息相关，当脉动数增多时，整流器产生的谐波次数也增高，而谐波电流与谐波次数近似成反比，因此会有很多次数较低、幅度较大的谐波得到消除，谐波源产生的谐波电流将减少。

第四节　谐波规范监测管理措施

规划设计部门作为谐波监测管理工作的协作部门，主要负责针对谐波污染源用户接入用电方案的审查，必要时可要求用户补充使用消谐装置。

而谐波监测管理工作测试部门的检修部门，需要负责年度具体的谐波监测工作，参与分析测量因谐波问题导致的事故与异常。

作为谐波监测管理工作的归口管理部门，生产部门需要负责组织分析因谐波问题导致的重大设备、电网事故或异常，同时制订反事故的各项技术措施，负责年度谐波监测工作的计划、协调及数据汇总上报工作，还需负责组织谐波污染源治理方案审查及治理工程验收；而且还需负责组织对用户设备参数进行谐波审查、评估，组织发布谐波监测报告的同时提出治理要求。

营销部门作为谐波监测管理工作的配合部门，需根据谐波监测结果来确定用户供电方案，并负责监督、指导谐波源客户运行使用谐波治理装置，还需在与用户签订《供用电协议》中明确谐波管理的相关要求和责任，而且还需负责提供所辖非线性用户的相关参数以及运行特点。

调度部门同样作为谐波监测管理工作的配合部门，其主要负责提供电网运行参数，同时还需参加电网重大谐波事故或异常的分析及调查工作。

一、管理内容与方法

（一）电网谐波管理标准

要做好监测电网谐波的工作，建立完整、健全的用户电能质量污染源技术档案，建立电网电能质量在线监测平台及数据库，分析好电网谐波测试数据。并且要做好谐波污染源用户接入系统及已运行的负荷评估分析，确定好上述负荷接入系统的方案以及超过标准时的治理方法与措施。同时电网母线的电压正弦波形畸变率、电压波动值和闪变值、三相电压不平衡度这三项内容应符合国家标准《电能质量　公用电网谐波》（GB/T 14549—1993）《电能质量　允许波动和闪变》（GB 12326—2008）和《电能质量　三相电压允许不平衡度》（GB/T 15543—2008）的限值。

（二）谐波日常监测工作

对于谐波污染特别严重的监测点，应装设在线谐波监测装置或报警仪表，由检修部负责其日常维护工作。同时对于谐波监测点的谐波电压以及主要谐波源用户的谐波电流，应根据具体情况对其进行连续或定时的监控。

（三）谐波的定期普查

为了更多了解电网的谐波水平和负荷的谐波特性，在建立电网电能质量在线监测平台之前，建议每两年就要对谐波进行一次普查测试。普查的范围和内容应根据电网的特点和谐波源分的布情况来确定。

（四）对新增或增容谐波源用户的管理

当大容量的谐波源设备、电容器（或滤波器）组等接入电网前后，均需进行专门的谐波测试，通过测试结果来确定电网的谐波背景，同时还可以此确定谐波源的谐波发生量、电容器（或滤波器）组对谐波的影响等，通过该项测试决定其能否正式接网运行。

（1）对于评估超标的客户，谐波治理装置或改善措施应与其用电工程设计、安装、调试、投运做到"四同时"，当验收测试不合格时，则要限期整改。

（2）在预测评估中超标或接近超标的用户必须要安装谐波在线监测装置。

（五）谐波事故与异常的分析处理

当由谐波造成事故或异常时，根据事故或异常的性质和影响范围，让生产部门根据具体情况组织专门的分析测量。这样做的目的是为了验证谐波计算结果，研究谐波的影响，分析谐波的谐振和渗透等问题。

二、检查与考核

当电网原有的谐波超过其规定的电压正弦波形畸变率极限值时，要立即去查明谐波源并采取措施，并把电压正弦波形畸变率控制在规定的极限值以内。当非线性用电设备注入电网的谐波电流超过原先规定的谐波电流允许值时，此时就需制订改造计划并必须在一定时间内将谐波电流限制在允许范围内。而当谐波源的谐波量超过标准时，生产部门就会发出技术监督预警通知，同时协助督促用户积极地去消除谐振。

限制用户非线性用电设备注入电网的谐波电流则是控制电网电压正弦波形畸变的关键步骤。任何用户向电网连接点注入的各次谐波电流均不得超过所规定的允许值。用户的非线性用电设备接入电网时，就会增加或改变电网的谐波值及其分布情况，特别是会让电网连接点处的谐波电压、电流变得严重。此时用户必须要采取必要措施，将谐波电流控制在允许的范围内才能接入电网运行。除非对方的国家标准或企业标准的全部或部分规定与本规定相比更为严格，否则进口设备和技术合作项目也需执行该规定。当用户用电设备对谐波电压的要求比本规定的电压正弦波畸变率极限还要更加严格时，就由用户自行采取控制谐波电压的措施和方法。

用户与电网连接点原有的总电压正弦波形畸变率相比已超过规定的极限值，或新增的非线性用电设备向电网注入的谐波电流超过规定的允许值时，则应经过生产部门的核算后，再确定该用电设备接入电网的技术措施与方式。而当新增加的非线性用电设备向电网注入的谐波电流不超过规定的允许值，并且用户与电网连接点原有的总电压正弦波形畸变率相比未超过规定的极限值，则允许该用电设备接入电网。

对由 110kV 及以上电压供电的用户，在接入电网前，需要去计算非线性用电设备向电网注入的谐波电流引起电网电压正弦波形畸变率，以便采取措施确保电网各部分电压正弦波形畸变率均不超过规定值。另外，还应检验并采取措施防止发生谐振。

单台换流设备或交流调压装置的容量不超过规定值时，则可不进行谐波核算，允许其直接接入电网。在公共连接点接入太多个换流设备或交流调压装置，以至于总容量超过了规定值时，则应按有关规定去处理。当有单相或三相不对称非线性用电设备接入电网时，则按规定执行即可。但需考核其注入电网的谐波值，特别应注意的是要以谐波电流最大的一相作为依据。

同时要积极开展治理谐波专业技术培训，着重就谐波的特性、谐波设备种类及行业、谐波计算方法、消谐的基本技术及对谐波源的管理措施等内容进行有针对性的专题培训，加强各级用电检查及业扩人员对谐波知识的理解，提高各级管理人员的谐波管理水平。

第五节　谐波规范监测技术措施

供电公司和用户都必须仔细核算、验证接入电网的电力电容器组是否会发生有害的并联谐振、串联谐振和谐波放大情况，以此来防止电力设备因谐波过电流或过电压而损坏。同时要根据已经实际存在的谐波情况，去采取加装串联电抗器等措施。

应根据谐波源的分布，在电网中谐波量较丰富的节点设置监测点。在该点测量谐波电压，并需测量向用户供电的线路送电端的谐波电流。在正常情况下，谐波测量应选在电网当前运行方式下非线性用电设备的运行周期中且还需在谐波发生量最大的时间内进行。

同时定期对电网的谐波情况进行测量分析也是非常有必要的。当发现电网电压正弦波形畸变率超过规定值时，应尽快查明谐波源并按规定要求协助非线性用电设备所属单位采取治理措施，将注入电网的谐波电流控制在允许值以内。

谐波源客户安装在线监测系统，实时监测谐波电压、电流情况，系统能输入设置各次谐波电流允许值和谐波电压总畸变值。当谐波电压、电流超标时，记录下超标事件中的各次超标谐波的最大、最小值及平均值，以及记录超标总时间等相关数据。

而在电力系统中，其运行方式和谐波值都是会经常变化的，当谐波量接近最大允许值时，则需要加强对电网发电、供电设备运行情况的监视，尽可能避免电器设备受谐波的影响而发生故障。在电网谐波量较丰富的地方，要逐步安装在线监测装置。

客户在进行谐波设计时，要求其必须结合谐波设备的实际情况与特性去分析，对负荷变化不大、谐波超标次数种类不多的，则可使用简单经济的无源 LC 谐波器进行滤波；而当负荷变化较大，谐波超标次数种类较多时，则需要求其设计采用有源滤波器与 LC 滤波器混合使用的方式。

电网侧技术措施电网侧谐波控制的技术措施包括：

（1）配置一定数量的谐波吸收设备。想要在电网侧有效地进行谐波集中治理，首先要对电网谐波进行监控或普查，清晰地掌握电网的谐波污染情况，以此才能针对各类情况采取适当的技术措施。但效果却极有可能并不理想，只能作为用户侧谐波治理的补充。

（2）优化无功补偿电容器的配置和运行方式，尽可能消除电网中会出现的谐波放大和谐波谐振点。

（3）合理调整供电网路架构及系统运行方式，提高供电母线的短路容量。

用户侧技术措施用户侧可采用的技术措施包括：

（1）在电容器回路中串接电抗器。

（2）为了吸收高次谐波电流在谐波源处就近安装滤波器。特别是在用户侧装设治理装置可比较容易针对该用户的谐波特性，安装限制某次或某几次谐波幅值的治理装置，这种做法具有针对性强、性价比高的特点，是电网谐波治理中最为经济有效的方法。

（3）使用相数倍增法来减少整流、换流设备谐波源的谐波含量。

第九章

楼宇配电网谐波治理案例

第一节　信息物理系统简介

为了满足用户需求不断增加的情况，楼宇用电系统中不可避免地需要接入越来越多的非线性设备，例如节能灯具、电视电脑、开关设备等，而这些设备在工作时便会成为谐波源并对电网造成谐波污染，对楼宇配电系统的效率造成较大影响，因此，配置楼宇谐波滤波器抑制谐波是很有必要的。由于不同时段的用电负载不同，所以系统中所含的谐波量也会不同，简单地使用集中滤波器在部分时段虽然能够对谐波有一定的抑制效益，无法满足所有时段的滤波精度需求，不一定能满足用户对电能质量的要求。

在传统观念上，信息物理系统中所提及的物理网络与信息网络是两个相互独立的个体，其中关键问题在于实现信息系统与物理系统协同互动，如果能成功融合二者且统一管理，那么将会获得较大的收益提升。本章将采取物理系统与信息系统相结合的方式，对楼宇进行 CPS 信息物理系统的搭建，并针对不同负载情况下所产生的谐波进行滤波器的精准投切控制。当房间电器产生较大的谐波且集中补偿已不能达到精度要求时，则通过追加支路上的就地补偿，以获得最大的抑制收益。

另外，还需要考虑设备的寿命以及系统能源的消耗，这是因为在传统系统中必须搭载额外的信息系统，势必会增加能源的消耗，尤其像信息系统这类不间断的工作特点。要想充分发挥 CPS 建立过程所拥有的独特优势，就需要投入更多的研究资源。如何分配和运用资源以及如何利用 CPS 系统对传统电力系统进行优化升级是其中的重点研究对象。

第二节　楼宇配电系统物理模型

一、楼宇配电系统物理模型

（一）谐波分析的关键参数

在国家标准 GB/T 14549—1993《电能质量　公用电网谐波》，表征谐波衡量标准的公式如下所示：

谐波第 n 次电压/电流的含有率 HRU_n 和 HRI_n

$$HRU_n = \frac{U_n}{U_1} \times 100\% \qquad (9-1)$$

$$HRI_n = \frac{I_n}{I_1} \times 100\% \qquad (9-2)$$

式中：U_1 表示基波电压有效值；U_n 表示电压波形中 n 次谐波电压的有效值；I_1 表示基波电流有效值；I_n 表示电流波形中 n 次谐波电流的有效值。

而谐波电流总畸变与各次畸变的关系定义如下

$$I_H = \sqrt{\sum_{n=2}^{\infty} I_n^2} \qquad (9-3)$$

电压/电流总谐波畸变率 THD_u / THD_i 为

$$THD_u = \frac{U_H}{U_1} \times 100\% \qquad (9-4)$$

$$THD_i = \frac{I_H}{I_1} \times 100\% \qquad (9-5)$$

公用电网谐波相电压限定值，见表 9-1 和表 9-2。

表 9-1　　　　　　　　　　公用电网谐波相电压限定值

电网标称电压（kV）	电压总谐波畸变率（%）	各次谐波电压含有率（%）	
		奇次	偶次
0.38	5.0	4.0	2.0
6	4.0	3.2	1.6
10			

表 9-2　　　　　　　　　　公用电网谐波相电流限定值

标准电压（kV）	基准短路容量（MVA）	谐波次数及谐波电流允许值（A）						
		3	5	7	9	11	13	15
0.38	10	62	62	44	21	28	24	12
6	100	34	34	24	11	16	13	6.8
10	100	20	20	15	6.8	9.3	7.9	4.1

（二）滤波器选取

1. 有源滤波器和无源滤波器

有源滤波器（APF）能实现动态追踪补偿的主动补偿模式、能够在功能上弥补无源滤波器只能固定补偿的缺点，但却只适用于低电压等级的场合。无源滤波器通常由 LC 元器件组成，所以也称作 LC 滤波器且针对一些特定次数的谐波进行滤波的优点是具有在特定频率下的阻抗较低、对于线路的影响较小、技术比较成熟、结构简单，并且能够在固定条件下的满足技术指标要求。而有源滤波器的结构比起无源滤波器来说复杂很多，通常由 DSP 和电力电子原件等构成。它可动态地滤除各次谐波，也能对谐波电流进行动态检测，并主动调节补偿电流且补偿的精度较高。有源滤波器如今仍存在一些难以攻克的难题，比如初期投资大、运行效率不高等，并且适用场合的电压等级可能会超出有源滤波器的工作范围。所以，本研究所采用搭建的模型中滤波器统一设计为无源滤波器，如图9-1所示。

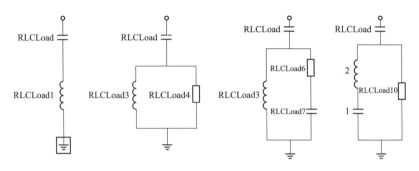

图 9-1   无源滤波器的几种类型

2. 滤波器的参数计算

无源滤波器的品质因数通常在 30～60，其相关参数的计算公式为

$$Q_C = P(\tan\varphi_1 - \tan\varphi_2) \tag{9-6}$$

式中：Q_C 表示需要补偿的无功功率；P 表示整个系统中的有功功率；$\tan\varphi_1/\tan\varphi_2$ 分别表示补偿前后的功率因数角；滤波器的电阻 C 的数值计算为

$$C = \frac{Q_c(n^2 - 1)}{2\pi f n^2 U_n^2} \tag{9-7}$$

式中：U_n 表示系统中的三相相电压，此处应设置为 220V；n 表示谐波次数；f 表示基波频率，此处为 50Hz。滤波器 L 的数值计算为

$$L = \frac{1}{2\pi f n^2 C} \tag{9-8}$$

滤波器 R 的数值计算为

$$R = \frac{2\pi f n L}{Q} \tag{9-9}$$

（三）楼宇物理模型搭建与仿真

1. 楼宇物理模型介绍

在 Matlab/Simulink 上搭建物理模型，其中 powergui 模块能满足动态仿真的要求并通过模块观察波形和提取频谱分解参数形成输出柱状图，考虑到复杂的楼宇配电系统中同时存在单相负荷和三相负荷的情况，所以分别搭建了不同的单相、三相两种模型，如图9-2和图9-3所示。通过 Universal Bridge 模块构成桥式整流电路并作为谐波源产生，谐波分量单相以 3、5 次为主，三相则以 5、7 次为主的谐波分量。经过快速傅里叶分析功能，能够检测到系统运行中的电压电流畸变率，通过畸变率的参数大小直观地反映谐波大小的变化。

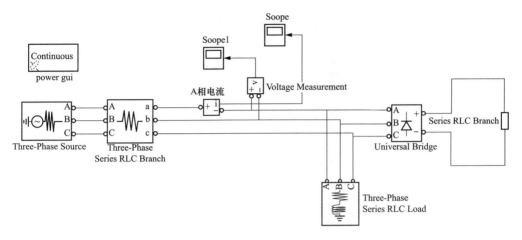

图 9-2　三相配电子系统纯物理模型

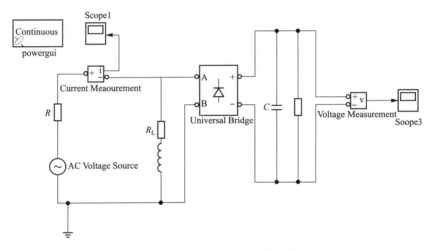

图 9-3　单相配电子系统纯物理模型

2. 物理仿真模型的验证

楼宇物理模型验证仿真结果如图 9-4、图 9-5 所示。

通过图 9-4 可看出在三相系统中，主要谐波次数确实为五次谐波和七次谐波，因此，无源滤波器的设计为针对 250Hz 和 350Hz 谐波的无源滤波器，这样就能大幅减小畸变率。

由于是单一房间的模拟仿真，所以直接采用自带的三相谐波滤波器模块替代配电房中的无源滤波器作为集中补偿，如图 9-5 所示，可看到虽然畸变率比以前的物理模型数据有了下降，但还无法完全满足电流总谐波畸变率 5% 以下的标准要求，这就是补偿精度不满足实际需求的情况，所以，还需要另外增加线路上的就地精确补偿。本节的设计想法是在每个用电房间内根据负载等级和谐波环境都设置独立的针对 5、7 次谐波的无源滤波器来提升滤波精度，降低 THD。

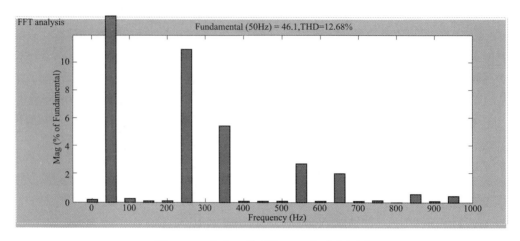

图 9-4　三相物理模型的 FFT 频谱分析图

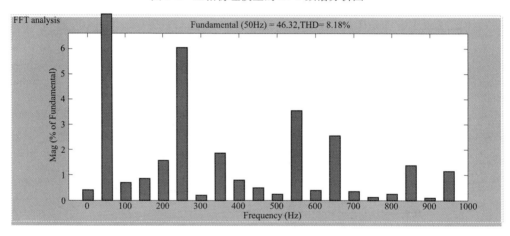

图 9-5　接入 Simulink 中的三相滤波器的 FFT 分析参数柱图

对单个房间来说，可直接采用 MATLAB 自带的三相谐波滤波器模块，替代配电房中的无源滤波器来进行集中补偿。如图 9-5 所示，可以看到畸变率有一定程度的下降，但是还无法完全满足电流总谐波畸变率达到 5％以下的标准要求，这是因为补偿精度不能够满足实际需求的情况。为了解决上述情况，需要另外使用就地精确补偿。本节的思路是在每个用电房间内根据负载大小和谐波环境，分别独立设置针对 5、7 次谐波的无源滤波器，以此来提升滤波的效果从而降低 *THD*。

3. 实验数据采集

本案例搭建的模拟物理仿真模型需要使用到实际的数据，以作为参考标准进行参数设置。为了确保所设置的负载大小在合理的范围之内，还需要测量三相线路谐波情况，在负载接入的情况下，确保其畸变率基本在 3.5％～4％浮动。

（四）楼宇信息模型的建模方法

本案例的最终效果需要将物理模型和信息模型进行整合且必须让两者协同动作才能

实现。本案例主要用到的建模方式是以 UML（Unified Modeling Language）建模语言为基础建立静态的信息模型框架，同时还需满足可搭载于物理模型之上的需求。UML 是较为主流的建模语言之一，功能齐全，可提供例图、状态图、活动图、类图等，支持从需求分析到软件开发的全部过程。UML 统一建模语言具有能将各类模块通过图形来表达的优点，并且最终还能导出成各类主流语言如 Java、C、C＋＋等语言所支持的框架源代码，以便供后续编程使用，本案例选择采用 Rational Rose 2003 软件作为 UML 的建模工具。

（五）信息模型功能介绍

为了获得功能完整且能够被物理模型所搭载调用的信息模型，还需要用到 Visual Studio 编程软件来编写实现控制功能的代码，并填入到通过 UML 得到的建模框架，弥补其内部没有能够实现本研究所需控制功能的实际函数程序。

在楼宇系统中，信息模型需要实现的功能是通过采集 Simulink/powergui 中的 FFT 分析模块所获得的数据，获取 5、7 次谐波数据。对就地补偿滤波器的投切阈值进行预设，当谐波含量达到阈值时，信息模型立即对滤波控制器发出投切信号，实现就地补偿，提高精度。该方法能做到针对特定次数谐波进行精确补偿，补偿比传统单纯的集中补偿模式效果更佳。

（六）FFT 分析模块介绍

快速傅里叶算法较为简单，所以在仿真过程中被广泛应用，本次研究中主要使用 FFT 分析来分解电流波形，检测不同次数的谐波含量，以便作为阈值标准来实现后续的控制功能。FFT 分析功能的应用流程图如图 9-6 所示。

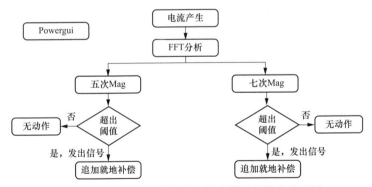

图 9-6　快速傅里叶分析判定断路器通断状态流程图

（七）设计函数功能

代码共分为三个部分，第一部分是参数计算功能，由于物理模型中的各元器件参数计算是一个较为复杂的过程且容易出现错误，为了避免出现错误，本次研究根据前文给出的参数计算公式设计了对应的 M 程序完成参数的计算功能。

第二、三部分分别为单相、三相电路的信息物理系统代码，实现功能为查看谐波幅值、修改采样基频、判断采样电流是否满足投入补偿的条件和最终的数据分析。其中，装载于 S-Function 模块中的快速傅里叶分析算法需要单独编写，填入之后建立的信息框架中。

（八）信息模型框架

通过设计指定的数据结构来搭建基于 Rational Rose 平台的信息模型框架。为了方便后续在其他软件中调用及传输，所以本次搭建的模型中统一设置返回值为 double 型。模型中一共设计了五个包，分别为实体类的 source、load、filter 包和动作类的 sys、display 包，并在完成搭建后在不同包下添加功能函数，如图 9-7 所示。

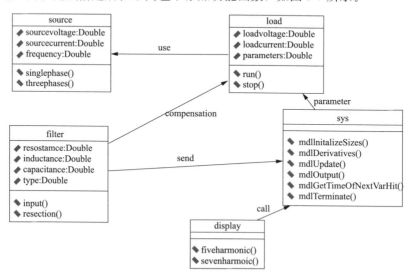

图 9-7　在 Rational Rose 上搭建的信息模型框架

图 9-7 为使用 Rational Rose 2003 软件搭建的信息模型整体框架，图 9-7 标注了整个信息系统中各模块的信息流向和调用。其中，sys 模块是组成控制的核心部分，其中包含了六个动作，并在此框架下添加快速傅里叶分析的算法程序，组成控制的核心部分。而另外一个主要的类图包则是 Source 包，其中设置了电力系统中的电压、电流以及频率三个属性，singlephase 和 threephase 两个属性为电源的相角设置。

二、滤波器集中分散和联合运行策略

（一）信息模型与物理模型的结合方式

一般来说信息模型与物理模型是相互独立的两个个体，要融合物理模型和信息框架，必须建立桥梁。本案例的思路是在 Simulink 平台上搭建了物理模型，通过 VS 软件编写 Matlab 程序并识别和调用。

详细步骤包括：首先利用 UML 建模语言在 Rational Rose 软件内绘制流程框架图并导出，在 Visual Studio 中调用并查看框架代码，在相对应的模块下添加实现系统控制功能所需要的程序，通过 Simulink 平台中自带的 S-Function 模块完成程序嵌入，对所采集的数据样本进行 FFT 分析后输出到滤波控制器，根据阈值情况进行断路器的通断控制，全过程如图 9-8 所示。

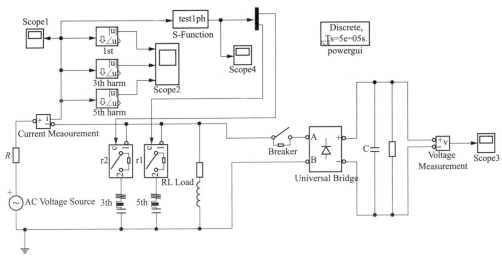

图 9-8 搭载 CPS 的单相线路模型

图 9-8 为融合信息系统的单相物理模型，S-Function 中包含了快速傅里叶分析的程序，经过程序分析后传输控制断路器通断的 0、1 信号进行滤波器投切控制。

如图 9-9 所示，单相系统中主要的 3、5 次谐波都有了明显的降低，总电流畸变率也降低至 4.08%，仿真结果表明集中分散滤波效果比单纯的集中滤波的效果有了显著的提升。

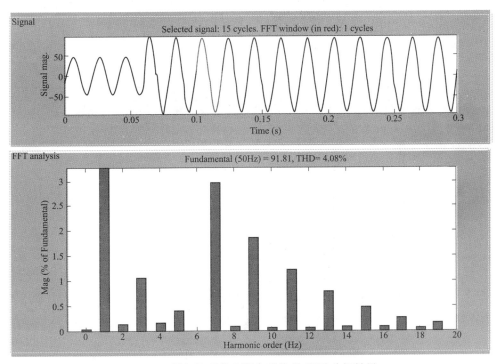

图 9-9 单相物理信息混合系统的 FFT 分析结果

如图 9-10 所示，三相物理信息混合模型的仿真 FFT 分析结果如图 9-11、图 9-12 所示。

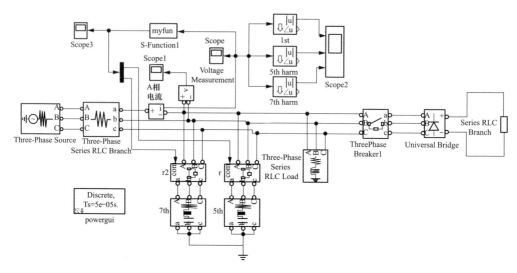

图 9-10　搭载 CPS 的三相线路模型

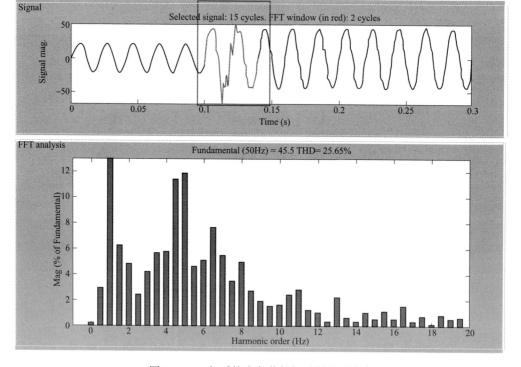

图 9-11　三相系统中负载投切时刻的畸变率

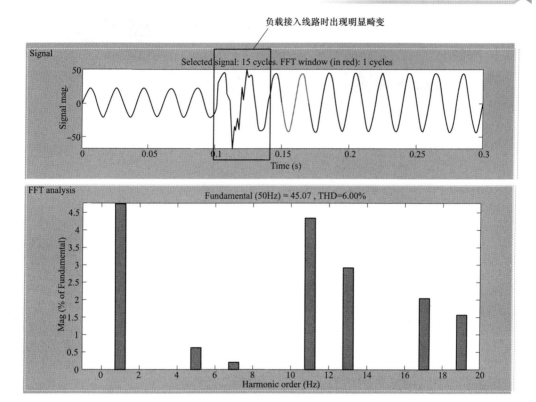

图 9-12　三相物理信息混合系统的 FFT 分析结果

从图 9-11 与图 9-12 中的电流波形图中可看出，当负载投入时刻，电流波形畸变较为严重。投入后 0.05s，滤波控制器迅速动作，就地谐波抑制措施产生了显著的效果。从图 9-12 可看出，5、7 次谐波含有率也有了明显的降低，总电流畸变率也降低至 6.00%。

（二）集中分散运行策略

楼宇谐波滤波系统是由配电房的集中滤波和各个房间内的线路就地滤波所组成的，所以如果部分线路所流过的谐波较小，此时仅使用就地滤波就已能够抑制谐波达到满足电能质量的需求，无需投入集中滤波。若此时继续投入配电房的集中滤波，只会增加系统的负担，所以在集中滤波的接入线路上同样需要设置滤波控制器。该控制器会在谐波含量没有超出标准值时，根据采样数据向集中滤波线路上的断路器发出信号 0，同时向就地滤波器所在线路上的断路器发出信号 1，这样集中滤波就不会投入。在本案例中，为了实现滤波器分散运行的工作模式，各用电房间都在安装有集中补偿断路器的线路上搭载了不同于就地补偿的非门逻辑模块。该运行方式能保持较高的滤波精度，并且有效减少线路上所配置滤波器的运行负荷，如图 9-13 所示。

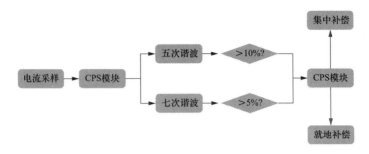

图 9-13　系统优化运行流程图

当房间的谐波情况已经超出了允许值时，信息模块会先根据集中滤波的情况，判断是否需要投入就地滤波装置，之后再发送通断信号到就地滤波器的控制器内，从而实现正确及时的投切控制。当然，这种运行方式可能会出现滤波器抑制效果不佳以及投切困难等问题，因此需要准确判断每条支路上接入负载的大小。

（三）搭载 CPS 后的滤波效果分析

为了能够在示波器中直观、明显地观察到 5、7 次谐波从产生到被抑制的完整全过程，仿真模型内还添加了针对不同次数谐波的独立提取模块，仿真结果如图 9-14 和图 9-15 所示。通过观察发现，谐波从发生到被抑制的整个过程历时 0.05s 左右，这说明在本次搭建的系统模型中，因为系统结构较为简单，所以信息系统的动作效率有较大的优势。在波形图中，可以看到信息模型从 0.1s 的时刻开始对采样电流进行快速傅里叶分析，根据程序设置的阈值控制断路器的通断，系统追加就地滤波之后，谐波幅值有了明显下降。当然，由于是仿真模型，未考虑外界干扰因素的情况下，所以效果比较理想。

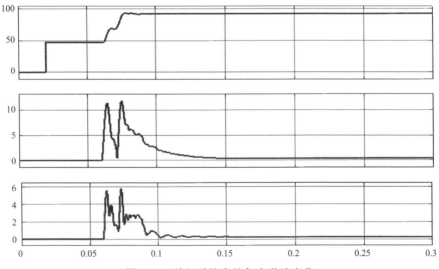

图 9-14　单相系统中的各次谐波变化

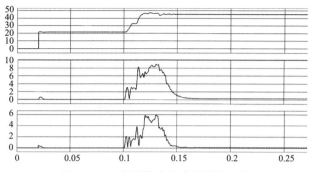

图 9-15　三相系统中的各次谐波变化

（四）物理信息系统在控制过程中体现的优势

仿真分析后，楼宇各房间整体的谐波抑制效果见表 9-3。

表 9-3　　　　　　　　　　谐波情况数据汇总

谐波次数	五次谐波	七次谐波	THD
总线	1.35%	0.68%	0.12%
LAB1	0.96%	0.49%	1.96%
LAB2	0.77%	0.38%	1.49%
LAB3	0.63%	0.54%	1.20%
LAB4	0.53%	0.72%	1.45%
LAB5	1.33%	1.30%	2.65%

从表 9-3 中可以看出，滤波效果显著，主要次数的谐波含有率基本都低于 2%，满足低于 5% 的要求。

与传统的物理系统相比，物理信息系统的投切过程完全由程序自主完成，真正意义上实现了自动闭环控制，解决了传统的人为投入的效率问题。这是因为一天之内多变的谐波环境，首先人工操作的精度和响应无法和程序控制相比较，而且长时间的工作可能会出现误操作的情况，所以这是滤波器分散和集中运行策略的优势所在。物理信息系统有着快速的判断效率。仿真实验中可以观察到，从达到阈值的瞬间到滤波器投入的时间总长不超过 0.05s，动作效率上远优于人工操作。

第三节　楼宇 CPS 系统实例

一、楼宇 CPS 滤波效果分析

上一节对楼宇谐波单独建立的三相负载子系统中，已经基本完成了各个房间的物理模型设计，如图 9-16 所示。下一步将展示所有负载子系统统一接入配电房形成集中滤波的效果。

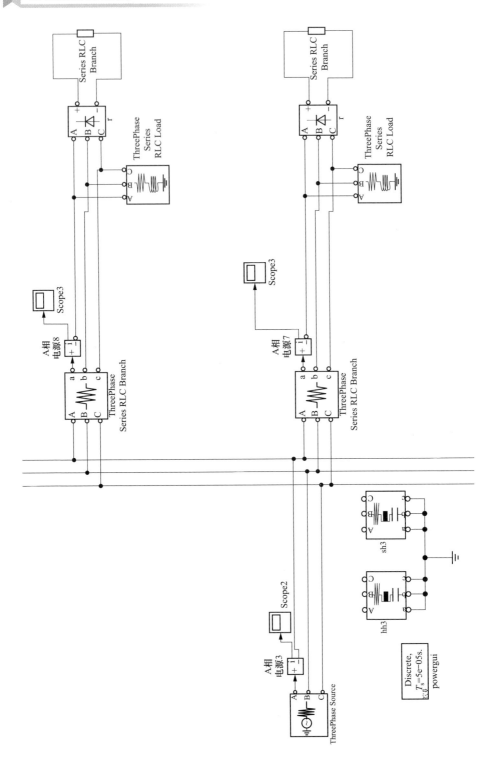

图9-16 楼宇物理总线系统模型

图 9-16 中在总线上配置了集中针对三相系统中 5、7 次谐波的无源滤波器,滤波效果对比图如图 9-17、图 9-18 所示。

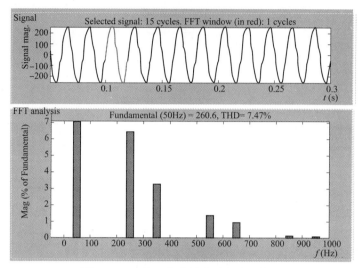

图 9-17 未接入集中补偿时的畸变情况

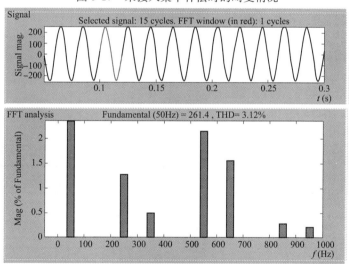

图 9-18 接入物理补偿后的畸变情况

从图 9-17 和图 9-18 可看到总线上检测到的 THD 数值从未接入补偿时的 7.47% 下降到了接入补偿之后的 3.12%,可看出传统物理系统的确在谐波抑制上有一定的收益,五次谐波的占比更是降低到了 2% 以下,完全符合国家对接入公共电网的电能质量要求指标。

二、搭载 CPS 模块后的滤波效果分析

在原来的传统物理模型基础上,融合了新加入代码之后的完整信息模型,其中的物理设备的架构也有了一些变化,具体结构和滤波效果对比如图 9-19 所示。

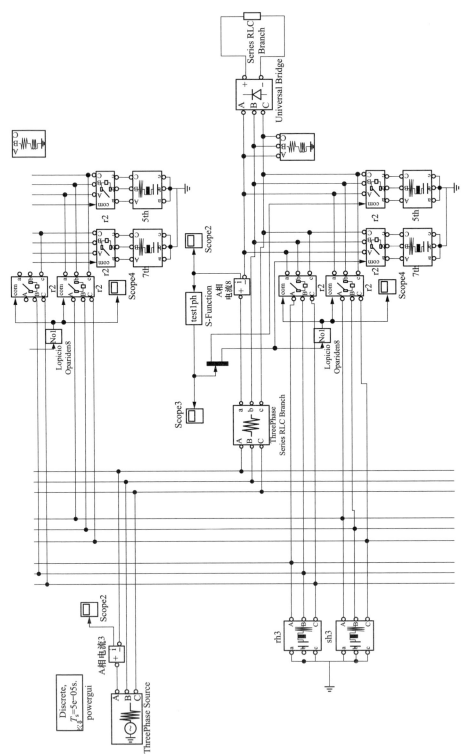

图9-19　搭载CPS模块后的模型图

　　仿结果如图 9-20 所示，融合 CPS 后，相比物理模型的集中滤波，融合集中分散滤波方式的滤波效果有了更大提升。在不考虑外部干扰的理论情况下，THD 降低到了 0.12%，效果显著。滤波器分散和集中投入的前后效果对比见表 9-4。

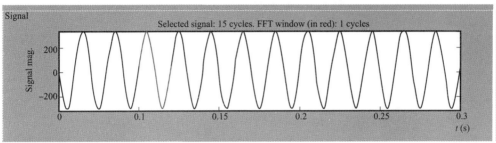

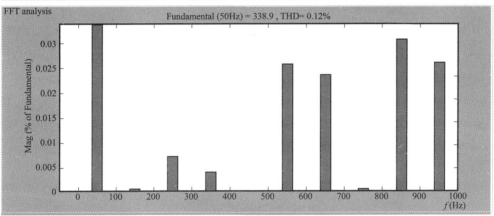

图 9-20　总线上的畸变率情况

表 9-4　　　　　　　　　分散和集中运行滤波前后效果对比

补偿	补偿前	线路分散补偿	加入集中补偿
总线	12.75%	2.46%	0.12%
Lab1	13.15%	3.45%	1.26%
Lab2	11.97%	2.15%	1.62%
Lab3	15.47%	4.11%	2.25%
Lab4	11.86%	2.43%	1.61%
Lab5	10.75%	1.99%	1.52%

　　从表 9-4 可以看出，在谐波较小的情况下，大部分线路所配置的分散式就地滤波能将 THD 降低到电网运行可接受的范围，基本满足电能质量需求。若在此基础上，集中滤波设备的工作容量仍有裕度，则继续投入集中滤波装置可进一步加大滤波精度，从而使电能质量水平得到更大提升。

　　在低压楼宇配电系统中，为了降低谐波畸变率，提高电能质量水平，可以采取 CPS 方式实现集中和就地滤波，这样整个系统组成了一个非常完整的闭环控制体系，能很大程度上减少在管理和运维方面的人力投入，滤波效果也显著提升。

10kV电容器谐振评估治理案例

第一节　谐振的等值电路模型

一、10kV 电容器简介

电容、电阻以及电感是电路中的三大基本无源元件。电容器是一种容纳电荷的器件，由两个彼此绝缘的极板组成最简单的模型，也可以在两极板中间插入一层绝缘介质组成的一个电容器。当在这两个极板上加上电压时，电容器就会开始容纳并储存电荷，此时电压与电流具有以下关系

$$I = \frac{\mathrm{d}q}{\mathrm{d}t} = C \frac{\mathrm{d}u}{\mathrm{d}t} \tag{10-1}$$

根据式（10-1）可知，电容器的作用有隔直通交、滤波、耦合等，是大量使用在电子设备中的元器件之一，并且电容器在电力系统中的使用范围相当广泛。

本章所研究的 10kV 电容器一般有三部分组成，包括出线瓷套管、电容元件以及外壳。单台的三相电容器在内部是三角形连接，当电容器短路时，可能会产生巨大的短路电流，从而导致电容器出现直接被击穿甚至炸毁的情况。为了保护电容器，避免内部发生短路故障，就需要在每个电容元件上串熔丝。

二、谐振电路介绍

一般来说，谐振通常发生在电容和电感元件串联或并联的 RLC 电路中，分为并联谐振和串联谐振。当电路中的容抗和感抗相等时，并且电压和电流同相位的情况下，可能导致电容器产生过电压、过电流等现象。

（一）串联谐振电路

（1）电阻 R、电感 L、电容 C 将三者串联，对应的电路图如图 10-1 所示。可得到整个电路的等效阻抗为

$$Z = R + \mathrm{j}(X_\mathrm{L} - X_\mathrm{C}) \tag{10-2}$$

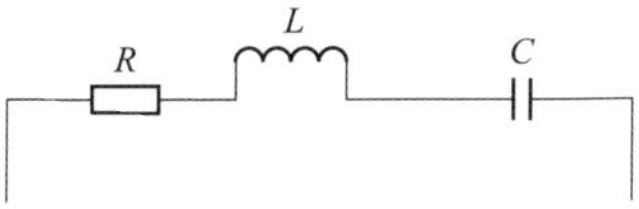

图 10-1　RLC 串联电路

当该电路发生 n 次谐振时的等效阻抗为

$$Z = R + \mathrm{j}\left(nX_\mathrm{L} - \frac{X_\mathrm{C}}{n}\right) \tag{10-3}$$

因为只有在等效阻抗的虚部为 0，即电抗 $X = 0$ 时，才发生谐振，则可得到

$$nX_\mathrm{L} - \frac{X_\mathrm{C}}{n} = 0 \tag{10-4}$$

因而可得到该电路可能产生谐振的谐波次数 n 为

$$n = \sqrt{\frac{X_C}{X_L}} \qquad (10\text{-}5)$$

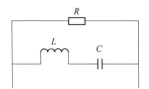

图 10-2 LC 串联电路 1

而该电路类型正好是 RLC 并联电路，属于典型的串联谐振。

（2）电感 L 和电容 C 串联后再与电阻 R 并联，对应的电路图如图 10-2 所示。

可得到整个电路的等效阻抗为

$$Z = R/\!/\mathrm{j}(X_L - X_C)$$
$$= \frac{R(X_L - X_C)^2 + \mathrm{j}R^2(X_L - X_C)}{R^2 + (X_L - X_C)^2} \qquad (10\text{-}6)$$

当该电路发生 n 次谐振的情况下，等效阻抗为

$$Z = \frac{R\left(nX_L - \dfrac{X_C}{n}\right)^2 + \mathrm{j}R^2\left(nX_L - \dfrac{X_C}{n}\right)}{R^2 + \left[\left(nX_L - \dfrac{X_C}{n}\right)^2\right]} \qquad (10\text{-}7)$$

同上，只有当等效阻抗的虚部为 0，即电抗 $X = 0$ 时，才发生谐振，则可得到

$$R^2\left(nX_L - \frac{X_C}{n}\right) = 0 \qquad (10\text{-}8)$$

最终可得到该电路图可能的谐波次数 n 为

$$n = \sqrt{\frac{X_C}{X_L}} \qquad (10\text{-}9)$$

上述情况皆为只有一个电容、电感、电阻组成的简单电路系统，谐振发生时可能引起的谐波次数。而实际电力系统较为复杂，需要分析相对复杂的两组电容、电感或电阻的复杂情况，会更加贴近现实电力系统。

（3）由图 10-3 电路所示，电阻 R_2 以及电感 L 和电容 C 串联后再与电阻 R_1 并联，对应的电路图如图 10-3 所示，而可得到整个电路的等效阻抗为

图 10-3 LC 串联电路 2

$$Z = R_1/\!/[R_2 + \mathrm{j}(X_L - X_C)]$$
$$= \frac{R_1[R_2(R_1 + R_2)^2 + (X_L - X_C)^2] + \mathrm{j}R_1^2(X_L - X_C)}{(R_1 + R_2)^2 + (X_L - X_C)^2} \qquad (10\text{-}10)$$

当该电路发生 n 次谐振的情况下，等效阻抗为

$$Z = \frac{R_1\left[R_2(R_1 + R_2)^2 + \left(nX_L - \dfrac{X_C}{n}\right)^2 + \mathrm{j}R_1^2\left(nX_L - \dfrac{X_C}{n}\right)\right]}{(R_1 + R_2)^2 + \left(nX_L - \dfrac{X_C}{n}\right)^2} \qquad (10\text{-}11)$$

同上，只有当电抗 $X = 0$ 时，才发生谐振，则可得到

$$R_1^2\left(nX_L - \frac{X_C}{n}\right) = 0 \tag{10-12}$$

可得到该电路图可能的谐波次数 n 为

$$n = \sqrt{\frac{X_C}{X_L}} \tag{10-13}$$

（4）电感 L_2 和电容 C 串联后再与电阻 R 和电感 L_1 三者并联，以此可得到对应的电路图如图 10-4 所示。

由图 10-4 得到整个电路的等效阻抗为

$$Z = R//jX_{L_1}//j(X_{L_2}-X_C) = RX_{L_1}(X_C-X_{L_2}) \tag{10-14}$$

当该电路发生 n 次谐振的情况下，等效阻抗为

$$Z = nRX_{L_1}\left(\frac{X_C}{n} - nX_{L_2}\right) \tag{10-15}$$

因为在这种情况下的等效电抗 X 始终为 0，n 可为任意实数也就是说任意次谐波就能产生谐振。

（5）电阻 R 和电感 L_1 串联，电容 C 与电感 L_2 串联，再将两者并联，对应的电路图如图 10-5 所示。

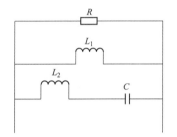

图 10-4 LC串联电路 3

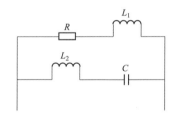

图 10-5 LC串联电路 4

可得到整个电路的等效阻抗为

$$Z = (R+jX_{L_1})//j(X_{L_2}-X_C) = \frac{R(X_{L_2}-X_C)^2 + j(X_{L_2}-X_C)[X_{L_1}(X_{L_2}-X_C)+R^2]}{R^2+(X_{L_1}+X_{L_2}-X_C)^2} \tag{10-16}$$

当该电路发生 n 次谐振的情况下，等效阻抗为

$$Z = \frac{R\left(nX_{L_2}-\frac{X_C}{n}\right)^2 + j\left(nX_{L_2}-\frac{X_C}{n}\right)\left[nX_{L_1}\left(nX_{L_2}-\frac{X_C}{n}\right)+R^2\right]}{R^2+\left(nX_{L_1}+nX_{L_2}-\frac{X_C}{n}\right)^2} \tag{10-17}$$

只有满足等效阻抗的虚部，即电抗 $X=0$ 时，才发生谐振，则可以得到

$$\left(nX_{L_2}-\frac{X_C}{n}\right)\left[nX_{L_1}\left(nX_{L_2}-\frac{X_C}{n}\right)+R^2\right] = 0 \tag{10-18}$$

那么即可得到该电路图可能的谐波次数 n 为 $n=\sqrt{\dfrac{X_{C}}{X_{L_1}}}$ 或 $n=\sqrt{\dfrac{X_{L_1}X_{C}-R^2}{X_{L_1}X_{L_2}}}$。

（6）电感 L 和电容 C_1 串联后再与电阻 R 和电容 C_2 三者并联，对应的电路图如图 10-6 所示。

可得到整个电路的等效阻抗为

$$Z = R//j(X_{L}-X_{C_1})//(-jX_{C_1}) = RX_{C_1}(X_{L}-X_{C_2}) \tag{10-19}$$

当该电路发生 n 次谐振的情况下，等效阻抗为

$$Z = R\frac{X_{C_1}}{n}\left(nX_{L}-\frac{X_{C_2}}{n}\right) \tag{10-20}$$

而这种情况下的等效电抗 X 始终为 0，n 可为任意实数也就是说任意次谐波就能产生谐振。

（7）电阻 R 和电感 L 以及电容 C_1 串联后，再与电容 C_2 并联，对应的电路图如图 10-7 所示。

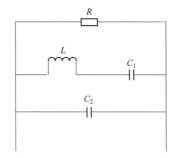

图 10-6　LC 串联电路 5

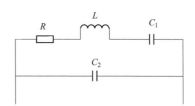

图 10-7　LC 串联电路 6

可得到整个电路的等效阻抗为

$$Z = [R+j(X_{L}-X_{C_1})]//(-jX_{C_2})$$
$$= \frac{RX_{C_2}^2 - jX_{C_2}[(X_{L}-X_{C_1})(X_{L}-X_{C_1}-X_{C_2})+R^2]}{R^2 + (X_{L}-X_{C_1}-X_{C_2})^2} \tag{10-21}$$

当该电路发生 n 次谐振的情况下，等效阻抗为

$$Z = \frac{R\dfrac{X_{C_2}^2}{n^2} - j\dfrac{X_{C_2}}{n}\left[\left(nX_{L}-\dfrac{X_{C_1}}{n}\right)\left(nX_{L}-\dfrac{X_{C_1}}{n}-\dfrac{X_{C_2}}{n}\right)+R^2\right]}{R^2 + \left(nX_{L}-\dfrac{X_{C_1}}{n}-\dfrac{X_{C_2}}{n}\right)^2} \tag{10-22}$$

只有满足等效阻抗的虚部，即电抗 $X=0$ 时，才发生谐振，则可得到

$$\frac{X_{C_2}}{n}\left[\left(nX_{L}-\frac{X_{C_1}}{n}\right)\left(nX_{L}-\frac{X_{C_1}}{n}-\frac{X_{C_2}}{n}\right)+R^2\right] = 0 \tag{10-23}$$

那么即可得到该电路图可能的谐波次数 n 为 $n=\sqrt{\dfrac{X_{C_1}}{X_{L}}}$ 或 $n=\sqrt{\dfrac{X_{C_1}+X_{C_2}}{X_{L}}}$ （为了方

便计算，且电力系统中的 $R \ll X_L$，故此处忽略 R 的影响）。

（8）电阻 R 和电容 C_1 串联，电感 L 与电容 C_2 串联，再将两者并联，对应的电路图如图 10-8 所示。

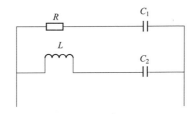

图 10-8　LC 串联电路 7

可得到整个电路的等效阻抗为

$$Z = (R - jX_{C_1}) // j(X_L - X_{C_2})$$

$$= \frac{R(X_L - X_{C_2})^2 + j(X_L - X_{C_2})\left[X_{C_1}(X_L + X_{C_1} - X_{C_2}) + R^2\right]}{R^2 + (X_L + X_{C_1} - X_{C_2})^2} \tag{10-24}$$

当该电路发生 n 次谐振的情况下，等效阻抗为

$$Z = \frac{R\left(nX_L - \dfrac{X_{C_2}}{n}\right)^2 + j\left(nX_L - \dfrac{X_{C_2}}{n}\right)\left[\dfrac{X_{C_1}}{n}\left(nX_L - \dfrac{X_{C_1}}{n} - \dfrac{X_{C_2}}{n}\right) + R^2\right]}{R^2 + \left(nX_L - \dfrac{X_{C_1}}{n} - \dfrac{X_{C_2}}{n}\right)^2} \tag{10-25}$$

只有满足等效阻抗的虚部，即电抗 $X = 0$ 时，才发生谐振，则可得到

$$\left(nX_L - \frac{X_{C_2}}{n}\right)\left[\frac{X_{C_1}}{n}\left(nX_L - \frac{X_{C_1}}{n} - \frac{X_{C_2}}{n}\right) + R^2\right] = 0 \tag{10-26}$$

那么即可得到该电路图可能的谐波次数 n 为 $n = \sqrt{\dfrac{X_{C_2}}{X_L}}$ 或 $n = \sqrt{\dfrac{X_{C_1}(X_{C_1} + X_{C_2})}{X_L X_{C_1} - R^2}}$。

分析上述所列的 8 种串联模型可知。第 3 种和第 5 种出现谐波的可能性较大，出现谐波的次数也不固定，在设计和日常使用中需避免。第 1 种则是最为基础的 RLC 串联谐波电路可能出现 n 次谐波的取值皆取决于同一支路上容抗 X_C 和感抗 X_L 比值取算数平方根的大小。在实际 10kV 电容器参数配置时，应注意所选取的同一支路下容抗 X_C 和感抗 X_L 大小，使其更符合安全运行要求，避免谐振的产生[11]。

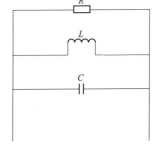

图 10-9　RLC 并联电路

（二）并联谐振电路

（1）电阻 R、电感 L、电容 C 将三者并联，对应的电路图如图 10-9 所示。

可以得到整个电路的等效阻抗为

$$Z = R // jX_{\mathrm{L}} // (-jX_{\mathrm{C}}) = \frac{RX_{\mathrm{L}}^2 X_{\mathrm{C}}^2 - jR^2 X_{\mathrm{L}} X_{\mathrm{C}}(X_{\mathrm{L}} - X_{\mathrm{C}})}{X_{\mathrm{L}}^2 X_{\mathrm{C}}^2 + R(X_{\mathrm{L}} - X_{\mathrm{C}})} \tag{10-27}$$

当该电路发生 n 次谐振的情况下，等效阻抗为

$$Z = \frac{RX_{\mathrm{L}}^2 X_{\mathrm{C}}^2 - jR^2 X_{\mathrm{L}} X_{\mathrm{C}}\left(nX_{\mathrm{L}} - \dfrac{X_{\mathrm{C}}}{n}\right)}{X_{\mathrm{L}}^2 X_{\mathrm{C}}^2 + R^2\left(nX_{\mathrm{L}} - \dfrac{X_{\mathrm{C}}}{n}\right)^2} \tag{10-28}$$

只有满足等效阻抗的虚部，即电抗 $X=0$ 时，才发生谐振，则可得到

$$R^2 X_{\mathrm{L}} X_{\mathrm{C}}\left(nX_{\mathrm{L}} - \frac{X_{\mathrm{C}}}{n}\right) = 0 \tag{10-29}$$

那么即可得到该电路图可能的谐波次数 n 为

$$n = \sqrt{\frac{X_{\mathrm{C}}}{X_{\mathrm{L}}}} \tag{10-30}$$

该电路正好是 RLC 并联电路，发生的是典型的 RLC 并联谐振。

（2）电阻 R 和电感 L 串联后再与电容 C 并联，对应的电路图如图 10-10 所示。
可得到整个电路的等效阻抗为

$$Z = (R + jX_{\mathrm{L}}) // (-jX_{\mathrm{C}}) = \frac{RX_{\mathrm{C}}^2 - jX_{\mathrm{C}}[R^2 + X_{\mathrm{L}}(X_{\mathrm{L}} - X_{\mathrm{C}})]}{R^2 + (X_{\mathrm{L}} - X_{\mathrm{C}})^2} \tag{10-31}$$

当该电路发生 n 次谐振的情况下，等效阻抗为

$$Z = \frac{\dfrac{RX_{\mathrm{C}}^2}{n^2} - j\dfrac{X_{\mathrm{C}}}{n}\left[R^2 + nX_{\mathrm{L}}\left(nX_{\mathrm{L}} - \dfrac{X_{\mathrm{C}}}{n}\right)\right]}{R^2 + \left(nX_{\mathrm{L}} - \dfrac{X_{\mathrm{C}}}{n}\right)^2} \tag{10-32}$$

只有满足等效阻抗的虚部，即电抗 $X=0$ 时，才发生谐振，则可得到

$$\frac{X_{\mathrm{C}}}{n}\left[R^2 + nX_{\mathrm{L}}\left(nX_{\mathrm{L}} - \frac{X_{\mathrm{C}}}{n}\right)\right] = 0 \tag{10-33}$$

那么即可得到该电路图可能的谐波次数 n 为

$$n = \sqrt{\frac{X_{\mathrm{L}} X_{\mathrm{C}} - R^2}{X_{\mathrm{L}}^2}} \tag{10-34}$$

（3）电阻 R 和电容 C 串联后再与电感 L 并联，对应的电路图如图 10-11 所示。

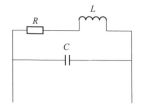

图 10-10 LC 并联电路 1

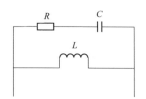

图 10-11 LC 并联电路 2

可以得到整个电路的等效阻抗为

$$Z = (R - jX_L)//jX_L = \frac{RX_L^2 + jX_L[R^2 - X_C(X_L - X_C)]}{R^2 + (X_L - X_C)^2} \tag{10-35}$$

当该电路发生 n 次谐振的情况下，其等效阻抗为

$$Z = \frac{n^2 RX_L^2 + jnX_L\left[R^2 - \dfrac{X_C}{n}\left(nX_L - \dfrac{X_C}{n}\right)\right]}{R^2 + \left(nX_L - \dfrac{X_C}{n}\right)^2} \tag{10-36}$$

又只有满足等效阻抗的虚部，即电抗 $X=0$ 时，才发生谐振，则可得到

$$nX_L\left[R^2 - \frac{X_C}{n}\left(nX_L - \frac{X_C}{n}\right)\right] = 0 \tag{10-37}$$

那么即可得到该电路图可能的谐波次数 n 为

$$n = \sqrt{\frac{X_L X_C + R^2}{X_L^2}} \tag{10-38}$$

上述情况皆为电容、电感、电阻只有一个的 LC 并联电路，得到的是在一个较为简单的电路系统下，所发生的谐振可能的谐波次数。而实际电力系统较为复杂，需要复杂的两组电容、电感或电阻的复杂点的情况，会更加贴近现实电力系统。

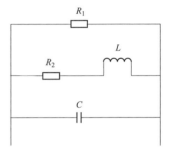

图 10-12 LC 并联电路 3

（4）电阻 R_2 和电感 L 串联后再与电阻 R_1 以及电容 C 三者并联，对应的电路图如图 10-12 所示。

可得到整个电路的等效阻抗为

$$\begin{aligned} Z &= R_1//(R_2 + jX_L)//(-jX_C) \\ &= \frac{R_1 X_L^2(X_L^2 + R_1 R_2 + R_2^2) - jR_1^2 X_C(X_L^2 - X_L X_C + R_2^2)}{(R_1 R_2 + X_L X_C)^2 + [R_1(X_L - X_C) - R_2 X_C]^2} \end{aligned} \tag{10-39}$$

当该电路发生 n 次谐振的情况下，等效阻抗为

$$Z = \frac{n^2 R_1 X_L^2(n^2 X_L^2 + R_1 R_2 + R_2^2) - \dfrac{jR_1^2 X_C}{n}(n^2 X_L^2 - X_L X_C + R_2^2)}{(R_1 R_2 + X_L X_C)^2 + \left[R_1\left(nX_L - \dfrac{X_C}{n}\right) - \dfrac{R_2 X_C}{n}\right]^2} \tag{10-40}$$

只有满足等效阻抗的虚部，即电抗 $X=0$ 时，才发生谐振，则可得到

$$\frac{R_1^2 X_C}{n}(n^2 X_L^2 - X_L X_C + R_2^2) = 0 \tag{10-41}$$

那么即可得到该电路图可能的谐波次数 n 为

$$n = \sqrt{\frac{X_L X_C - R_2^2}{X_L^2}} \tag{10-42}$$

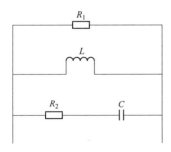

图 10-13 LC 并联电路 4

（5）电阻 R_2 和电容 C 串联后再与电阻 R_1 以及电感 L 三者并联，对应的电路图如图 10-13 所示。

可以得到整个电路的等效阻抗为

$$Z = R_1 // jX_L // (R_2 - jX_C)$$

$$= \frac{R_1 X_L^2 (X_C^2 + R_1 R_2 + R_2^2) + jR_1^2 X_L (X_C^2 - X_L X_C + R_2^2)}{(R_1 R_2 + X_L X_C)^2 + [R_1 (X_L - X_C) - R_2 X_C]^2} \qquad (10\text{-}43)$$

当该电路发生 n 次谐振的情况下，等效阻抗为

$$Z = \frac{n^2 R_1 X_L^2 \left(\dfrac{X_C^2}{n^2} + R_1 R_2 + R_2^2 \right) + jnR_1^2 X_L \left(\dfrac{X_C^2}{n^2} - X_L X_C + R_2^2 \right)}{(R_1 R_2 + X_L X_C)^2 + \left[R_1 \left(nX_L - \dfrac{X_C}{n} \right) - R_2 \dfrac{X_C}{n} \right]^2} \qquad (10\text{-}44)$$

只有满足等效阻抗的虚部，即电抗 $X=0$ 时，才发生谐振，则可得到

$$nR_1^2 X_L \left(\frac{X_C^2}{n^2} - X_L X_C + R_2^2 \right) = 0 \qquad (10\text{-}45)$$

那么即可得到该电路图可能的谐波次数 n 为

$$n = \sqrt{\frac{X_C^2}{X_L X_C - R_2^2}} \qquad (10\text{-}46)$$

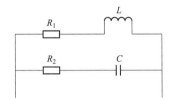

图 10-14　LC 并联电路 5

(6) 如图 10-14 所示，电阻 R_1 和电感 L 串联，电阻 R_2 和电容 C 串联后再将两组元件并联。

可以得到整个电路的等效阻抗为

$$Z = (R_1 + jX_L) // (R_2 - jX_C)$$

$$= \frac{R_1 (R_2^2 + X_C^2) + R_2 (R_1^2 + X_L^2) + j [R_2^2 X_C - R_1^2 X_L - X_L X_C (X_L - X_C)]}{(R_1 + R_2)^2 + (X_L - X_C)^2} \qquad (10\text{-}47)$$

当该电路发生 n 次谐振的情况下，等效阻抗为

$$Z = \frac{R_1 \left(R_2^2 + \dfrac{X_C^2}{n^2} \right) + R_2 (R_1^2 + n^2 X_L^2) + j \left[\dfrac{R_2^2 X_C}{n} - nR_1^2 X_L - X_L X_C \left(nX_L - \dfrac{X_C}{n} \right) \right]}{(R_1 + R_2)^2 + \left(nX_L - \dfrac{X_C}{n} \right)^2} \qquad (10\text{-}48)$$

只有满足等效阻抗的虚部，即电抗 $X=0$ 时，才发生谐振，则可得到

$$\frac{R_2^2 X_C}{n} - nR_1^2 X_L - X_L X_C \left(nX_L - \frac{X_C}{n} \right) = 0 \qquad (10\text{-}49)$$

那么即可得到该电路图可能的谐波次数 n 为

$$n = \sqrt{\frac{X_C (R_1^2 - X_L X_C)}{X_L (R_2^2 - X_L X_C)}} \qquad (10\text{-}50)$$

(7) 电阻 R 和电感 L_1 串联后再与电感 L_2 和电容 C 三者并联，对应的电路图如图 10-15 所示。

可得到整个电路的等效阻抗为

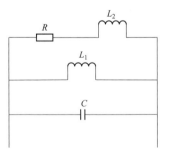

图 10-15　LC 并联电路 6

$$Z = R_1 // jX_L // (R_2 - jX_C)$$

$$= \frac{RX_{L_2}^2 X_C + jX_{L_2} X_C \left[X_{L_1} X_{L_2} X_C - R^2 (X_{L_2} - X_C) - X_{L_1}^2 (X_{L_2} - X_C) \right]}{R^2 (X_{L_2} - X_C)^2 + (X_{L_2} X_C + X_{L_1} (X_{L_2} - X_C))^2} \quad (10\text{-}51)$$

当该电路发生 n 次谐振的情况下，等效阻抗为

$$Z = \frac{nRX_{L_2}^2 X_C + jX_{L_2} X_C \left[nX_{L_1} X_{L_2} X_C - R^2 \left(nX_{L_2} - \dfrac{X_C}{n} \right) - n^2 X_{L_1}^2 \left(nX_{L_2} - \dfrac{X_C}{n} \right) \right]}{R^2 \left(nX_{L_2} - \dfrac{X_C}{n} \right)^2 + \left[X_{L_2} X_C + nX_{L_1} \left(nX_{L_2} - \dfrac{X_C}{n} \right) \right]^2}$$

$$(10\text{-}52)$$

只有满足等效阻抗的虚部，即电抗 $X = 0$ 时，才发生谐振，则可得到

$$nX_{L_1} X_{L_2} X_C - R^2 \left(nX_{L_2} - \frac{X_C}{n} \right) - n^2 X_{L_1}^2 \left(nX_{L_2} - \frac{X_C}{n} \right) = 0 \quad (10\text{-}53)$$

那么即可得到该电路图可能的谐波次数 n 为式（2-53）的根

$$n^4 (X_{L_1}^2 X_{L_2}) + n^2 (R^2 X_{L_2} - X_{L_1} X_{L_2} X_C - X_{L_1}^2 X_C)$$
$$- R^2 X_C = 0 \quad (10\text{-}54)$$

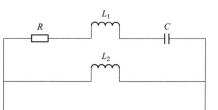

图 10-16　LC 并联电路 7

（8）电阻 R 和电感 L_1 以及电容 C 串联后，再与电感 L_2 并联，对应的电路图如图 10-16 所示。

可得到整个电路的等效阻抗为

$$Z = [R + j(X_{L_1} - X_C)] // jX_{L_2}$$

$$= \frac{-RX_{L_2}^2 + jX_{L_2} \left[(X_{L_1} - X_C)(X_{L_1} + X_{L_2} - X_C) + R^2 \right]}{R^2 + (X_{L_1} + X_{L_2} - X_C)^2} \quad (10\text{-}55)$$

当该电路发生 n 次谐振的情况下，等效阻抗为

$$Z = \frac{-n^2 RX_{L_2}^2 + jnX_{L_2} \left[\left(nX_{L_1} - \dfrac{X_C}{n} \right) \left(nX_{L_1} + nX_{L_2} - \dfrac{X_C}{n} \right) + R^2 \right]}{R^2 + \left(nX_{L_1} + nX_{L_2} - \dfrac{X_C}{n} \right)^2} \quad (10\text{-}56)$$

只有满足等效阻抗的虚部，即电抗 $X = 0$ 时，才发生谐振，则可得到

$$nX_{L_2} \left[\left(nX_{L_1} - \frac{X_C}{n} \right) \left(nX_{L_1} + nX_{L_2} - \frac{X_C}{n} \right) + R^2 \right] = 0 \quad (10\text{-}57)$$

那么即可得到该电路图可能的谐波次数 n 为 $n = \sqrt{\dfrac{X_C}{X_{L_2}}}$ 或 $n = \sqrt{\dfrac{X_C}{X_{L_1} + X_{L_2}}}$（为了简化计算，电力系统一般 $R \ll XL$，故此处忽略 R 的影响）。

（9）电阻 R 和电容 C_1 串联，再将其与电感 L 和电容 C_2 并联，对应的电路图如图 10-17 所示。

可得到整个电路的等效阻抗为

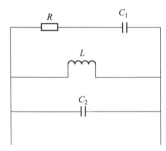

图 10-17　LC 并联电路 8

$$Z = (R - jX_{C_1}) // jX_L // (-jX_{C_2}) = \frac{-jX_L X_{C_2}}{X_L - X_{C_2}}$$

(10-58)

当该电路发生 n 次谐振的情况下，等效阻抗为

$$Z = \frac{-jX_L X_{C_2}}{nX_L - \frac{X_{C_2}}{n}}$$

(10-59)

只有满足等效阻抗的虚部，即电抗 $X = 0$ 时，才发生谐振，则可得到

$$\frac{-X_L X_{C_2}}{nX_L - \frac{X_{C_2}}{n}} = 0$$

(10-60)

最终就得到该电路图可能的谐波次数 n 为 $n = \sqrt{\dfrac{X_{C_2}}{X_L}}$。

分析上述所列的 9 种 LC 并联模型，并对其进行整理分析。其第 1 是最为基础的 RLC 并联谐波电路，可能出现 n 次谐波的取值皆取决于非电阻所在支路容抗 X_C 和感抗 X_L 比值取算数平方根的大小。在实际 10kV 电容器所工作的电力系统中，应注意所选取的非电阻所在支路的容抗 X_C 和感抗 X_L 大小，使其更符合安全运行的需要，避免谐振产生。

（三）110kV 变电站模型

选用了一个典型的 110kV 变电站的电气接线图，10kV 电容器安装在低压侧，本节按照相关规定和需求，对其和内部设备进行了选型。

110kV 变电站的主要电气接线图，如图 10-18 所示。

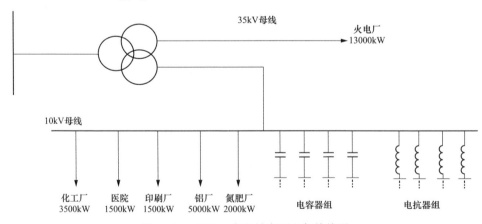

图 10-18　110kV 变电站主要电气接线图

主要电压等级的负荷需求见表10-1。

表 10-1　　　　　　　　　　　　　　负荷需求

名称	电压等级(kV)	最大负荷(kW)	$\cos\varphi$
化工厂	10	3500	0.85
铝厂	10	5000	0.85
医院	10	1500	0.85
氮肥厂	10	2000	0.85
印刷厂	10	1500	0.85
火电厂	35	13000	0.9

因为所研究的对象为10kV电容器，更应做足电容器的选型和备选方案，故找寻了CKDK-10/50-5型号的电抗器和以下几种10kV电容器和其具体参数设定见表10-2。

表 10-2　　　　　　　　　　　　　电容器型号及参数

型号	额定容量(kvar)	额定电压(kV)	电抗率(%)
BF11/$\sqrt{3}$-200-1	200	10.5	4.5
BF11/$\sqrt{3}$-300-1	300	10.5	6
BF11/$\sqrt{3}$-334-1	334	10.5	12

参照典型110kV变电站设备选型情况，选取了见表10-3的设备，并查询到了其相应的参数。

表 10-3　　　　　　　　　　　　　变压器型号及参数

设备名称	型号	额定容量(MVA)	额定电压(kV)	空载损耗(kW)	短路阻抗(%)	负载损耗(kW)
110kV变压器	SFSL$_7$-31500/110	31.5	(110±2×2.5%)	37.2	$U_{\text{k}1-2}\%=10.2$	128
			37.5		$U_{\text{k}1-3}\%=17.1$	
			10.5		$U_{\text{k}2-3}\%=6.3$	
35kV变压器	ZS-5000/35	5	(35±2×2.5%)	7.9	4.01	31.6
			10.5			
10kV变压器	SC9-80/10	0.08	(10±2×2.5%)	0.13	4.2	0.48
			0.4			

第二节　110kV变电站谐振理论计算

上一节所做的10kV电容器投放环境做了规定，并有了对应的主要电气接线图和各种设备及其参数，故可优先对这些内容进行数据处理，转化成熟悉的等效电路图，方便后续的谐振分析。

一、变压器

首先计算变压器参数。选取 110kV 变压器，计算其高压，中压，低压侧的短路阻抗为

$$U_{k1}\% = \frac{1}{2}(U_{k1-2}\% + U_{k1-3}\% - U_{k2-3}\%)$$

$$= \frac{1}{2} \times (10.2 + 17.1 - 6.3) = 10.5 \tag{10-61}$$

$$U_{k2}\% = \frac{1}{2}(U_{k1-2}\% + U_{k2-3}\% - U_{k1-3}\%)$$

$$= \frac{1}{2} \times (10.2 + 6.3 - 17.1) = -0.3 \tag{10-62}$$

$$U_{k3}\% = \frac{1}{2}(U_{k1-3}\% + U_{k2-3}\% - U_{k1-3}\%)$$

$$= \frac{1}{2} \times (17.1 + 6.3 - 10.2) = 6.6 \tag{10-63}$$

转化成高压侧等效电抗 X_T 为

$$X_T = \frac{U_k\% \cdot U_N^2}{100 \cdot S_N} = \frac{10.5 \times 115^2}{100 \times 31.5} = 44.0833 \tag{10-64}$$

转化成中压侧等效电抗 X_T 为

$$X_T = \frac{U_k\% \cdot U_N^2}{100 \cdot S_N} = \frac{-0.3 \times 37.5^2}{100 \times 31.5} = -0.1339 \tag{10-65}$$

转化成低压侧等效电抗 X_T 为

$$X_T = \frac{U_k\% \cdot U_N^2}{100 \cdot S_N} = \frac{0.6 \times 10.5^2}{100 \times 31.5} = 2.31 \tag{10-66}$$

空载损耗 37.2kW，负载损耗 128kW。

再计算变压器 35kV 侧参数，低压侧的等效电抗 X_T 为

高压侧

$$X_T = \frac{U_k\% \cdot U_N^2}{100 \cdot S_N} = \frac{4.01 \times 37.5^2}{100 \times 5} = 11.2781 \tag{10-67}$$

低压侧

$$X_T = \frac{U_k\% \cdot U_N^2}{100 \cdot S_N} = \frac{4.01 \times 10.5^2}{100 \times 5} = 0.8842 \tag{10-68}$$

空载损耗 7.9kW，负载损耗 31.6kW。

10kV 变压器计算其高压、低压侧的等效电抗 X_T 为：

高压侧

$$X_T = \frac{U_k\% \cdot U_N^2}{100 \cdot S_N} = \frac{4.2 \times 10.5^2}{100 \times 0.08} = 57.8813 \tag{10-69}$$

低压侧

$$X_{\mathrm{T}} = \frac{U_{\mathrm{k}}\% \cdot U_{\mathrm{N}}^2}{100 \cdot S_{\mathrm{N}}} = \frac{4.2 \times 0.4^2}{100 \times 0.08} = 0.084 \tag{10-70}$$

空载损耗 0.13kW，负载损耗 0.48kW。

二、负荷参数计算

110kV 变电站负荷资料整理后见表 10-4。

表 10-4   各个负荷演算后参数

名称	电压等级（kV）	最大负荷（kW）	功率因数（$\cos\varphi$）	无功功率（kvar）
化工厂	10	3500	0.85	2169.105
铝厂	10	5000	0.85	3098.72
医院	10	1500	0.85	929.617
氮肥厂	10	2000	0.85	1239.489
印刷厂	10	1500	0.85	929.617
火电厂	35	13000	0.9	6294.874

投入电容器，将各个负荷侧的功率因数补偿到 0.95 及以上，以达到提高功率因数，降低输电损耗的目的则提高对应功率因数后，无功大小应见表 10-5。

表 10-5   补偿后 10kV 负荷相关数据

名称	最大负荷（kW）	功率因数（$\cos\varphi$）		补偿无功（kvar）	最终负荷端无功功率（kvar）
		初始	补偿后		
化工厂	3500	0.85	0.95	1018.711	1150.394
铝厂	5000	0.85	0.95	1455.301	1643.421
医院	1500	0.85	0.95	436.590	493.026
氮肥厂	2000	0.85	0.95	582.121	657.368
印刷厂	1500	0.85	0.95	436.590	493.026
火电厂	13000	0.9	0.95	2021.98	4272.893

则依据表 10-5 的数据，可通过计算得出各个负荷的等效阻抗为

化工厂负荷 $S_{化工厂负荷} = (R + jX) = 3500 + j1150.394$，则

$$Z_{化工厂负荷} = \frac{U_n^2}{S_{化工厂负荷}} = \frac{(10.5 \times 10^3)^2}{3500} + j\frac{(10.5 \times 10^3)^2}{1150.394} \tag{10-71}$$
$$= 31.5 + j95.8367$$

铝厂负荷 $S_{铝厂负荷} = (R + jX) = 5000 + j1643.421$，则

$$Z_{铝厂负荷} = \frac{U_n^2}{S_{铝厂负荷}} = \frac{(10.5 \times 10^3)^2}{5000} + j\frac{(10.5 \times 10^3)^2}{1643.421} \tag{10-72}$$
$$= 22.05 + j67.0857$$

医院负荷 $S_{\text{医院负荷}}=(R+\mathrm{j}X)=1500+\mathrm{j}493.026$，则

$$Z_{\text{医院负荷}}=\frac{U_{\mathrm{n}}^2}{S_{\text{医院负荷}}}=\frac{(10.5\times10^3)^2}{1500}+\mathrm{j}\frac{(10.5\times10^3)^2}{493.026}$$
$$=73.5+\mathrm{j}223.619$$

(10-73)

氮肥厂负荷 $S_{\text{氮肥厂负荷}}=(R+\mathrm{j}X)=2000+\mathrm{j}657.368$，则

$$Z_{\text{氮肥厂负荷}}=\frac{U_{\mathrm{n}}^2}{S_{\text{氮肥厂负荷}}}=\frac{(10.5\times10^3)^2}{2000}+\mathrm{j}\frac{(10.5\times10^3)^2}{657.368}$$
$$=55.125+\mathrm{j}167.7142$$

(10-74)

印刷厂负荷 $S_{\text{印刷厂负荷}}=(R+\mathrm{j}X)=1500+\mathrm{j}493.026$，则

$$Z_{\text{印刷厂负荷}}=\frac{U_{\mathrm{n}}^2}{S_{\text{印刷厂负荷}}}=\frac{(10.5\times10^3)^2}{1500}+\mathrm{j}\frac{(10.5\times10^3)^2}{493.026}$$
$$=73.5+\mathrm{j}223.619$$

(10-75)

火电厂负荷 $S_{\text{火电厂负荷}}=(R+\mathrm{j}X)=13000+\mathrm{j}4272.893$，则

$$Z_{\text{火电厂负荷}}=\frac{U_{\mathrm{n}}^2}{S_{\text{火电厂负荷}}}=\frac{(37.5\times10^3)^2}{13000}+\mathrm{j}\frac{(37.5\times10^3)^2}{4272.893}$$
$$=108.1731+\mathrm{j}329.1095$$

(10-76)

然后由主电气接线图转化成等效阻抗电路图如图 10-19 所示，后续的谐振评估分析可以参照电路图算出符合实际情况的谐波次数。

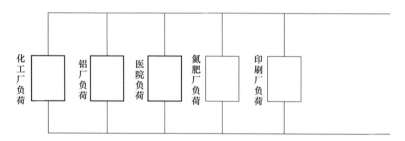

图 10-19　由主电气接线图转化成等效阻抗电路图

由于整个等效阻抗电路分为两部分，则可以分为两部分计算。

三、负荷支路等值

而负荷支路即将五个负荷并联，于是有总负荷端的阻抗为

$$Z_{\text{负荷}}=Z_{\text{化工厂负荷}}//Z_{\text{铝厂负荷}}//Z_{\text{医院负荷}}//Z_{\text{氮肥厂负荷}}//Z_{\text{印刷厂负荷}}$$
$$=8.1667+\mathrm{j}27.5308$$

(10-77)

第三节　影响范围及危害程度评估

本节对整个电容器支路进行分析，参照所选的 BFF11/$\sqrt{3}$-334-1 型 10kV 电容器 5%

电抗率和 CKDK-10/50-5 电抗器进行分析，那么整个电容器支路也可像负荷支路进行等值计算，而根据电容器和电抗器的连接方式又分为串联和并联两种。

一、单台电抗器和单台电容器并联谐振评估

（1）当电容器通过并联的形式接入且只使用一台电抗器，等值计算如下：

如果投运 A 组电容器，支路等效阻抗为

$$Z_{C1} = j(X_L - Z_C//Z_C//Z_C//Z_C\cdots) = j\left(X_L - \frac{X_C}{A}\right)$$

当电容器上发生 n 次谐振则可以得到等效阻抗为

$$Z_{C1n} = j\left(nX_L - \frac{X_C}{A_n}\right) \tag{10-78}$$

（2）当电抗器通过并联的形式接入且电容器只使用一台，等值计算如下：

如果投运 B 组电抗器，支路等效阻抗为

$$Z_{C2} = (-Z_C + Z_L + Z_L + Z_L + \cdots) = j\left(\frac{X_L}{B} - X_C\right)$$

当电容器上发生 n 次谐振则可以得到等效阻抗为

$$Z_{C2n} = j\left(\frac{nX_L}{B} - \frac{X_C}{n}\right) \tag{10-79}$$

（3）当同时并联一个电抗器和并联一个电容器，则有：

同时投入 C 组电抗器和电容器，支路等效阻抗为

$$Z_{C3} = (Z_L + Z_L + Z_L + \cdots - Z_C//Z_C//Z_C//\cdots) = j\frac{1}{C}(X_L - X_C)$$

则电容器上发生 n 次谐振的等效阻抗为

$$Z_{C3n} = j\left(\frac{nX_L}{C} - \frac{X_C}{C_n}\right) \tag{10-80}$$

计算得到电容器和电抗器支路的等效阻抗后，又由于负荷端和电容器端是并联的，等效阻抗为

$$Z_{总} = Z_{负荷}//Z_{C总}$$

该等效电路和第二章 LC 串联电路（5）理论计算模型一致，故由对应的式（10-17）可解出对应 n 的取值

$$n = \sqrt{\frac{X_C}{X_{L_2}}} \text{ 或 } n = \sqrt{\frac{X_{L_1}X_C - R^2}{X_{L_1}X_{L_2}}}$$

（4）当电抗器只使用一台，而电容器通过并联的形式接入，等值计算如下：

如果投运 A 组电容器，得到电容器组

$$Z_{C1} = -j(Z_C//Z_C//Z_C//Z_C\cdots) = -j\frac{X_C}{A}$$

电抗器 $Z_{L1} = jX_L$，当电容器上发生 n 次谐振则可以得到等效阻抗为

$$Z_{1n} = j\left[nX_L // \left(-\frac{X_C}{A_n}\right)\right] \tag{10-81}$$

（5）当电容器只使用一台，而电抗器通过并联的形式接入，等值计算如下：

如果投运 B 组电抗器，得到电容器组 $Z_{C2} = -jZ_C$，电抗器

$$Z_{L2} = j(Z_L + Z_L + Z_L + \cdots) = j\frac{X_L}{B} \tag{10-82}$$

（6）当同时并联一个电抗器和并联一个电容器。同时投入 C 组电抗器和电容器，得到电容器组 $Z_{C3} = (-Z_C // Z_C // Z_C // \cdots) = -j\frac{X_C}{C}$，电抗器 $Z_{L3} = Z_L + Z_L + Z_L + \cdots = j\frac{X_L}{C}$ 则电容器上发生 n 次谐振的等效阻抗为

$$Z_{3n} = j\left[\frac{nX_L}{C} // \left(-\frac{X_C}{C_n}\right)\right] \tag{10-83}$$

计算得到整个电容器和电抗器支路的等效阻抗后，又由于负载端和电容器和电抗器端是并联的，得到等效阻抗为 $Z_总 = Z_{负荷} // Z_{C总} // Z_{L总}$。该等效电路图和第二章 LC 并联电路 6 理论计算模型一致，故由对应的式（10-83）可解出对应 n 的取值。

二、不同台数电抗器和电容器并联谐振评估

（一）串联电抗率

（1）当仅使用一台 CKDK-10/50-5 电抗器，然后并联投入不同组数的 BFF11/$\sqrt{3}$-334-1 型 10kV 电容器，理论计算得出的谐波次数整理见表 10-6。

表 10-6　　　　　　　　　　电容器组数关系

电容器组数	一组		两组		三组		四组	
可能出现谐波次数 n	4.7140	4.6997	3.3333	3.3211	2.7217	2.7117	2.3570	2.3484

可以看出，在本 110kV 变电站 10kV 侧，当仅使用一台 CKDK-10/50-5 电抗器串联投入，然后并联投入不同组数的 BFF11/$\sqrt{3}$-334-1 型 10kV 电容器时，投入使用的电容器组数越多，可能出现的谐波次数越小。

（2）当仅使用一台 BFF11/$\sqrt{3}$-334-1 型 10kV 电容器，然后并联投入不同组数的 CKDK-10/50-5 电抗器，理论计算得出的谐波次数整理见表 10-7。

表 10-7　　　　　　　　　　电抗器组数关系

电抗器组数	一组		两组		三组		四组	
可能出现谐波次数 n	4.7140	4.6967	6.6667	6.6422	8.1650	8.1350	9.4281	9.3934

在本 110kV 变电站 10kV 侧，当仅串联投入一台 BFF11/$\sqrt{3}$-334-1 型 10kV 电容器，然后并联投入不同组数 CKDK-10/50-5 电抗器的时，投入的电容器组数越多，可能出现的谐波次数越大。

（3）BFF11/$\sqrt{3}$-334-1 电容器串联 CKDK-10/50-5 电抗器后作为整组设备并联投入于（这种方式虽一般很少使用，但也做一次分析），理论计算产生谐振的谐波次数见表 10-8。

表 10-8　　　　　　　　　　　电容器和电抗器组合组数关系

电容器/电抗器组数	一组		两组		三组		四组	
可能出现谐波次数 n	4.7140	4.6967	4.7140	4.6967	4.7140	4.6967	4.7140	4.6967

可以看出，BFF11/$\sqrt{3}$-334-1 电容器串联 CKDK-10/50-5 电抗器作为整组设备时投入，谐波次数不同电容器和电抗器的配置及参数不一定一致，变电站的其他设备及负荷等值参数也不一致，不同型号的电容器与串联电抗器形成的电抗率和容量都存在差异。本案例只是以其容量大小是否满足整个系统为条件进行了设备的选择并进行了谐振评估。但对于不同的电抗率或不同容量的差异是否会导致其可能出现的谐波次数发生变化，可以采用本方法再进行研究。

可以改变其中的串联电抗率大小，并再次求得对应的谐波次数 n 值。参考前文思路调整 BFF11/$\sqrt{3}$-334-1 的电容器和 CKDK-10/50-5 电抗器的串并联形式，设置 4.5％、6％、12％三种不同串联电抗率的值进行计算。计算和整理后见表 10-9。

表 10-9　　　　　　　　　　谐波次数和串联电抗率关系

串联电抗率	4.5％		6％		12％	
可能出现的谐波次数 n	4.7140	4.6967	4.0825	4.0675	2.8868	2.8761

可以看出，10kV 电容器参数上的串联电抗率对最后可能出现谐波的次数具有影响，串联的电抗率越高，可能出现的谐波次数将越小。

然后再对容量大小是否对最后结果造成影响这一问题进行计算，于是分别对 BFF11/$\sqrt{3}$-200-1 型号和 BFF11/$\sqrt{3}$-300-1 型号的电容器进行分析计算。经计算和整理后见表 10-10。

表 10-10　　　　　　　　谐波次数和电容器容量的关系

电容器型号	单台的容量（kvar）	串联电抗率	可能出现的谐波次数 n	
BFF11/$\sqrt{3}$-334-1	334	6％	4.0825	4.0675
		12％	2.8868	2.8761

续表

电容器型号	单台的容量 （kvar）	串联电抗率	可能出现的谐波次数 n	
BFF11/$\sqrt{3}$-300-1	300	6%	4.0825	4.0690
BFF11/$\sqrt{3}$-200-1	200	12%	2.8868	2.8804

由表 10-10 中可以看出，电容器容量的大小对其可能出现谐波的影响较小。由于电抗率的表达式为 $k\% = \dfrac{X_L}{X_C}$ 且感抗直接取决于电抗器的容量大小，这会间接影响电抗率和容抗的大小。为了准确评估产生谐振的谐波次数，在进行选型时也应认真仔细考虑对核验容量的影响。

（二）电抗器并联电容器

当仅使用一台 CKDK-10/50-5 电抗器，然后并联投入不同组数的 BFF11/$\sqrt{3}$-334-1 型 10kV 电容器，理论计算得出的谐波次数整理见表 10-11。

表 10-11　　　　　　　　　　电容器组数关系

投入电容器组数	一组	两组	三组	四组
可能出现的谐波次数 n	5.8465	4.1322	3.3724	2.9193

当仅使用一台 BFF11/$\sqrt{3}$-334-1 型 10kV 电容器，然后并联投入不同组数的 CKDK-10/50-5 电抗器，理论计算得出的谐波次数整理为表 10-12 所示。

表 10-12　　　　　　　　　　电抗器组数关系

投入电抗器组数	一组	两组	三组	四组
可能出现的谐波次数 n	5.8465	7.5110	8.8681	10.0433

当每并联使用一台 BFF11/$\sqrt{3}$-334-1 型 10kV 电容器，就并联投入一台 CKDK-10/50-5 电抗器，理论计算得出的谐波次数整理见表 10-13。

表 10-13　　　　　　　　电容器和电抗器组合组数关系

投入组数	一组	两组	三组	四组
可能出现的谐波次数 n	5.8465	5.3102	5.1191	5.0209

只更改其中的并联电抗率大小，并再次求得对应的 n 值，用于对比。于是再用 BFF11/$\sqrt{3}$-334-1 的电容器，调整 CKDK-10/50-5 电抗器的串并联形式，满足 4.5%、6%、12% 三种不同并联电抗率的值进行计算，经计算和整理后得到表 10-14。

表 10-14 谐波次数和并联电抗率关系

并联电抗率	4.5%	6%	12%
可能出现的谐波次数 n	5.8465	5.3497	4.5024

计算验证，并联电抗率对最后可能出现谐波的次数具有影响，并联电抗率越高，可能出现的谐波次数将越小。

三、理论评估总结

根据理论运算，可以得到以下结论：

（1）针对典型的 110kV 变电站，当投运的电容器容量、电抗率都相同，投运电容器组数越多，则产生谐振的谐波次数越低，但基本上会处于同一波次。当电抗器不变，如果此时投入的电容器组为串联运行，则投入组数越多，则产生谐振的谐波次数就越低；反之，投入电容器组为并联运行，则投入越多的组数，产生谐振的谐波次数越高。

（2）针对典型的 110kV 变电站，当投运的电容器容量、组数都相同时，若电容器的电抗率为 4.5%，则产生谐振的谐波次数为 4 次或 5 次；若电容器的电抗率最高为 12%，则产生谐振的谐波次数可能为 2 次或 3 次。

（3）针对典型的 110kV 变电站，当投运的电容器电抗率、组数都相同时，则电容器的容量越小，产生谐振的谐波次数将越大，但基本会处于同一波次上。

（4）不同电抗率的电容器同时使用的情况时，可等效成采用同一容量下的电抗率平均值，产生谐振的谐波主要取决于电抗率。

（5）电容器和电抗器的连接方式很大程度上影响了产生谐振的谐波次数，因为其投入连接方式的不同会导致电抗率的不同，但在各只有一台投入运行的情况下影响较小。

四、MATLAB 仿真谐振验证

（一）仿真模型的设定和搭建

本节将在 MATLAB 软件中建立上文提到的 110kV 变电站模型，仿真分析 10kV 电容器在不同投运方式、不同型号时，可能产生谐振的谐波次数，最后再和上文的理论计算对比，验证两方面的准确性。

计算和设定所选设备的运行方式和参数，如 110kV 主变压器的接地方式和额定容量、额定电压等级、负荷大小、有功和无功、电容器的容量大小、谐波源设置等。电容器设置的一个控制开关，进行控制其开端时间（0s 投入），谐波源开启时间调整为 0.03s 开始。在各个设备设立检测模块，从示波器上可清晰地得到实验的结果。整个变电站仿真模型如图 10-20 所示。

（二）串联电抗率

1. 电容器组数和谐波次数关系

投入一台 CKDK－10/50－5 电抗器，并投入不同组数的 BFF11/$\sqrt{3}$－334－1 型号的电容器进行仿真，此时谐波源产生不同次数的谐波，得到电容器上对应的电流波形图，如图 10-21～图 10-23 所示。

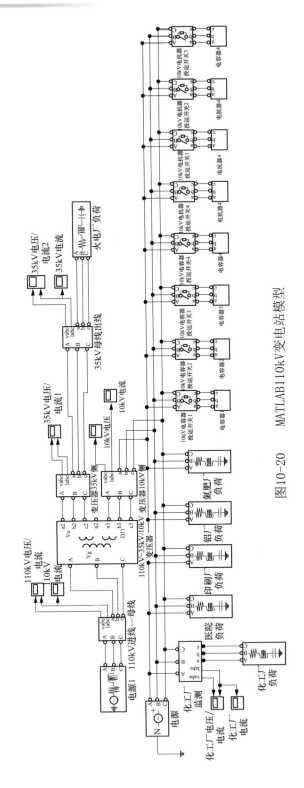

图10-20　MATLAB110kV变电站模型

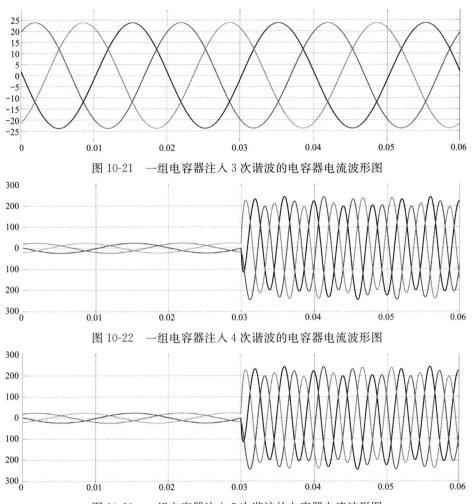

图 10-21　一组电容器注入 3 次谐波的电容器电流波形图

图 10-22　一组电容器注入 4 次谐波的电容器电流波形图

图 10-23　一组电容器注入 5 次谐波的电容器电流波形图

可以看出，注入 3 次谐波的则没有太大变化，注入 4 次谐波的波形变化较小，电流由原来的 24A 左右变化为 200A 左右；注入 5 次谐波的波形变化更大，电流由原来的 24A 左右变化为 240A 左右。这说明注入 3 次谐波不产生谐振，注入 4 次或 5 次谐波产生谐振。再进行投入不同组数的电容器仿真试验，试验结果见表 10-15。

表 10-15　　　　　　　　　　电容器组数和谐波次数对应表

谐振 ＼ 电容器	一组	两组	三组	四组
发生	4、5 次	3、4 次	2、3 次	2、3 次
未发生	3 次	2 次	4 次	4 次

2. 电抗器组数和谐波次数关系

投入一台 BFF11/$\sqrt{3}$-334-1 型号的电容器，并投入不同组数的 CKDK-10/50-5

电抗器进行仿真，此时谐波源产生不同次数的谐波，得到电容器上对应的电流波形图，如图 10-24～图 10-26 所示。

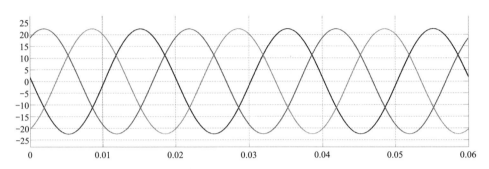

图 10-24 两组电抗器注入 5 次谐波的电容器电流波形图

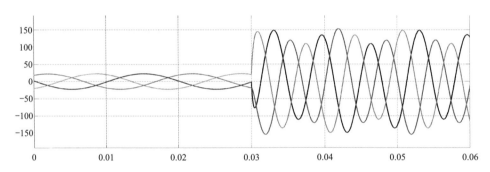

图 10-25 两组电抗器注入 6 次谐波的电容器电流波形图

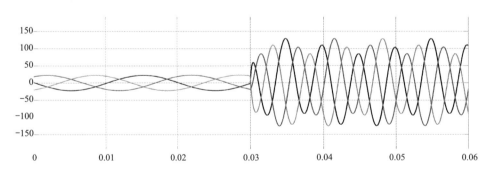

图 10-26 两组电抗器注入 7 次谐波的电容器电流波形图

可以发现，注入 5 次谐波的没有太大变化，注入 6 次谐波的波形变化更大，电流由原来的 22A 左右变化为 150A 左右，注入 7 次谐波的波形变化较小，电流由原来的 22A 左右变化为 135A 左右。这说明注入 5 次谐波不产生谐振，注入 6 次或 7 次谐波产生谐振。再进行投入不同组数的电抗器的仿真分析，试验结果见表 10-16。

表 10-16　　　　　　　　　　电抗器组数和谐波次数对应表

谐振 ＼ 电抗器	一组	两组	三组	四组
发生	4、5 次	6、7 次	8、9 次	9、10 次
未发生	3 次	5 次	7 次	8 次

3. 电容器和电抗器组合组数和谐波次数关系

每投入一台 BFF11/$\sqrt{3}$-334-1 型号的电容器，就投入不同组数的 CKDK-10/50-5，此时谐波源产生不同次数的谐波，得到电容器上对应的电流波形图，如图 10-27～图 10-29 所示。

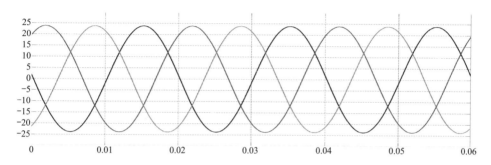

图 10-27　三组电容和电抗器注入 3 次谐波的电容器电流波形图

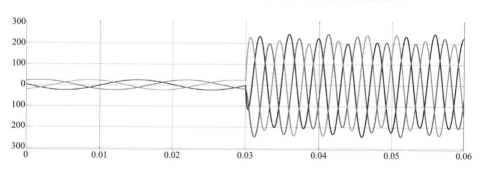

图 10-28　三组电容和电抗器注入 4 次谐波的电容器电流波形图

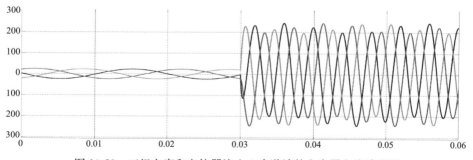

图 10-29　三组电容和电抗器注入 5 次谐波的电容器电流波形图

可以发现，注入 3 次谐波的则没有太大变化，注入 4 次谐波的波形变化较小，电流由原来的 25A 左右变化为 240A 左右，注入 5 次谐波的波形变化更大，电流由原来的 25A 左右变化为 243A 左右。这说明注入 3 次谐波不产生谐振，注入 4 次或 5 次谐波产生谐振。再进行投入不同组数的电容器和电抗器的仿真分析，实验结果见表 10-17。

表 10-17　　　　　　　　　电抗器组数和谐波次数对应表

电容器和电抗器	一组	两组	三组	四组
发生谐振	4、5 次	4、5 次	4、5 次	4、5 次
未发生谐振	3 次	3 次	3 次	3 次

4. 串联电抗率和谐波次数关系

投入一台 BFF11/$\sqrt{3}$-334-1 型号的电容器，并投入不同组数的 CKDK-10/50-5 电抗器进行仿真，电抗率分别为 4.5%、6% 和 12%，此时谐波源产生不同次数的谐波，得到电容器上对应的电流波形图，如图 10-30～图 10-32 所示。

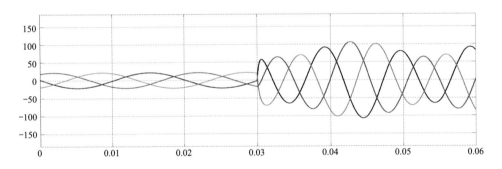

图 10-30　串联电抗率 12% 注入 2 次谐波的电容器电流波形图

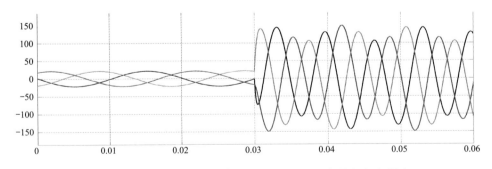

图 10-31　串联电抗率 12% 注入 3 次谐波的电容器电流波形图

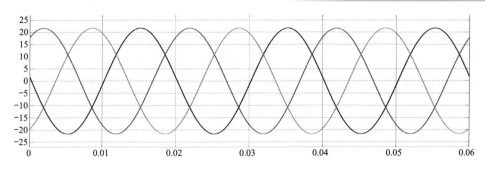

图 10-32　串联电抗率 12％注入 4 次谐波的电容器电流波形图

　可以发现，注入 2 次谐波电流由原来的 22A 左右变化为 105A 左右，注入 3 次谐波电流由原来的 22A 左右变化为 150A 左右，注入 4 次谐波的则没有太大变化。这说明注入 2 次或 3 次谐波产生谐振，注入 4 次谐波不产生谐振。再进行投入不同组数的电容器和电抗器的仿真分析，将实验结果见表 10-18。

表 10-18　　　　　　　　　　电抗器组数和谐波次数对应表

谐振 ＼ 串联电抗率	4.5％	6％	12％
发生	4、5 次	4 次	2、3 次
未发生	3 次	3、5 次	4 次

（三）电抗器并联电容器

1. 电容器组数和谐波次数关系

投入一台 CKDK-10/50-5 电抗器，并投入不同组数的 BFF11/$\sqrt{3}$-334-1 型号的电容器进行仿真，此时谐波源产生不同次数的谐波，得到电容器上对应的电流波形图，如图 10-33～图 10-35 所示。

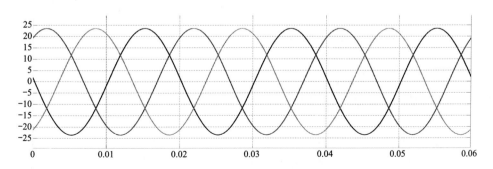

图 10-33　一组电容器注入 4 次谐波的电容器电流波形图

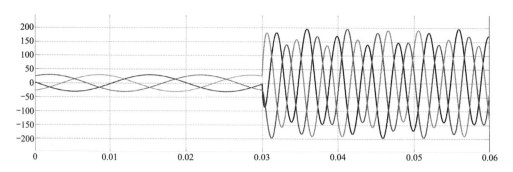

图 10-34　一组电容器注入 5 次谐波的电容器电流波形图

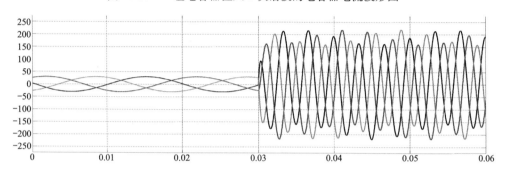

图 10-35　一组电容器注入 6 次谐波的电容器电流波形图

　　可以发现，注入 4 次谐波的则没有太大变化，注入 5 次谐波的波形变化较小，电流由原来的 30A 左右变化为 200A 左右，注入 6 次谐波的波形变化更大，电流由原来的 30A 左右变化为 220A 左右。这说明注入 4 次谐波不产生谐振，注入 5 次或 6 次谐波产生谐振。再进行多组仿真实验，试验结果见表 10-19。

表 10-19　　　　　　　　　　　　电容器组数和谐波次数对应表

谐振 ＼ 电容器	一组	两组	三组	四组
发生	5、6 次	4、5 次	3、4 次	2、3 次
未发生	4 次	3 次	2 次	4 次

　　2. 电抗器组数和谐波次数关系

　　投入一台 BFF11/$\sqrt{3}$-334-1 型号的电容器，并投入不同组数的 CKDK-10/50-5 电抗器进行仿真，此时谐波源产生不同次数的谐波，得到电容器上对应的电流波形图，如图 10-36～图 10-38 所示。

　　可以发现，注入 6 次谐波的则没有太大变化，注入 7 次谐波的波形变化更大，电流由原来的 30A 左右变化为 160A 左右，注入 8 次谐波的波形变化较小，电流由原来的 30A 左右变化为 145A 左右。这说明注入 6 次谐波不产生谐振，注入 7 次或 8 次谐波产生谐振。再进行多组仿真实验，试验结果见表 10-20。

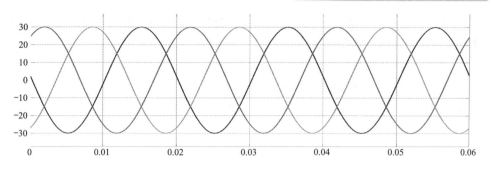

图 10-36　两组电抗器注入 6 次谐波的电容器电流波形图

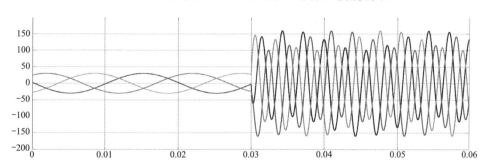

图 10-37　两组电抗器注入 7 次谐波的电容器电流波形图

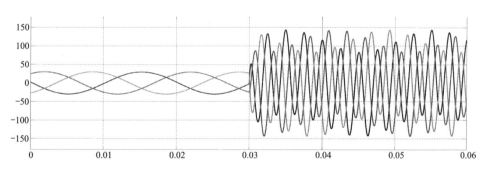

图 10-38　两组电抗器注入 8 次谐波的电容器电流波形图

表 10-20　　　　　　　　　　电抗器组数和谐波次数对应表

谐振　＼　电抗器	一组	两组	三组	四组
发生	5、6 次	7、8 次	8、9 次	10 次
未发生	4 次	6 次	7 次	9 次

3. 电容器和电抗器组合组数和谐波次数关系

投入一台 BFF11/$\sqrt{3}$-334-1 型号的电容器，并投入不同组数的 CKDK-10/50-5

电抗器进行仿真，此时谐波源产生不同次数的谐波，得到电容器上对应的电流波形图，如图 10-39～图 10-41 所示。

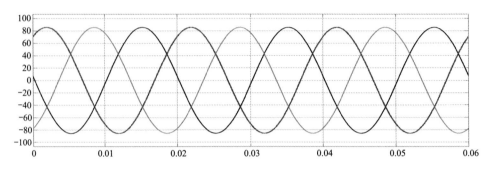

图 10-39　三组电容和电抗器注入 4 次谐波的电容器电流波形图

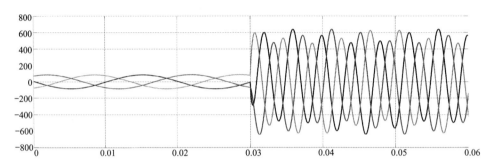

图 10-40　三组电容和电抗器注入 5 次谐波的电容器电流波形图

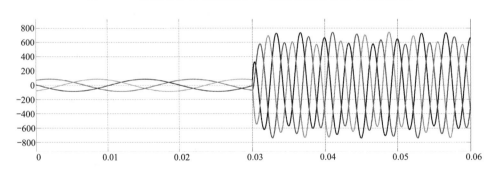

图 10-41　三组电容和电抗器注入 6 次谐波的电容器电流波形图

可以发现，注入 4 次谐波的则没有太大变化，注入 5 次谐波的波形变化较小，电流由原来的 85A 左右变化为 740A 左右，注入 6 次谐波的波形变化更大，电流由原来的 85A 左右变化为 640A 左右。这说明注入 4 次谐波不产生谐振，注入 5 次或 6 次谐波产生谐振，再进行多组仿真实验，试验结果见表 10-21。

表 10-21　　　　　　　　**电抗器组数和谐波次数对应表**

谐振 ＼ 电容器和电抗器	一组	两组	三组	四组
发生	5、6 次	5、6 次	5、6 次	5、6 次
未发生	4 次	4 次	4 次	4 次

4. 并联电抗率和谐波次数关系

投入一台 BFF11/$\sqrt{3}$-334-1 型号的电容器，并投入不同组数的 CKDK-10/50-5 电抗器，电抗率分别为 4.5%、6% 和 12% 进行仿真，此时谐波源产生不同次数的谐波，得到电容器上对应的电流波形图，如图 10-42～图 10～44 所示。

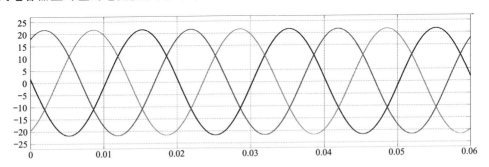

图 10-42　串联电抗率 12% 注入 3 次谐波的电容器电流波形图

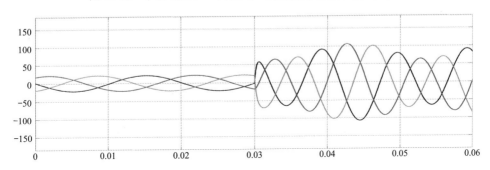

图 10-43　串联电抗率 12% 注入 4 次谐波的电容器电流波形图

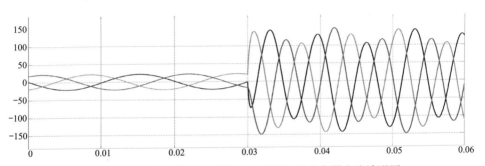

图 10-44　串联电抗率 12% 注入 5 次谐波的电容器电流波形图

可以发现，注入 3 次谐波的则没有太大变化，注入 4 次谐波电流由原来的 22A 左右变化为 150A 左右，注入 5 次谐波电流由原来的 22A 左右变化为 105A 左右。这说明注入 3 次谐波不产生谐振，注入 4 次或 5 次谐波产生谐振，再进行多组仿真实验，试验结果见表 10-22。

表 10-22　　　　　　　　　　　电抗器组数和谐波次数对应表

谐振＼并联电抗率	4.5％	6％	12％
发生	5、6 次	5、6 次	4、5 次
未发生	4 次	4 次	3 次

五、仿真结果总结

（1）当电容器和电抗器串联时，产生谐振的谐波次数会略小于它们并联的情况。

（2）电容器和电抗器串联的情况下，当投入的电容器数量固定，并联越多的电抗器组，产生谐振的谐波次数越小，并联越多的电抗器组数，产生谐振的谐波次数也越大。当投入的电抗器数量固定时，则串联越多的电容器组，产生谐振的谐波次数越大。而在投入的电抗器和电容器数量比相等且参数也固定的情况下，产生的谐波次数基本不变。

（3）电容器和电抗器并联的情况下，当使用的电抗器数量固定时，并联越少的电容器组，产生谐振的谐波次数越小；当投入的电容器数量固定时，并联的电抗器组数越少，则产生谐振的谐波次数就越小；串联的电抗器组越少时，产生谐振的谐波次数越大；投入的电抗器和电容器数量比相等、参数固定的情况下，产生谐振的谐波次数基本不变。

以上仿真结果的结论基本和理论计算所得结果吻合。虽然具体谐波次数上存在略微误差，原因可能是仿真模型中的电容器和电抗器内部设计的参数与理论计算所用参数有略微差异。

六、谐振影响范围分析

根据 10kV 电容器发生谐振时会产生过电流的情况，监测仿真模型各个端口的电流变化情况，以此确定其影响范围。投入一台 BFF11/$\sqrt{3}$-334-1 型号的电容器，并投入一台的 CKDK-10/50-5 电抗器，设置谐波源注入 5 次谐波，对 10kV 同侧化工厂负荷、10kV 母线、35kV 侧火电厂负荷以及 110kV 侧母线进行电流监控，得到电流波形图如图 10-45～图 10-48 所示。

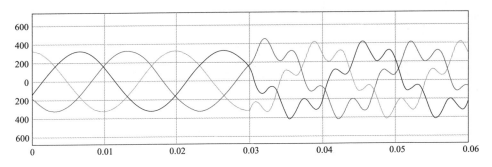

图 10-45　一组电容器注入 5 次谐波的化工厂负载电流波形图

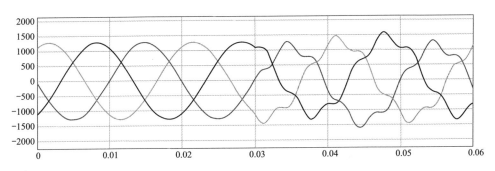

图 10-46　一组电容器注入 5 次谐波的 10kV 母线电流波形图

可以看到化工厂的负荷电流从原来 335A 增大为 450A，10kV 母线电流从 1285A 增大为 1560A 且波形畸变严重，由此在 10kV 侧发生谐振的电容器与设备均受到影响，说明处于发生谐振影响较大的范围内。

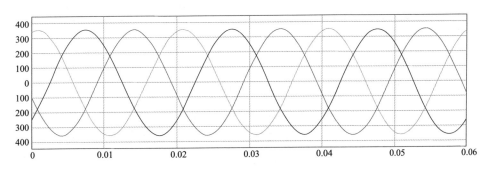

图 10-47　一组电容器注入 5 次谐波的 35kV 侧火电厂负载电流波形图

根据仿真所监测到的电流波形，可以看到 35kV 侧火电厂负荷电流从原来 347A 增大为 350A，110kV 母线电流从 241A 增大为 245A，波形也基本保持标准的正弦波。可以看出，和发生谐振的电容器不处于同一电压等级侧的设备受到的影响程度较小，说明处于发生谐振影响较小的范围内。整理得到 10kV 电容器影响范围，如图 10-49

所示。

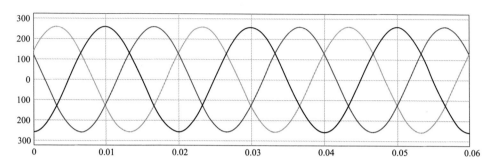

图 10-48 一组电容器注入 5 次谐波的 110kV 母线负载电流波形图

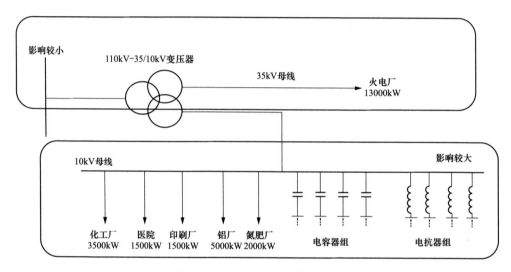

图 10-49 10kV 电容器影响范围

七、变电站 10kV 电容器谐振评估与治理

变电站内的主要负荷分布于低压侧和中压测且低压侧的负荷与电容器属于同一母

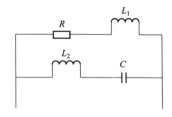

图 10-50 变电站等效电路模型

线供电范围，其大小和容量都是已知的且计算方便。因此可将变电站 10kV 侧等效为一个负载支路和电容器、电抗器支路且为并联关系。在分析变电站的谐振情况时，如果电容器和电抗器串联可等效成如图 10-50 所示的电路图。而在该电路图中，影响产生谐振的谐波次数与电容器的容抗值和感抗值的大小有关，即电抗率。

根据该模型可对其进行对应阻抗等效计算，依据发生谐振的条件可以得到

$$n = \sqrt{\dfrac{X_C}{X_{L_2}}} \text{ 或 } n = \sqrt{\dfrac{X_{L_1}X_C - R^2}{X_{L_1}(X_{L_1} + X_{L_2})}} \tag{10-84}$$

而如果电容器和电抗器并联可等效成如图 10-51 所示的电路图。而该电路图中，产生谐振的条件为式（10-84），取决于电容器的容抗值和感抗值的大小，即电抗率。

根据模型可计算对应等效阻抗，依据发生谐振的条件可以得到

$$n^4(X_{L_1}^2 X_{L_2}) + n^2(R^2 X_{L_1} - X_{L_1}X_{L_2}X_C$$
$$- X_{L_1}^2 X_C) - R^2 X_C = 0 \tag{10-85}$$

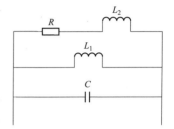

图 10-51　变电站等效电路模型

以上结论可便于对变电站开展谐振评估，根据模型和理论计算结果编写对应的运行程序，设定变电站接线形式和运行方式，输入设备参数，包括各负荷大小、电容器容量、电抗率，可得到对应可能产生谐振的谐波次数。

通过理论计算和 MATLAB 仿真，可清楚地知道电容器发生谐振的影响范围，同一电压等级下的同侧设备受到较大影响，而不同电压侧的设备则受到较小的影响。发生谐振的因素很大程度上取决于总的电抗率，总的电抗率和注入谐波次数产生谐振的关系见表 10-23。

表 10-23　　　　　　　　　　　总电抗率和谐波次数

电抗率 谐波次数	2%	4.5%	6%	10%	12%
n	7	4、5	4	3	2、3

电容器总电抗率为 1%～4% 的变电站，当出现 5 次谐波容易引起电容器谐振，应滤去 5 次谐波；总电抗率 4%～12% 的变电站应滤掉 3 次谐波。常见的谐波抑制方式有：

（1）为了降低谐波量，需要使用脉冲宽度调制（PWM）技术，控制基波幅值和分解指定谐波。

（2）在电力电子设备的交流侧加装无源滤波器，并且需要与谐波源并联。当谐振电路的谐振频率与某一高次谐波的电流频率相同时，为了阻止该次谐波流入电网，可使用吸收谐波电流的方法。

（3）为了避免系统阻抗的影响，防止系统与之发生串联谐振或并联谐振，可采用有源滤波器来替代串联电抗器。

第十一章

低压电容器谐振评估案例

第一节　电容器故障原因分析

一、电容器常见故障

安装电容器的熔丝时操作不规范、使用的熔丝参数不匹配、系统的谐波电流过高，这些情况都会导致电容器运行电流过高，从而导致发热量激增、熔丝被熔断。在进行电容器选型时应严格对熔丝的相关参数进行检测，安装时操作要规范到位。当系统出现谐波含有率较高时，应通过滤波处理来防止熔丝被熔断。

当电容器瓷绝缘子周围环境空气湿润，会导致其表面上的物质分解，从而发生电化学反应，使绝缘子的绝缘性能下降，继而发生闪络现象。在进行电容器的安装环境选取及维护时，需要按规则进行选取并保证绝缘子表面的整洁，或在电容器表面涂上保护层。

当电容器长时间不进行散热、通风操作时，电容器就很容易过热，进而影响电容器的正常使用。导致电容器温度升高也可能是受过电流影响，或电容器内部介质材料会逐渐老化，这会导致电容器的阻抗增加，从而使温度异常。因此需要合理设计电容器装置处的通风口或通风设备，同时还需要抑制系统的谐波。

一般来说，电容器在运行时是十分安静的，基本不会有可听得见声音。日常巡视中，可通过电容器是否发出声音来判断其内部是否出现了故障。当发现电容器出现异响时，首先要断开电容器并及时进行检修。而当电容器损坏过于严重时，应考虑直接换掉电容器。

电容器可能发生的事故有起火、喷油、爆炸，其中最严重的就是爆炸，一般发生的概率较小，而一旦发生后果都会比较严重。电容器是一个密闭的设备，如果内部聚集了很大的能量，瞬间爆发就会导致爆炸、起火、喷油等情况的发生。发生这种严重的故障后，电容器无法进行维修，必须进行更换。

二、电容器膨胀原理分析

1. 电容器膨胀现象

电容器发生膨胀故障所占的比例非常大。微弱的鼓胀和收缩，对于电力电容器来说十分正常，并且对电力系统不会造成太大的影响。当电容器运行时，若它的电流、电压超过了一定阈值或温度变高时，就会击穿或分解电力电容器内部的介质，从而产生大量的气体，并且压强也会变大，继而使电力电容器的壳体变形。当电力电容器发生鼓肚时，就应立刻检查其指标是否在正常的范围内，如果在正常范围内，则继续观察是否会进一步膨胀；反之，如果膨胀的程度不变，则说明电容器没有发生故障；若膨胀已经过度，就要及时关停电容器进行更换。

2. 电容器膨胀的原因

电容器发生膨胀故障的原因有很多，其中包括：电容器的质量不好、寿命短且电容器长时间运行会导致外壳变形。当电容器的运行环境温度过高时，其自身的温度自然也会变高，从而导致其内部的绝缘物质分解出气体使压力增大，继而使电容器外壳发生变形。当系统电压过高、系统产生谐波时，并引发谐振时会使电容器的运行电流过大，导致电容器内部元件被击穿，介质因此被分解出了气体，使电容器内部的压强增大，从而出现鼓包现象。同时，在出现电压、过电流的情况下，电力电容器因为过载，从而使其运行温度变高，又因为电容器内部的热量无法及时排出，所以会导致电容器介质出现热老化的情况，此时电容器内部的压力增大，也会出现鼓包现象。

电容器出现膨胀故障的最主要原因为过电流、过电压，而系统中的谐振又是产生过电压、过电流的重要原因。

三、电容器出现过电流、过电压的情况

1. 电容器过电流

电容器在合闸时电流会瞬间增大很多倍，会对断路器的灭弧室造成很大的冲击，所以需串一个电抗以减少大电流所造成的损失。要避免电容器运行在系统高电压的情况下，因为会导致电容器在运行过程中的电流增大，温升异常易造成损坏。当系统出现谐波时，会产生谐波电流，也会使电力电容器的电流过大，若引起谐振，则电流升高更多。

2. 电容器过电压

当电容器和电抗串联时，电容器的电压会增大。当三相系统的每一相同时接入容值不相等的电容器时，将出现三相不对称，该情况会导致个别的电容器电压升高。当电力系统的运行电压提高时，也易造成电容器出现过电压的情况。在投切电容器组时，因为系统中存在 LC 电路，容易产生谐振，导致电容器出现过电压。

四、电容器热效应

假设电容器内部介质的等效电阻为 R，充电时，电压由 U 增大到 $U+dU$，电流为 I，则外电源对电容做的功为

$$dW = UI\,dt \tag{11-1}$$

以及电容器的内能增量

$$dU = U\,dq \tag{11-2}$$

由热力学第一定律

$$dU = TdS + dW \tag{11-3}$$

系统被外界吸收的热量

$$\delta Q = Tds = dU - dW = Udq - UIdt = U\left(I - \frac{U}{R}\right)dt - UIdt = -\left(\frac{1}{R}\right)U^2 dt$$

$$\tag{11-4}$$

可知电容产生的热量为

$$Q = \frac{U^2}{R}dt = I^2 Rdt \tag{11-5}$$

五、谐波对电容器的影响

谐波会对电容器的运行会产生较大的影响。当存在谐波时，电流会因为谐波的影响而被附加上谐波电流，从而导致电流增大，引成温度的升高，可能导致电容器过热而损坏。最严重的情况是，谐波在合适的条件下会产生谐振，流过电容器的电流可能放大至几十倍，威胁安全运行。所以需要分析电容器和系统谐振之间的关系，合理的安排配置参数，提高电容器和电网运行的安全稳定性。

当电网的负荷端接入大功率非线性的负载时，这些大功率的设备会产生谐波，可能引起电容器发生谐振。谐振会在电容器内部产生谐振电流，其数值可能会达到基波电流的几十倍，从而导致电容器损坏。为了提高电容器的安全，实现滤波功能，电容器组内需要加装串联电抗。要选择参数合适的电感与电容器串联，以此将谐波进行滤波处理；然后在已有谐波的条件下，应尽最大努力减少发生谐振的可能；同时还应避免电容器把系统的谐波放大，尽可能降低谐波被放大的倍数。当谐波含有率较高时或谐波次数比较复杂，就需要使用滤波器，更好地滤除掉系统中的各次谐波。

六、电容器故障预警

要增加电容器的故障预警功能，就需要在电容器外壳的内部和外部都安装温度传感器。为了实时进行电容器的压强检测，还需在壳体的顶部安装一个电子压强计。当温度传感器检测到温度太高时或电子压强计检测到压强太大时，数据就会向电容器的控制系统中传输。其中，控制系统可控制电容器电源开断。为了防止电容器表面发生闪络放电，还需在外壳和电容器体之间填充吸水性能较好的材料。电容器是一种储能元件，所以在电容器断开电源时，电容器就会发生放电现象。因此要在电容器外部的金属壳体上安装一个警示装置，以此来提醒人们电容器正在放电，禁止靠近。

电容器壳体的鼓包，可通过应变片来进行监控。应变片应贴在电容器的壳体上，这样电容器壳体发生变形时，会使应变片的电阻值发生变化，再根据电阻值的变化来判断电容器壳体的形变情况。在使用应变片对电容器的膨胀程度进行测量时，要先分析电容器壳体正常的形变范围并将形变量对应的阻值设置为临界值，当超过这个值的时候，就会触发应变系统的报警装置。

第二节　系统建模仿真分析

一、MATLAB 仿真

建模仿真是运用 MATLAB 仿真软件的 SIMULINK 系统。本节中的相关模型用的是 SIMULINK 系统中的电力系统模块库和公用模块库中的部分模块，包括：电源、变压器、电容、电感、负载、测量模块、示波器等。电源采用 10kV 的三相电源，谐波源由三相可调电压源产生，变压器采用 10kV/0.4kV 的双绕组三相变压器，电路中的电容采用 RLC 线路中单独的电容，电感器用 RLC 电路中的单独电感，负载采用三相 RLC 负载。

二、电容值的计算

电容器的参数为 BSMJ0.4-30-3，电容器的额定电压为 0.4kV，容量为 30kvar，通过下列转换公式：

无功容量

$$Q = 2\pi f C U^2 \times 10^{-3} kvar \tag{11-6}$$

标准电容

$$C_P = \frac{Q \times 10^{-3}}{2\pi f U^2} \mu F \tag{11-7}$$

电容阻抗

$$X_C = \frac{1}{2\pi f C} \tag{11-8}$$

额定电流

$$I = 2\pi f C U \times 10^{-6} A \tag{11-9}$$

则电容器的数值大小和阻抗值为

$$C = \frac{30 \times 10^{-3}}{2\pi \times 50 \times (0.4)^2} = 597 \mu F \tag{11-10}$$

$$X_C = \frac{1}{2\pi \times 50 \times 597 \times 10^{-6}} = 5.36 \tag{11-11}$$

由于在模型中电容器是星形接线，星形接线电容的计算方法如下。

测量的电容为

$$\frac{1}{C_{12}} = \frac{1}{C1} + \frac{1}{C2} \tag{11-12}$$

计算电容为

$$C_1 = \frac{2C_{12}C_{31}C_{23}}{C_{31}C_{23} + C_{12}C_{23} - C_{12}C_{31}} \tag{11-13}$$

因此电容器为

$$C = C_{12} = 597\mu F \tag{11-14}$$

所以

$$C_2 = C_3 = 1194\mu F \tag{11-15}$$

同理：

$$C_4 = C_5 = C_6 = 1194\mu F \tag{11-16}$$

所以电容器 C_7、C_8、C_{10} 并联后，再与 C_1 串联得到的电容为

$$C = 1194\mu F \tag{11-17}$$

为了电容器容量可控：

C_1 占 $1/4$，C_7、C_8、C_{10} 之和占 $3/4$，所以

$$C_1 = \frac{1194 \times 4}{3} = 1592\mu F \tag{11-18}$$

$$C_7 + C_8 + C10 = 4776\mu F \tag{11-19}$$

其中 C_7 为 C_8 的 $1/7$，C_{10} 为 C_7 与 C_8 之和的 7 倍，所以

$$C_7 = 74.62\mu F \tag{11-20}$$

$$C_8 = 522.37\mu F \tag{11-21}$$

$$C_{10} = 4179\mu F \tag{11-22}$$

三、电感的选取

通过给电容器串联一个电感来抑制谐波对电容器的影响。由于不同的谐波次数选取电感的电抗率也不同，所以在对电感进行取值计算时，要考虑电感的电抗率。当电容器接入处的谐波为 3 次或 3 次以上时，若主要是 3 次谐波，选择 $0.1\%\sim1\%$ 的电抗率，避免 5 次、6 次谐波被放大。若主要是 5 次谐波，采用 $4.5\%\sim6\%$ 的电抗率。要避免 3 次谐波被放大，则计算对应的串联电抗器的电抗有名值为：

$$X_L = K * X_C = K * \frac{U_C^2}{Q_C} \tag{11-23}$$

经过转换公式为

$$X_L = 2\pi f L \tag{11-24}$$

$$L = \frac{X_L}{2\pi f} \tag{11-25}$$

表 11-1 的数据为电感在选取不同电抗率的情况下，计算得到的电感值。可看到电抗百分比大的电感值也较大。

表 11-1　　　　　　　　　　　　　　　电感参数计算

电抗百分比	感抗(Ω)	电感(H)
4.5%	0.24	7.64e-4

续表

电抗百分比	感抗（Ω）	电感（H）
6%	0.32	10.19e-4
1%	0.054	1.72e-4

四、产生谐振的谐波次数

当系统中电感、电容串联时，如图 11-1 所示。

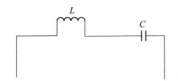

图 11-1 *LC* 串联电路图

则该电路的等效阻抗为

$$Z = j(X_L - X_C) \tag{11-26}$$

当系统发生谐振时，感抗和容抗值相等，即

$$X_L = X_C \tag{11-27}$$

也可表达为

$$\omega L = \frac{1}{\omega C} \tag{11-28}$$

$$\omega = \frac{1}{\sqrt{LC}} \tag{11-29}$$

$$f = \frac{1}{2\pi \sqrt{LC}} \tag{11-30}$$

在 n 次谐波发生谐振时，系统参数

$$nX_L = \frac{X_C}{n} \tag{11-31}$$

即

$$n = \sqrt{\frac{X_C}{X_L}} \tag{11-32}$$

又因为

$$X_C = 5.36 \tag{11-33}$$

再根据感抗的值，通过计算可得到结果，见表 11-2。

表 11-2　　　　　　　　　　　发生谐振时的谐波次数

容抗值（Ω）	感抗值（Ω）	谐波次数
5.36	0.24	4.73
5.36	0.32	4.09
5.36	0.054	9.96

表 11-2 为在电容器容抗确定后，不同感抗值导致系统谐波发生谐振的次数也不同，感抗值大的参数，计算得到的谐波次数反而越小。

综合表 11-2、表 11-3 可得到电抗百分比与发生谐振时谐波次数的关系，电抗率越高，发生谐振的谐波次数越小，见表 11-3。

表 11-3　　　　　　　　　电感与电抗率与谐振谐波次数的关系

电抗百分比	感抗值（Ω）	谐波次数
4.5%	0.24	4.73
6%	0.32	4.09
1%	0.054	9.96

五、仿真模型的建立

建立如图 11-2 所示的电容器仿真模型，电源为 10kV，经过一个测量模块测量电源电压，经过一个 10kV/0.4kV 的变压器，低压侧和一个谐波源并联，设置一个测量模块，测量电压、电流，最后是负载。电容器组模块连接到三相线路中，用 4 个测量模块分别测量电容 C_1、C_{10} 的电压电流，用 powergui 模块来实现系统的仿真运行。电容器模块连接图如图 11-3 所示。

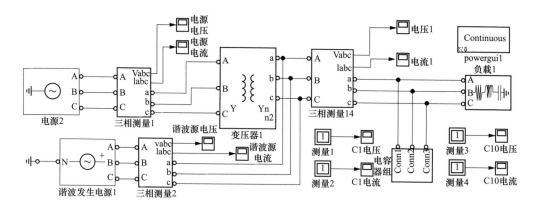

图 11-2　电容器仿真模型

六、仿真结果分析

仿真结果如图 11-4～图 11-8 所示。选取 1% 的电抗率电感时，10 次谐波发生谐振；选取 4.5% 的电抗率电感时，5 次谐波发生谐振；选取 6% 的电抗率电感时，4 次谐波发生谐振。

本案例仿真选取了 3 种不同的电抗率。当电抗率为 4.5% 时，利用公式算出发生谐振的谐波为 5 次。仿真系统加 5 次谐波时，电容器 C_1 会出现的电流波形，如图 11-6 所示。当电抗率为 6% 时，可算出发生谐振的谐波为 4 次。仿真系统加 4

次谐波时，电容器 C_1 的电流波形，如图 11-7 所示。当电抗率为 1％，此时算出发生谐振的谐波为 10 次，仿真系统加 10 次谐波时，电容器 C_1 会出现的电流波形，如图 11-8 所示。相比之前不加谐波时的电流，在加 5 次谐波时，电流由 475A 变为 974A，在加 4 次谐波时，电流由 515A 突变为 1130A；在加 10 次谐波时，电流由 1160A 变为 1700A。

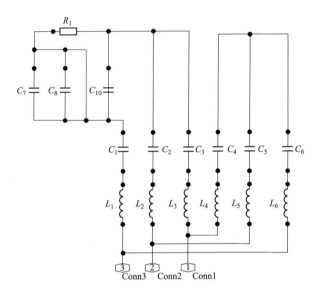

图 11-3　电容器组模块

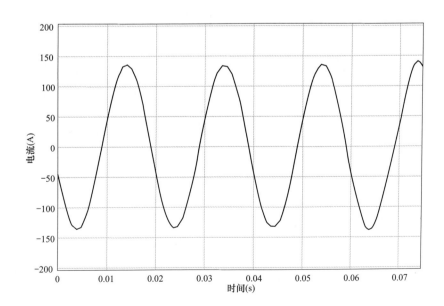

图 11-4　电容器 C_1 的电流

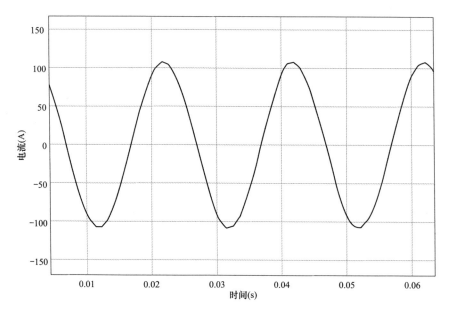

图 11-5　电容器 C_{10} 的电流

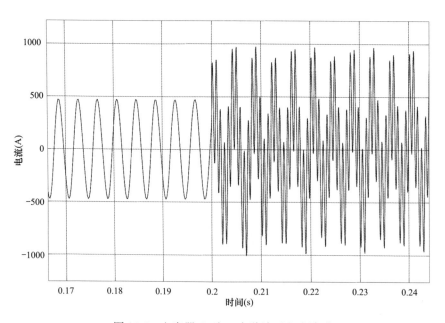

图 11-6　电容器 C_1 在 5 次谐波下电流波形

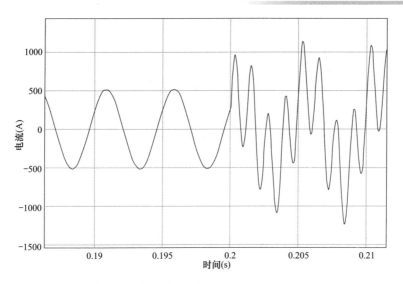

图 11-7 电容器 C_1 在 4 次谐波下电流波形

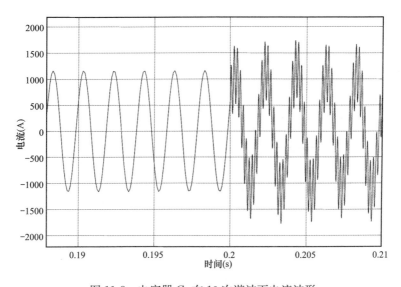

图 11-8 电容器 C_1 在 10 次谐波下电流波形

选取电抗率为 4.5% 的电感，在受 5 次谐波影响时发生谐振，电容器 C_{10} 的电流波形如图 11-9 所示。系统选取电抗率为 6% 的电感，在 4 次谐波影响下发生谐振，电容器 C_{10} 的电流波形如图 11-10 所示。系统选取电抗率为 1% 的电感，在 10 次谐波影响时发生谐振，电容器 C_{10} 的电流波形如图 11-11 所示。对比之前不加谐波时的电流，加 5 次谐波时，电流由 470A 变为 980A；加 4 次谐波时，电流由 505A 突变为 1195A；加 10 次谐波时，电流由 1160A 变为 1750A。

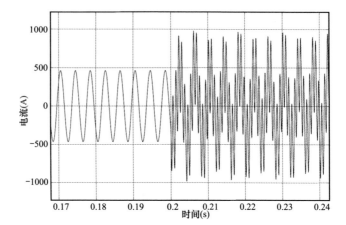

图 11-9   电容器 C_{10} 在 5 次谐波下的电流波形

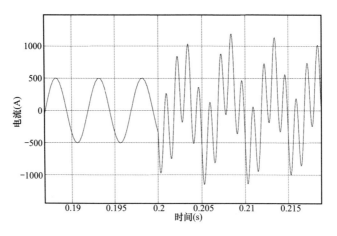

图 11-10   电容器 C_{10} 在 4 次谐波的电流波形

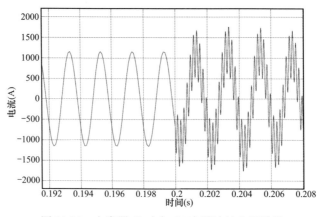

图 11-11   电容器 C_{10} 在加 10 次谐波的电流波形

电容器在各次谐波条件下发生谐振电流值，见表 11-4。

表 11-4　　　　　　　　　　电容器在各次谐波的条件下电流值

电抗率	C_1 的电流	C_{10} 的电流	谐波次数	C_1 谐波电流	C_{10} 谐波电流
4.5%	135A	107A	5	974A	980A
6%	135A	107A	4	1130A	1195A
1%	135A	107A	10	1700A	1750A

如图 11-12～图 11-14 所示，可发现电容器 C_1 在 5、4、10 次谐波情况下的电压波形。从图中可以看出，在受到谐波的影响时，电容器的电压变化不大，但数值略微升高。当受 5 次谐波影响而发生谐振时，电容器的电压值大致为 210V；当受 4 次谐波影响发生谐振时，电容器的电压值大概为 330V；当受 10 次谐波而发生谐振时，电容器的电压值大概为 250V。

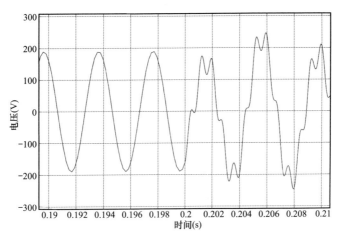

图 11-12　电容器 C_1 在加 5 次谐波的电压波形

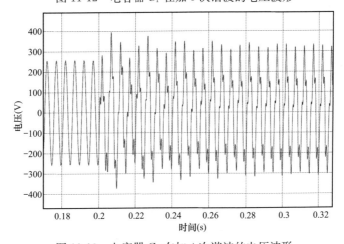

图 11-13　电容器 C_1 在加 4 次谐波的电压波形

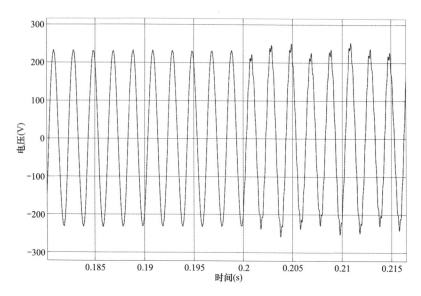

图 11-14   电容器 C_1 在加 10 次谐波的电压波形

再分析电容器 C_{10} 在谐波下的电压波形。电容器 C_{10} 在 5、4、10 次谐波情况下的电压波形如图 11-15～图 11-17 所示。从图中可以看出，同电容器 C_1 一样，在谐波的影响下，电压的变化不大，但数值略微升高。当 5 次谐波发生谐振时，电容器的电压值大概为 78V；当 4 次谐波发生谐振时，电容器的电压值大概为 106V；当 10 次谐波发生谐振时，电容器的电压值大概为 98V。

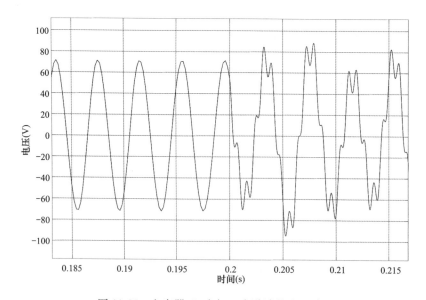

图 11-15   电容器 C_{10} 在加 5 次谐波的电压波形

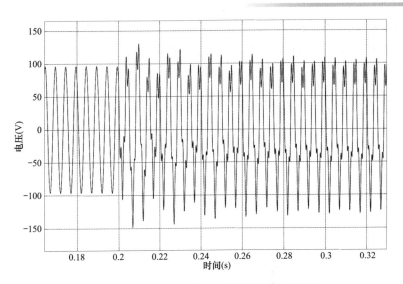

图 11-16 电容器 C_{10} 在加 4 次谐波的电压波形

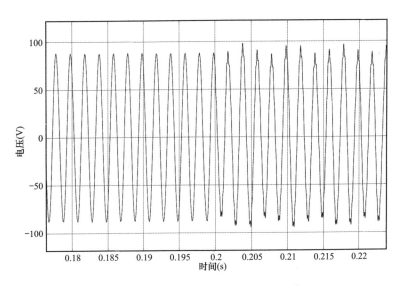

图 11-17 电容器 C_{10} 在加 10 次谐波的电压波形

电容器在各次谐波的条件下电压值，见表 11-5。

表 11-5 电容器在各次谐波的条件下电压值

电抗率	谐波次数	C_1 谐波电压	C_{10} 谐波电压
4.5%	5	210V	78V
6%	4	330V	106V
1%	10	250V	98V

电容器 C_1 在电感电抗率不同的情况下，5、4、10 次谐波分别发生谐振下的 FFT 分析图，如图 11-18～图 11-20 所示。通过对比可以看到。在 FFT 窗口，可明显看到各次谐波影响下的谐波含量，在不同谐波次数下的畸变率也各不相同。

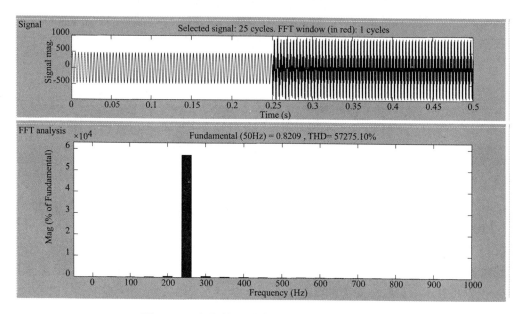

图 11-18　电容器 C_1 在加 5 次谐波的 FFT 分析

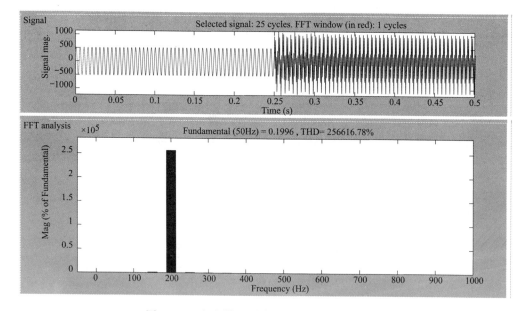

图 11-19　电容器 C_1 在加 4 次谐波的 FFT 分析

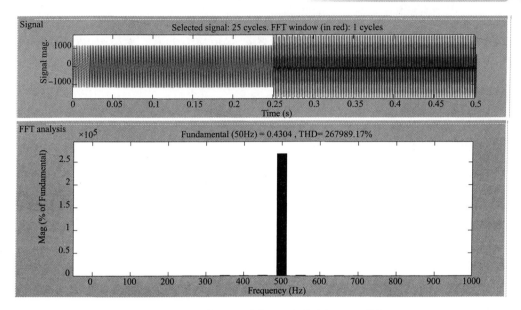

图 11-20　电容器 C_1 在加 10 次谐波的 FFT 分析

第三节　发热量及鼓包时间计算

一、电容器发热量计算

根据上述仿真结果分析，在发生谐振时，电容器的运行电流会变大并导致电容器内部过热，热量无法散发导致内部压强过大，出现外壳鼓包现象。

分析电容器发热量的原理，以及模型的仿真结果的验证，利用下列公式计算电容器在发生谐振时的发热量：

$$Q = \frac{U^2}{R}dt = I^2Rdt = UIt \tag{11-34}$$

若系统中谐波持续的时间为 0.5s，当发生 4 次谐振时，此时电容器 C_1 的电压为 330V，电流为 1130A，所以 C_1 的发热量为

$$Q = 1130 \times 330 \times 0.5 = 1.86 \times 10^5 J \tag{11-35}$$

电容器 C_{10} 的电压为 106V，电流为 1195A，C_{10} 的发热量为

$$Q = 1195 \times 106 \times 0.5 = 6.33 \times 10^4 J \tag{11-36}$$

而当发生 5 次谐振时，电容器 C_1 的电压为 210V，电流为 974A，所以 C_1 的发热量为

$$Q = 974 \times 210 \times 0.5 = 1.02 \times 10^5 J \tag{11-37}$$

电容器 C_{10} 的电压为 78V，电流为 980A，C_{10} 的发热量为

$$Q = 980 \times 78 \times 0.5 = 3.82 \times 10^4 \text{J} \tag{11-38}$$

同理，当发生 10 次谐振时，已知电容器 C_1 的电压为 250V，电流为 1700A，所以 C_1 的发热量为

$$Q = 1700 \times 250 \times 0.5 = 2.12 \times 10^5 \text{J} \tag{11-39}$$

电容器 C_{10} 的电压为 98V，电流为 1750A，C_{10} 的发热量为

$$Q = 1750 \times 98 \times 0.5 = 8.57 \times 10^4 \text{J} \tag{11-40}$$

将以上数据进行归纳，见表 11-6。

表 11-6　　　　　　　　　　发生谐振时电容器的发热量

发生谐振的谐波次数	电容器 C_1 的发热量	电容器 C_{10} 的发热量
5	$1.02 \times 10^5 \text{J}$	$3.82 \times 10^4 \text{J}$
4	$1.86 \times 10^5 \text{J}$	$6.33 \times 10^4 \text{J}$
10	$2.12 \times 10^5 \text{J}$	$8.57 \times 10^4 \text{J}$

当系统有谐波时，电容器的运行电流会增大，此时电容器的发热量也会增加。电容器在受到因谐振而产生的谐波影响时，电流会比单纯谐波下的电流大很多，并且发热量也会变大，电容器 C_1 在 5 次谐波谐振时的发热量为 $1.02 \times 10^5 \text{J}$，在 4 次谐波谐振时的发热量为 $1.86 \times 10^5 \text{J}$，在 10 次谐波谐振时的发热量为 $2.12 \times 10^5 \text{J}$；电容器 C_{10} 在 5 次谐波谐振时的发热量为 $3.82 \times 10^4 \text{J}$，在 4 次谐波谐振时的发热量为 $6.33 \times 10^4 \text{J}$，在 10 次谐波谐振时的发热量为 $8.57 \times 10^4 \text{J}$。

因此电容器在系统被谐波影响时，不管是否发生了谐振，电容器的发热量都会有所增加，利用上述公式计算电容器在有谐波不发生谐振时的发热量。

选用电抗率为 4.5% 的电感时，5 次谐波发生谐振。其他次谐波下不发生谐振时电容器发热量；6 次谐波时，电容器 C_1 的电压为 125V，电流为 670A，电容器 C_{10} 的电压为 45V，电流为 675A；7 次谐波时，电容器 C_1 的电压为 75V，电流为 505A，电容器 C_{10} 的电压为 30V，电流为 500A。发热量经计算总结，见表 11-7。

表 11-7　　　　　　　　　　4.5% 下的电容器发热量

电感电抗率	谐波次数	电容器 C_1 的发热量	电容器 C_{10} 的发热量
4.5%	5	$1.02 \times 10^5 \text{J}$	$3.82 \times 10^4 \text{J}$
4.5%	6	$4.18 \times 10^4 \text{J}$	$1.52 \times 10^4 \text{J}$
4.5%	7	$1.89 \times 10^4 \text{J}$	$7.5 \times 10^3 \text{J}$

选用电抗率为 6% 的电感时，4 次谐波发生谐振。其他次谐波下不发生谐振的谐波下的电容器发热量。5 次谐波时，电容器 C_1 的电压为 135V，电流为 650A，电容器 C_{10} 的电压为 50V，电流为 635A；6 次谐波时，电容器 C_1 的电压为 86V，电流为 476A，电容器 C_{10} 的电压为 31V，电流为 480A。发热量经计算总结，见表 11-8。

表 11-8   **6％下的电容器发热量**

电感电抗率	谐波次数	电容器 C_1 的发热量	电容器 C_{10} 的发热量
6％	4	1.86×10^5 J	6.33×10^4 J
6％	5	4.38×10^4 J	1.59×10^4 J
6％	6	2.05×10^4 J	7.44×10^3 J

选用电抗率为1％的电感时，10 次谐波发生谐振，其他次谐波下不发生谐振的谐波下的电容器发热量：当有 12 次谐波时，电容器 C_1 的电压为125V，电流为1130A，电容器 C_{10} 的电压为49V，电流为1134A；当有 13 次谐波时，电容器 C_1 的电压为101V，电流为970A，电容器 C_{10} 的电压为39V，电流为967A；发热量经计算总结，见表 11-9。

表 11-9   **1％下的电容器发热量**

电感电抗率	谐波次数	电容器 C_1 的发热量	电容器 C_{10} 的发热量
1％	10	2.12×10^5 J	8.57×10^4 J
1％	12	7.06×10^4 J	2.78×10^4 J
1％	13	4.90×10^5 J	1.88×10^4 J

表 11-7～表 11-9 为电感电抗率为 4.5％、6％、1％时，各次谐波下电容器的发热量，由数据可看出，在系统发生谐振时，电容器的发热量更大且更容易引起电容器的膨胀。

二、电容器鼓包时间估算

电容器的外壳材料为铝材，经查阅资料得出，该材料的抗拉强度为 265MPa，安全系数为 2，所以该铝材可承受的压强为 $P = \dfrac{P}{K} = \dfrac{265}{2} = 132.5$(MPa)，当压强超过这个值时，所需要的功为 $W = PV$。该电容器的尺寸为 $260 \times 170 \times 88$mm，经过计算，体积为 $V = 260 \times 170 \times 88 \times 10^{-9} = 3.89 \times 10^{-3}$ m³，所以电容器鼓包时需要做的功为

$$W = PV = 132.5 \times 10^6 \times 3.89 \times 10^{-3} = 5.15 \times 10^5 \text{ J} \tag{11-41}$$

则可知电容器在系统有谐波时，电容器的发热量要达到鼓包时所需要的功为

$$Q_1 = W = UIt = 5.15 \times 10^5 \text{ J} \tag{11-42}$$

而当电容器本身可以承受 1.1 倍额定电压时，24h 中不超过 8h 的能量为

$$Q_2 = 1.1 \times 400 \times 43.3 \times 8 \times 60 \times 60 = 5.48 \times 10^8 \text{ J} \tag{11-43}$$

所以要使电容器鼓包需要的总能量为

$$Q = Q_1 = Q_2 = 5.15 \times 10^5 + 5.48 \times 10^8 = 5.485 \times 10^8 \text{ J} \tag{11-44}$$

同时对所以电容器鼓包的时间估算为

$$t = \frac{Q}{UI} = \frac{5.485 \times 10^8}{UI} s \tag{11-45}$$

以上所计算的电容器 C_1 的电压、电流结合式（11-45）估算电容器 C_1 鼓包的时间，见表 11-10。

表 11-10 电容器 C_1 的电压、电流

电抗率	谐波次数	电压(V)	电流(A)
4.5%	5	210	974
4.5%	6	125	670
6%	4	330	1130
6%	5	135	650
1%	10	250	1700
1%	12	125	1130

当电抗率为 1% 时，选取谐波次数为 10、12 次，电容器的鼓包时间大概为

$$t_{10} = \frac{5.485 \times 10^8}{250 \times 1700} \approx 1290s \approx 21min \tag{11-46}$$

$$t_{12} = \frac{5.485 \times 10^8}{125 \times 1130} \approx 3883s \approx 64min \tag{11-47}$$

其中当电抗率为 4.5% 时，选取谐波次数为 5、6 次，电容器的鼓包时间大概为

$$t_5 = \frac{5.485 \times 10^8}{210 \times 974} \approx 2681s \approx 44min \tag{11-48}$$

$$t_6 = \frac{5.485 \times 10^8}{125 \times 670} \approx 6549s \approx 109min \tag{11-49}$$

而当电抗率为 6% 时，选取谐波次数为 4、5 次，电容器的鼓包时间大概为

$$t_4 = \frac{5.485 \times 10^8}{330 \times 1130} \approx 1470s \approx 24min \tag{11-50}$$

$$t_5 = \frac{5.485 \times 10^8}{135 \times 650} \approx 6450s \approx 104min \tag{11-51}$$

通过计算结果可以得出，系统中谐波发生谐振时电容器鼓包时间分别为 44、24、21min，而其他次的谐波估算出的电容器鼓包时间为 109、104、64min，可明显看出电容器在系统发生谐波谐振时鼓包时间短。鼓包时间的评估有助于电容器的故障预警，保证电容器运行安全。

参 考 文 献

[1] 王锐. CVT 谐波测量畸变研究. 华北电力大学，2008.

[2] 果洋. 基于 CVT 宽频模型的谐波测量技术研究. 华北电力大学，2018.

[3] 谭洪林，彭志炜. 配电网铁磁谐振及消谐策略研究 [J]. 贵州大学电气工程学院，2019，56（14）：47-55.

[4] Gountham Kumar. Analysis of Ferroresonance in a Power Transformer with Multiple Nonlinearities [J]. International Journal of Emerging Electric Power Systems，2006，07（02）：35-37.

[5] 王立兵，冯正军，刘钊. 电磁式电压互感器运行中爆保险原因分析 [J]. 电子世界，2015，08：88-89.

[6] 胡志成. 电压互感器的铁磁谐振及消谐措施分析 [J]. 科技创新与应用，2014，17：159.

[7] 黄雁，钟红红，叶杰. 电压互感器 3 次谐波测量失真机理分析与对策 [J]. 变压器，2019，56（9）：53-59.

[8] LIU FEI TONG，TING KAIMING，ZHOU ZHIHUA. Isolation—Based Anomaly Detection [J]. ACM Transaction on Knowledge Discovery from Data，2012，6（1）：1-39.

[9] 肖湘宁. 电能质量分析与控制 [M]. 北京：中国电力出版社，2010.

[10] 林海雪. 现代电能质量技术的概况和展望 [J]. 供用电，2014（2）：16-20.

[11] 陈鹏伟，肖湘宁，陶顺. 直流微网电能质量问题探讨 [J]. 电力系统自动化，2016，40（10）：148-158.

[12] 柏晶晶，袁晓冬，张帅，等. 基于组合赋值法的稳态电能质量预警阈值研究 [J]. 电测与仪表，2014，51（12）：70-74.

[13] 耿修林. 社会调查中样本容量的确定 [M]. 北京：科学出版社，2008.

[14] 耿修林. 方差推断时样本容量的确定 [J]. 统计与决策，2008（16）：23-25.

[15] 曲广龙，杨洪耕，李兰芳. 基于云模型的电能质量实时状态诊断原理及实现 [J]. 四川大学学报（工程科学版），2015，47（1）：167-172.

[16] 李德毅，刘常昱. 论正态云模型的普适性 [J]. 中国工程科学，2004，6（8）：28-34.

[17] 许中，马智远，崔晓飞，王瑜. 不同电能质量等级下的谐波责任划分方法 [J]. 电网与清洁能源，2016，32（06）：53-57.

[18] 朱岩. 刍议电力谐波对供配电系统的影响和治理策略 [J]. 通信电源技术，2020，37（05）：130-131.

[19] 朱亮. 供电系统中谐波的危害及治理措施 [J]. 上海电力学院学报，2013，29

（02）：133-136.

[20] 顾伟，邱海峰，尹香，陈兵，袁晓冬，王旭冲. 基于波形匹配的谐波责任划分方法 [J]. 电力系统自动化，2017，41（02）：129-134.

[21] 罗杰，符玲，臧天磊，何正友. 基于联合对角化法与数据筛选的谐波责任划分 [J]. 电力自动化设备，2018，38（11）：79-84.

[22] 肖楚鹏，李鹏飞，邱泽晶，丁胜，陶顺. 谐波责任计算指标的可行性分析 [J]. 电力科学与技术学报，2017，32（02）：145-151.

[23] 谭家茂，黄少先. 基于模糊理论的电能质量综合评价方法研究 [J]. 继电器，2006，34（3）：55-59.

[24] 韩正伟，林锦，邵如平. 模糊多指标决策现论在电能质量综合评估中的应用 [J]. 继电器，2007，35（10）：33-36.

[25] 毛丽林. 考虑用户需求的电能质量综合评估 [D]. 湖南：湖南大学学报，2011：2-4.

[26] 盛海宁，赵亮，连旭磊. 运用区间数逼近算法的电能质量评估研究 [J]. 电力科学与工程，2010，26（6）：19-23.

[27] 周刚，谢善益，范颖，杨强. 电能质量等级综合评估方法及其应用 [J]. 电气应用，2017，36（03）：68-73.

[28] 卿岑. 电能质量综合评估方法与某地区电网综合评估研究 [D]. 西华大学，2015.

[29] 任丽华. 模糊综合评价法的数学建模方法简介 [J]. 商场现代化，2006，473（7）：8-9.

[30] 陈璐，张天文，刘杰斌，李建周. 考虑电能质量因素的综合电价定制 [J]. 电气应用，2019，38（9）：12-18.

[31] 张志刚. 电能质量讲座第八讲电压波动与闪变 [J]. 低压电气，2007（16）：56-60.

[32] 曹伟. 配电网不对称谐波动态状态估计研究 [D]. 天津：天津大学学报，2011.

[33] 迟忠君，李玲，李国昌，等. 谐波责任评估指标及应用 [J]. 电测与仪表，2018，55（24）：64-71.

[34] 李笑蓉，丁健民，杨金刚，等. 电力系统谐波评估有关问题的探讨 [J]. 自动化与仪器仪表，2016，（12）：191-197.

[35] 薛军. 一种提高电网谐波测量精度的方法研究 [J]. 数字技术与应用，2018，36（11）：54-55.

[36] 陈根永，柴鹏飞，郭耀峰，等. 基于模糊相似选择和接近度的电网谐波综合评估方法 [J]. 郑州大学学报（工学报），2014，35（1）：39-42.

[37] 付学谦，陈皓勇. 基于加权秩和比法的电能质量综合评估 [J]. 电力自动化设备，2015，35（1）：128-132.

[38] Faan Chen, Jianjun Wang, Yajuan Deng. Road safety risk evaluation by means of

improved entropy TOPSIS-RSR [J]. Safety Science, 2015, 79: 39-54.

[39] 周琪琪, 邵振国, 林韩. 基于秩和比综合评价法的用户谐波危害分级评估 [J]. 电力电容器与无功补偿, 2018, 39 (5): 116-122.

[40] 邱玉婷, 李济沅, 邓旭, 等. 基于改进 TOPSIS-RSR 法的电能质量综合评价 [J]. 高压电器, 2018, 54 (1): 44-50.

[41] 郭磊, 张卓, 张劲光, 王栋, 等. 一起并联电容器装置损毁故障分析 [J]. 电力电容器与无功补偿, 2020, 41 (05): 23-28+34.

[42] 涂婷. 探析电缆高压试验中变频串联谐振技术的应用 [J]. 质量探索, 2016 (6): 101-102.

[43] 李国庆, 彭石, 张少杰, 王振浩. 变压器与并联电容器的铁磁谐振分析 [J]. 电力系统保护与控制, 2014, 42 (09): 26-32.

[44] 刘书铭, 李陈莹, 李琼林, 崔雪, 等. 电力系统串联谐波谐振的特性分析与灵敏度计算 [J]. 电力系统保护与控制, 2015, 43 (09): 21-27.

[45] 汪力, 曾湘隆, 唐娟, 等. 电力电容器故障统计分析 [J]. 电工技术, 2019, 000 (009): 88-89, 92.

[46] 兰海英. 基于常见电力电容器故障分析与处理措施概述 [J]. 科技创新与应用, 2019, 000 (011): 120-121.

[47] 卢英俊, 戎春园, 罗永善, 等. 35kV 并联电容器故障分析及建模仿真 [J]. 电力电容器与无功补偿, 2008, 29 (6): 54-54.

[48] 魏鑫. 高压电力电容器故障原因分析与保护研究 [D]. 大连理工大学, 2015.

[49] 汪力, 陈铁, 唐娟, 等. 由瞬态引起的电容器故障的仿真和保护策略分析 [J]. 电工技术, 2019, 493 (07): 10-12.

[50] 王效华. 无功补偿电容器谐波过载问题的研究 [D]. 郑州大学学报, 2006.

[51] 管晓宏, 关新平, 郭戈. 信息物理融合系统理论与应用专刊序言 [J]. 自动化学报, 2019, 45 (01): 1-4.

[52] 朱坤伦. 无源滤波器参数优化设计方法的研究 [A]. 2016: 5.

[53] 王海澜. 基于 LCC 的电力变压器检修策略研究 [J]. 电子测试, 2019 (01): 63-65.

[54] 安海清, 等. 配电网中谐波传递特性研究 [J]. 电气工程学报, 2019, 14 (02): 86-92.